ローカル・コモンズの可能性

自治と環境の新たな関係

三俣 学／菅 豊／井上 真 編著

ミネルヴァ書房

はしがき

　本書には，半年前に産声をあげて誕生した『グローバル時代のローカル・コモンズ（環境ガバナンス叢書 第3巻）』(室田武編著，ミネルヴァ書房，2009年：以下「姉本」）という姉さんがいる。理論派でしっかり者の姉ではあるが，ともに遊び，学びながら成長できるような相手が必要だった。そこで，姉よりも活発に外で遊ぶのが好きな妹（本書）が生まれた。この姉妹誕生のエピソードについては編者の一人・井上さんが「あとがき」で詳述しているのでここでは触れない。姉さんだけの「ひとりっ子路線」もありえたが，私たちは思い切って「ふたり姉妹計画」を採用した。この二人の行く末がどうなるのかは，彼女たちの能力だけでなく，これからの養育環境（議論の展開）にあるゆえ，現時点では誰にもわからない。しかし，少なくとも私たちにとっては，この妹の誕生は明るい未来を感じさせてくれるものであることは確かである。それぞれに特有のキャラクターをもっているこの姉妹は，それぞれの個性を互いにぶつけ合う一方，広く社会と接点を持つことで，より豊かな次代を拓く可能性を秘めているからである。

　「次代を拓いていく」上で，私たちが大切に育み追求していきたいことがある。それがまさしくこの妹に命名した『ローカル・コモンズの可能性』（以下，「妹本」）である。それは，この姉妹がそれぞれに個性をもっているのと同様，多様な形で各地域に根づく暮らし・環境・文化・風土を大切に育んでいこうとする思想である。「ローカル」や「コモンズ」という言葉を耳にするだけで，小さくそして狭く窮屈な世界を想起する人もいるかもしれない。また，どれほど精緻な検証を経て解明された研究結果であっても，ある地域のある村の話は所詮，個別具体的な一事例に過ぎないもの，としか見ようとしない人もいるかもしれない。

i

しかしどうであろう。学問の潮流にも確実に変化の兆しが見えはじめている。日本のコモンズ論と重なる問題意識を底流部に持ちつつ出発した米国のコモンズ研究を代表するエリノア・オストロム（E. Ostrom）が，2009年のノーベル経済学賞に輝いた。丹念なフィールド調査からの知見を分析過程で重視した彼女のコモンズ研究がとりわけ評価されての受賞であった。誤解を恐れずごく手短に彼女の問題意識を述べれば，それぞれの福利を高める協調行動はいかなる条件下で達成されるか，ということになろう。この問いの解明に向け，彼女は一方では非常に多くの研究者，研究機関，為政者，国際組織，NPO・NGOなどを結びつけ，他方では，さまざまな研究手法を駆使・開発することを通じて「共有可能な知の領域」を拡大していったのである。その背後には，協調的な行動を抜きにしてその対応や対策を講ずることが難しい環境劣化や資源枯渇の問題が「時代の課題」となり，これに呼応して「持続性」の議論が萌芽していた。この問題を考え，理論化を試みる際に，彼女は各地域の諸現場で起こっている現実の問題から，自らの仮説を一つ一つ検証していく，という基本姿勢を軽んずることはなかった。

　本書もそして姉本もまた，そのような彼女の基本スタンスと多分に共通する部分を有している。否，それ以上に一つ一つの現場にこだわり，日本独自の資源環境政策の展望をひらくという最終的な目標に向け，協業や共同のありようを検討する目的で本書は編まれている。特に本書では，コモンズ研究の理論的な成果を所収した姉本の成果を支え，また「共有すべき知の領域を拡大」していく可能性を秘める事例を存分に取り込んで構成した。と同時に，今後の建設的なコモンズ研究の展開に向け，これまでコモンズ論に向けられてきた批判に応答するとともに，持続可能な経済社会の礎となる環境ガバナンスを実現していく上での一つの指針ともなる公共性論にも踏み込んで議論を展開した。

　本書の魅力は，以上に記したような専門領域の展開にのみあるのではない。本書では，今後の建設的かつ活発な議論の展開を希求し，コモンズ研究に関心のある方々のみならず，環境問題に関心を寄せる研究者，行政職員，NPO・NGO，さらには国際機関等で働く方々にも役立つ内容となっている。特にコモンズや

はしがき

環境資源論等に全く触れたことのない初学者の方であっても，一読に値するものとなるよう，次のような工夫を凝らした。

　本文における文章や解説を可能な限り平易にすることはもとより，資料編として①概説　コモンズ論の系譜，②日本のコモンズ論の系譜図，③海外のコモンズ論の系譜表，④日本の山野海川に関する年表，⑤リーディングリストを所収した。これにより読者の方々は，国内外においてどのようにコモンズ研究が展開してきたのか，また，その主要な成果としてどのようなものがあるのかを幅広く概観することができる。簡潔にまとめた①〜③それぞれを眺めることで芽生えるかもしれぬ読者の興味や関心は，⑤のリーディングリストを活用することでさらに深めて頂けよう。幸運にもそのように生まれた小さな興味や関心が，いつしか自身を環境研究・コモンズ研究へと駆り立たせるようなことがあれば，そのときには，④の山野海川年表がかなり参考になることは間違いない（ただ，これには時間，マンパワー，紙面上の制約もあり，日本国内のものしか取り扱えていない点は付言しておく必要があろう）。

　先述したオストロムも編者の一人であり，北米のコモンズ研究の一つの金字塔とも評しうる大著『The Drama of the Commons』の第1章では，「コモンズ的状況というものは，社会科学が抱える多くの中心的な課題に取り組む際に活用できる非常に重要な実験台（test bed）を提供する」と述べられている。同じ行動をメンバー皆がとれば，そうしない場合よりも置かれる状況が改善されるにもかかわらず，実際にはそういう方向へは向かない現状が多々見られる。そういった状況こそがここでいうところの「コモンズ的状況」であり，長年，コモンズ研究の主たる考察対象の一つとなってきた。この状況を乗り越えるにあたって，従来の否定的な見解に反し，地域共同体（コモンズ）が有力な解法の一つになりうる点を地域の現場に基づく精緻な調査によって明らかにしたのが，コモンズ研究の大きな貢献である。

　とはいえ，それぞれ異なる社会経済制度・環境・文化にあるなかで，そのような仕組みがどのようにして創出され，また長期にわたって維持されうるのか。あるいは，そもそも構成員の紐帯の弱い地域において，そのような制度をどの

ように生み出しうるのか。あるいは，そのような新たに生成された制度が長期にわたって持続するための要件はいかなるものか，等々，依然として未解明な点も多く存在している。また，コモンズ外部からの影響を強く受ける現代社会にあっては，コモンズとその外部環境（新規住民，NPO・NGO，国際機関，行政，政府，グローバリゼーション）との関係性が大変重要になる。そのような点に着眼した研究は，たしかに増加しつつある。しかし，長期的な資源管理や保全の観点から見た「コモンズとその外部環境の望ましい関係」はいかなるものであり，またどのような条件下でそのような関係性が達成・維持されうるのか。また，そのような望ましいバランスの取れた状態に向けての移行方法やその過程において必要となる戦略についてはほとんど具体的な議論はなされていない。

　このような内容を検討する段階に達すると，コモンズ内部の制度設計に着眼の重きをおいてきた傾向を強くもつコモンズ研究は，望ましい組織間調整を主たる考察の対象に据えてきた環境ガバナンス論にたいへん接近した領域を形成しはじめるようになる。本書では，このような動向にあってのコモンズ論，コモンズ研究の「立ち位置（独自性）」についても改めて考察を行った。

　コモンズ論が，時代の課題に応えるべく社会科学にとっての「大きな実験台（test bed）」になりうるかどうか。コモンズ論の真価とともに，その可能性が試される時を迎えた。本書はもとより半年前に誕生した姉本にもまた手をのばしてもらい，この姉妹の健全なる成長に不可欠となるご批判やご感想を待つことにしたい。

編者を代表して　三俣　学

ローカル・コモンズの可能性
――自治と環境の新たな関係――

目　次

はしがき

序　章　グローバル時代のなかのローカル・コモンズ論
　　　　　……………………………菅　豊・三俣　学・井上　真…*1*
　　1　グローバル時代の環境ガバナンス ……………………………*1*
　　2　環境ガバナンスとローカル・コモンズ論 ……………………*3*
　　3　ローカル・コモンズ論の果たす役割 …………………………*5*
　　4　本書のねらいと内容 ……………………………………………*8*

第Ⅰ部　コモンズのもつ公共性

第**1**章　地方行政の広域化と財産区 ……………齋藤暖生・三俣　学…*13*
　　　　　──愛知県稲武地区の事例──
　　1　財産区制度とその矛盾 …………………………………………*13*
　　2　大都市のなかの山村 ……………………………………………*17*
　　3　ローカル・コモンズとしての13財産区 ………………………*19*
　　4　豊田市のコントロール下におかれた13財産区 ………………*26*
　　5　ローカル・コモンズを襲う「広域合併の悲劇」……………*29*
　　6　広域地方行政下のローカル・コモンズ ………………………*34*

第**2**章　里道が担う共的領域 ……………………………泉　留維…*38*
　　　　　──地域資源としてのフットパスの可能性──
　　1　道はなんのためにあるのか …………………………………*38*
　　2　「里道（りどう）」と里道（さとみち） ……………………*41*
　　3　里道の活用の現状 ……………………………………………*46*
　　4　新たな地域資源としての道 …………………………………*59*

第3章 万人権による自然資源利用
──ノルウェー・スウェーデン・フィンランドの事例を基に──
……………………………………嶋田大作・齋藤暖生・三俣　学…64

1. 本章の課題……………………………………………………64
2. ノルウェー，スウェーデン，フィンランドの概要……………64
3. ノルウェーの万人権…………………………………………68
4. スウェーデンの万人権………………………………………72
5. フィンランドの万人権………………………………………75
6. 万人権における公共性の揺らぎ……………………………78

第Ⅱ部　グローバル時代におけるローカル・コモンズの戦略

第4章 ボルネオ焼畑民の生業戦略 ………………寺内大左…89
──ラタンからゴムへ，そしてアブラヤシへ？──

1. 「熱帯林の減少─焼畑社会─私たちの生活」のつながり ………89
2. ボルネオ焼畑先住民ブヌア人社会で起こっていること………90
3. ゴム園拡大によるブヌア人社会の変化………………………95
4. 村人たちの求める生活とは …………………………………106
5. 固有の価値基準に基づく地域発展の模索 …………………112

第5章 「緩やかな産業化」とコモンズ……………河合真之…115
──大規模アブラヤシ農園開発に代わる地域発展戦略の形──

1. カリマンタンの奥地へ………………………………………115
2. 市場経済化とローカル・コモンズの変容……………………118
3. インドネシアにおける農園開発制度…………………………122
4. アブラヤシ農園開発およびゴム園開発の影響 ………………127
5. 「緩やかな産業化」とコモンズの再構築………………………136

第6章　政策はなぜ実施されたのか ……………………椙本歩美… *144*
　　　──フィリピンの森林管理における連携──
　　1　誰が森林を管理するのか：住民参加と連携の接合 …………… *145*
　　2　CBFM の実施と援助：キリノ州 B 村を事例に ……………… *149*
　　3　連携はどのように実施されたのか ……………………………… *158*
　　4　連携は何の解決になったのか …………………………………… *163*

第7章　「共的で協的」な野生動物保全を求めて ………目黒紀夫… *170*
　　　──ケニアの「コミュニティ主体の保全」から考える──
　　1　ローカル・コモンズ論の視点から見るアフリカ野生動物保全 … *170*
　　2　ケニア南部，マサイ・ランドへの野生動物保全の導入 ……… *174*
　　3　1960〜1980年代：「コミュニティ主体の保全」の雛形 ……… *179*
　　4　1990〜2000年代：国際援助のもとでのコミュニティ・サンク
　　　　チュアリ ……………………………………………………………… *181*
　　5　2000年代後半：国際 NGO が提案するコリドー建設に対する住民
　　　　の対応 ………………………………………………………………… *186*
　　6　アンボセリの野生動物保全が向かう先 ………………………… *190*
　　7　「共的で協的な地域主体の保全」の可能性 …………………… *193*

終　章　実践指針としてのコモンズ論
　　　　──協治と抵抗の補完戦略──
　　　　………………………………三俣　学・菅　豊・井上　真… *197*
　　1　コモンズ論の今 …………………………………………………… *197*
　　2　コモンズから醸成される公共性概念 …………………………… *201*
　　3　未来を拓く共同的資源管理論に向けて：協治戦略と抵抗戦略 … *208*

資料編　概説　コモンズ論の系譜…… *221*
　　　　日本のコモンズ論の系譜図…… *226*

　　　　　　　　　　　　　　　　　　　　目　次

　　　海外のコモンズ論の系譜表……227
　　　日本の山野海川に関する年表……231
　　　リーディングリスト……250

「協治」論の新展開：あとがきに代えて……263

索　　引……267

序　章

グローバル時代のなかのローカル・コモンズ論

菅　豊・三俣　学・井上　真

1　グローバル時代の環境ガバナンス

　現在，グローバルな政治・経済は，地域社会にとって絶大な影響力をもっている。そして，そのような状況が，種々の困難な問題を生起させていることは，昨今の社会状況を見れば火を見るよりも明らかである。

　もっとも近いところでは，2007年から世界の経済を恐慌に陥れたサブプライムローン問題がある。それは，通常融資できないような信用リスクの高い，つまり信用格付けの低い人びとに融資し，その債権を小口化して世界中の投資家にリスク分散を行うという，まさに「グローバルな金融技術」である。本来，先端的な金融技術として脚光を浴びていた手法は，その手法の開発地であり，恐慌の震源であったアメリカ金融界のみならず，世界の産業界に危機を巻き起こし，世界中を揺るがした。多くの産業，そして多くの人びとの生活に甚大なダメージを与えたこの金融技術の問題は，まさにグローバル時代における「いきすぎた」市場経済の落とし子である。

　そのような情勢のなか，現代の趨勢として支配的になったグローバルで新自由主義的な政治の「いきすぎた」動き，あるいは，新古典派経済学の説く市場の優位性をさらに極端に推し進めた経済の「いきすぎた」仕組みに対する疑念と反省は日々高まりつつある。しかし，現実は，反グローバリゼーション論者の主張のように，地球規模の政治・経済・社会の動きから離脱して孤高を持することは，それほど容易なことではない。どのような小さな国家であれ，またより小さな地域であれ，そして，もっと小さな僻陬のコミュニティであれ，す

でにこの不可逆的なグローバリゼーションの渦に，巻き込まれており，これと完全に無縁ではありえない。

　これは，環境の問題を考える上でも同様のことがいえる。環境を破壊する動きは，当然のごとく世界的な政治・経済の主たる潮流のなかに位置づけられるし，また，一方で環境を守る動きも，そのような潮流と無縁ではありえないのである。一見，相反する動きが，ともにグローバリゼーションを基盤として展開されていることに，私たちはまず気がつかなければならない。

　そのようなグローバル時代の下，いま私たちが多様化，複雑化した環境問題と対峙する姿勢を定める際に，学ばなければならない重要な考え方として「環境ガバナンス」がある。環境ガバナンスは，一言でいえば，複雑で重層化した環境の問題を考えるにあたって，それに対応し管理する主体の多様性，多元性を認め，その個々の能力や，それぞれの連携を重視し，制度設計などを行う環境の「統治」のあり方を意味する。この語で意図的に用いられる「ガバナンス」は，国際機関や政府などが，いまだ実質的に大きな権能をふるい，「上」の立場から「統治」する「ガバメント」と対蹠的な位置に存在することが，その大きな特徴となっている。

　これまでの「ガバメント」イメージに拘泥されると，「統治」や「管理」は，国際機関や政府のような中央集権に基づく権威的アクターがそれを担い，非常に多岐にわたる権能を独占し，遂行するシステムと理解される。実際に，そのような強大なアクターが主役を演じたために，地域で生きる人びとの生活を顧みずに，環境をめぐる「いきすぎた」政策がなされたことも少なくないし，現状においてもそのような政策がなされることも少なくない。

　一方，「ガバナンス」は，国際機関や政府などの従来の権威的アクターによる公的な統治を，環境へ関与する中心とアプリオリに設定するのではなく，それとともに国境を越えた自治体・市民・NPO・企業・学識者などの多様な組織や個人が，主体的，自立的にその統治に参画し，協働するプロセスを指し示している。環境政策学者の松下和夫は，環境ガバナンスを「上（政府）からの統治と下（市民社会）からの自治を統合し，持続可能な社会の構築に向け，関

係する主体がその多様性と多元性を生かしながら積極的に関与し，問題解決を図るプロセス」としてとらえているが（松下和夫編著『環境ガバナンス論』京都大学学術出版会，2007年，4頁），環境ガバナンスとは，従来の政策の立案，決定，実施にかかわる主体を，根本から見直す試みなのである。

　つまり，環境問題は，地球規模で統合化されている政治・経済・社会状況と緊密に関係するがゆえに，その対応もグローバル，リージョナル，ナショナル，ローカルといった多岐にわたる空間レベルを越えて統合化されなければならないのであって，さらに，種々の異質なアクターの境界を乗り越えて統合されなければならないという現実から，この「環境ガバナンス」という階層横断的でトランスポジショナルな考え方，協調的な仕組みが生起したのである。それは，グローバル時代における環境問題の複雑性，不確実性に順応し，公正かつ民主的な合意形成や，透明性のある意思決定を模索する環境の管理形態といえるであろう。

　なお，上述した松下の環境ガバナンスの定義ではプロセスにより着眼点が置かれているが，本書ではガバナンスの対象としての環境資源そのものについても，その特性等の相違点を重視し，それによるグローバリゼーションの影響の現れ方，ひいてはそれに応じた在地戦略についての分析を進めるところに特徴がある。

2　環境ガバナンスとローカル・コモンズ論

　この環境ガバナンスという考え方，および仕組みを理解し，その主張を具体化していくにあたって，見過ごしてはならないのが，いま私たちが本書で提示するローカルな「コモンズ——共的（communal）で協的（collaborative）な世界——の思想」である。

　地域の資源や環境の管理の理解とその設計に関し，これまで地域の現場で立論してきたローカル・コモンズ論では，すでに環境ガバナンスが目指す，多様なアクターの参画とその協働性に関する研究が蓄積されている。

たとえば，1970年代末から1990年代にかけてローカルなコモンズ論の先駆的な研究を執り行ってきたジェームス・アチェソン（James M. Acheson），ボニー・マッケイ（Bonnie J. McCay），フィクレット・ベルケス（Fikret Berkes），デイビッド・フィーニー（David Feeny）は，1989年，『ネーチャー』誌において，在地の慣習的社会システムとともに，国家の関与や技術主義の補完的役割を指摘している。彼らは，資源や近代技術，在地の所有権制度，そして，国家などが関与するより大きな制度的取り決めの，よきバランスを主張し，政府と地方共同体（community）など多様なアクターが「共同管理（co-management）」によって，互いに力（権限）を分かち合うことの必要性を力説した。この重層的な権能分担は，「入れ子システム（nested system）」と表現されている（Berkes, Fikret, David Feeny, Bonnie J. McCay and James M. Acheson, "The Benefits of the Commons", *Nature* 340, 1989, pp.91-93）。
　この「共同管理（co-management）」とは，複数の社会的アクター（行政や地域住民など）が，公正に管理機能を共有することを明確化し保障する状態である。それには，①国家，地方政府，地域団体，住民など多様なアクターによる責任分担，②地域住民の自律性の確保と，さまざまな決定プロセスへの関与の保障，③公的な制度としての正統性の確保（法的なものも含む）という要件が含まれる。それは，「入れ子システム」を，新しく創出するための管理のあり方として，現在，全世界的に注目されている。
　この「共同管理」と同様の考え方は，日本のローカル・コモンズ論のなかでも同様に指摘されている。たとえば，本書の編者の一人である井上真は，「協治（collaborative governance）」という資源や環境の管理のあり方を提唱している。井上によれば「協治」とは「中央政府，地方自治体，住民，企業，NGO・NPO，地球市民などさまざまな主体（利害関係者）が協働（コラボレーション）して資源管理をおこなう仕組み」（井上真『コモンズの思想を求めて』岩波書店，2004年，140頁）と定義され，従来，閉鎖的であった当事者の境界を乗り越える統合的なガバナンスを目指すものである。
　このように，環境ガバナンスとローカル・コモンズ論は，環境の統治にあた

り多様なアクターの参画とその協働性に重きを置く点において共通している。環境ガバナンスにはさまざまなアプローチが想定可能であるが，ローカル・コモンズ論は，その立論過程において地域の社会的文脈と実態を不可分なものとしてとらえ，地域に住む人びとを主体とした環境をめぐる実践と，それに大きな影響を与える政府などの外部アクターの関与とのせめぎ合いに関し，現実のミクロな現場から論点を提示できる点において，環境ガバナンスの理論構築に特徴的な役割を果たせるだろう。

3 ローカル・コモンズ論の果たす役割

このコモンズ論は，グローバル時代における環境ガバナンス論を，今後，地域の現場から起ち上げる上で，以下の四点に関し大きな貢献が期待できる。

第一に，ローカル・コモンズ論の視座は，すでに批判されているガバメント型——未だ十分に改善されていない——の環境の統治を批判的に修正する点において，大いに期待できる。従来のガバメント型の資源や環境の管理——開発にしろ保護にしろ——は，資源や環境をめぐって地域社会で展開されてきた人びとの実践と自治の様相に，十分に配慮してこなかったといっても過言ではない。グローバルな普遍的論理と価値，中央集権的思考によって作られた，ある種独善的な政策が地域に持ち込まれた結果，多くの地域社会において実現可能性や実効性を得られずに，計画が破綻した例が数多くある。また，政策が強制的に遂行された場合には，政府と地元住民との軋轢や葛藤が顕在化し，より状況を悪化，複雑化させた例も少なくない。

ローカル・コモンズ論は，このようなガバメント型の施策に対し，地域に生きる人びとの実践，そして，その社会に内在する仕組みや論理，さらに重要視すべき内在的価値というものを提供し，そのような施策を批判的に検証することができる。世界各所のいずれの地域でも，そのなかに存在する資源や環境は，複数の主体によって利用され管理され自治されてきたはずである。もちろん，その管理や自治の方法は，「規則」といった仕組みを付随する厳密な「制度」

のようなものから,「不文律」といた曖昧で緩やかな「あり方」のようなものまで幅広く含みうる。実に多様な自治の形態が,それぞれの地域に即して存在したはずであり,その様相を分析することによって,未だ地域住民を下目に懸けるガバメント型の施策に修正を突きつけることは,コモンズ論が現在的に担っている大きな使命であるといえる。

　第二に,コモンズ論の視座は,より良い環境ガバナンスの設計において,具体的な協働の場に関する実証的な知見を提供する点で,大いに期待ができる。環境ガバナンス論が提唱される今日でも,現実はガバメント型の対応がなされているケースが少なくないが,一方で,現実の場では,大きな権能保持者の権能独占に対し異議申し立てがなされ,多様なアクターが権能の一部を担った事例も散見できる。また,すでに国際機関や政府などでも,そのような多様なアクターの参画を許容し,協働関係を取り結ぼうという動きも見受けられる。そのような環境ガバナンスの達成度は,もちろんそれぞれの国家や地方政府の民主主義の成熟度によって異なるのであろうが,環境の統治にあたり相対的に市民などの関与度が高く,権能分担が法的にも認められているケースもある。そのような実態のケース・スタディを通じて,環境ガバナンスの具体的な様相を,ローカル・コモンズ論は地域の視点から提供することができるであろう。

　また逆に,ガバメント型の政策がなされているために,権能を有しないアクターたちによる抵抗によって,十全な政策の成果を上げられないケースも見受けられるが,そのような事例も環境ガバナンスの阻害要因と,阻害の結果もたらされる地域への影響を知る上で,貴重な参照データを環境ガバナンス論へと提供してくれるであろう。それは,現在の政策の不備の更改を求めるだけではなく,将来のより適合的で実効的な環境ガバナンスのあり方を模索する上で必要不可欠な研究であるといえる。

　今後,環境ガバナンスは世界中に波及することによって,一種のグローバルな普遍的手法,論理,価値と化すことが予想される。その場合,ガバナンス型の環境問題へのアプローチが,適切に設計されなければ,現実社会においては,他のグローバルな論理と同じく抑圧的で独善的,そして阻害的な手法となって

しまう可能性もある。そのような失敗を犯さぬために，地域という現場の様相を的確に把握し，見落としてはならない地域の価値と個別的な対応の実例を，環境ガバナンス論へとフィードバックすることが，ローカル・コモンズ論には可能なのである。

　第三に，「良きガバナンス」に向けた現場からの実証的知見の提供という第二点目の貢献を実現する過程において，コモンズ論は環境ガバナンスの理論的支柱の一翼を担うであろう「公共性」の議論に対して独自の視点を提供する可能性をもっている。欧米で育まれた思想に根を有する「公共性」の概念は，グローバルな価値をもつものとして，今日すでに多くの国々で享有されているように見える。これは，市民革命→近代国家の樹立→自由競争主義的な市場経済制度の形成と市民社会の成立，という一連の史的経路を通過した経験をもたない非欧米諸国にあっても同様に看取しうる傾向である。

　しかし，このような史的展開を採らない国々，なかでも「山野海川（さんやかいせん）」を暮らしの基盤とする諸地域では，それとは異なる独自の「公」の概念，「私」の概念，さらには「公共」や「公共性」の概念が歴史的に育まれており，それらは「十把一絡げ」に論じられるほど単純なものではない。自然環境を重層的にガバナンスしていく諸過程においては，公共性という道標がガバナンスの方向性を決める重要な一つの根拠になりうる。それぞれに異なる生態系，文化，歴史的背景をもつ各国諸地域の現場において生じている諸問題にも照らしながら，公私概念や公共性の概念を再定位していくことは，環境ガバナンスを実践的に進めていく上で大きな示唆を与える。各国諸地域の生態的・文化的・歴史的背景と全く無縁なもので構成された公共性に基づく舵取りは，従来のトップダウン的なガバメントと基本的になんら変わるところのない「名ばかりのガバナンス」へと堕する危険性さえある。コモンズのもつ公共性をそれぞれの地域の現場に立って問い直そうとするこのような試みは，現代における多様な意味を付与された公共性という言葉をとらえ直そうとする試みでもある。

　第四に，コモンズ論は，市場経済制度のグローバル化とそれを下支えする近代思想のグローバル化に対する伝統的コモンズの「対応（適応）戦略・対抗

(抵抗)戦略のオルターナティブ」を描くことである。加えて，ローカル・コモンズ生成のために必要なガバナンスとそれに向けての社会経済的・制度的諸条件を具体的に示すことができる。前者に関しては，グローバリゼーションの影響を受ける現代社会にあって，各地域で培われてきた環境保全や管理に資するコモンズの自治力をどのように再生・維持できるかが課題となる。他方，コモンズの対応（適応）戦略や協治戦略がきわめて困難ないしは不可能となるようなグローバリゼーションがどのような社会経済的条件下で招来されうるか，ということについての分析もまた重要な課題となる。後者のローカル・コモンズ生成の可能性については，伝統的なコモンズに比して，より多様なアクター（地元住民，NPO・NGO，対象資源を利用する業者，国際機関，開発プロジェクト，研究者）がそれぞれの動機に基づいて関与することが予想されるゆえ，環境ガバナンスの必要性はより大きいものになる。コモンズ論では，それらのアクターがどのような方法や手続きによって「自治的な資源管理制度の生成の要」となる社会関係資本（Social Capital）を蓄積できるか，その際に超えるべき諸課題はいかなるものか，ということを現場でつぶさに分析することが可能である。それゆえ，そこから得られる知見は環境ガバナンスの手法を練磨していく上で大きな示唆を与えうるのである。

4　本書のねらいと内容

環境問題は，ローカルという現場でもっとも先鋭的に，そして生々しく顕在化するものである。本書に収載された，精密なフィールドワークによって掘り下げられたローカル・コモンズから抽出される多様な社会的作法は，グローバル時代において生起した種々の「いきすぎた」世界状況を，人間が実際に生きる生活世界に引き戻すための等身大の対抗（抵抗）戦略，協治戦略，あるいは対応（適応）戦略となりうるであろう。グローバル時代において，グローバルな仕組みや価値は大きな力をもち，地域の社会・政治・経済システムを根本から変えるほどの大きな影響を与えている。しかし，一方でローカルな実践世界

は，そのようなグローバルな状況に，完全に従属し支配されるのではなく，そのようなグローバルな状況を受容しつつ，また利用しつつ，自らが統治＝自治する戦略をも編み出しつつある。そのような戦略を，実在する生活世界のなかからリアリティをもって抽出し，環境ガバナンスの未来に向けて発信することが，本書のねらいである。

第Ⅰ部

コモンズのもつ公共性

第1章

地方行政の広域化と財産区
――愛知県稲武地区の事例――

齋藤暖生・三俣 学

　オストロム（E. Ostrom）のノーベル経済学賞受賞で，コモンズ論に再度，熱い視線が集まり始めている。彼女の非常に近しい仲間の一人であるデューク大学のマッキーン（M. McKean）が「日本のコモンズ」として取り上げた入会林野の現在を見つめ直す，これが本章の目的である。ここで，取り上げるのは，入会林野のなかでも，とりわけ複雑かつ多くの矛盾を内包して現在にまで引き継がれてきた財産区有林についてである。この財産区とは，入会林野の所有形態の一つであると同時に，地方自治法で規定される制度であり，財産区の運営は属する市区町村のコントロール下にある。このため，慣習的な運営との制度的なズレが指摘され，入会集団による自律的運営を阻害するような行政の介入が懸念されてきた。愛知県稲武地区の13財産区では，平成の市町村合併を契機として，この懸念が現実化した。本章では，財産区制度の性格と入会の慣習のズレについて先行研究から概観した上で，愛知県稲武地区において問題がいかにして表出し，そのことが地域にどのような影響を及ぼしうるかをフィールド調査から明らかにし，広域化が進む地方行政下でのローカル・コモンズのあり方について考察する。

　なお，本章は，2008年4月から延べ11日間にわたって，豊田市13財産区の各議員および関係者，豊田市稲武支所，豊田市森林組合を対象に行った聞き取り調査および資料収集に基づく。

1　財産区制度とその矛盾

　財産区制度はどのような事情で生み出され，慣習とのズレを内包するように

なったのであろうか。ここでは，本事例の分析に必要な範囲で，財産区制度について概説する。

（1）入会否認政策と財産区

明治以降，政府は入会林野に対して，それを否認するような態度・政策をとり続けてきた。それは，四つの波として入会林野に降りかかってきた（図1-1）。第一の波は土地官民有区分（明治9〔1876〕～14〔1881〕年），第二の波は町村制の施行（明治22〔1889〕年），第三の波は部落有林野統一政策（明治43〔1910〕～昭和14〔1939〕年），第四の波は入会林野近代化政策（昭和41〔1966〕年～）である。このうち，第二の波の中で生まれてきたのが，財産区制度である。

第一の波では，多くの入会林野が民有の証なしとして官（国）有地となったが，それを免れて，のちに部落有と呼ばれることになる旧町村名義や組名義での所有（実際の名義は「大字～」，「～組」などさまざまある）として所有が認められたものがあった。それらに降りかかったのが第二の波であった。

第二の波，すなわち町村制を施行するにあたり，政府には次のような思惑があった。それは，江戸時代以来の村を合併し，基礎自治体である町村の近代的な行政基盤を強化すること，旧村が持っている土地は行政の所有物とみなし，合併に伴ってそれを統合し新市町村の基本財産とすることであった。これは，入会財産の主権が合併後の新町村に移行することを意味し，この方針に対して多くの農民が抵抗を感じたため，町村合併が政府の思惑通り進まないことが危惧された。当時の入会林野は，農山村の生活においては欠くことのできない生活物資の一大供給源であり，まさしく「生命線」であったためである。そこで政府は，次のような妥協策を講じざるを得なかった。すなわち，町村制の中に「町村の一部（部落など）が財産や建造物を有している場合は，その財産や建造物に関する事務のための区会または区総会を設けることができる」（町村制第114条を筆者要約）とする条項を設けたのである。ここで規定された「区」こそが，今日では財産区として扱われているものである。町村制によるこの規定は，昭和22（1947）年施行の地方自治法第294条に内容的にほぼ変更なく引き継が

図1-1 入会林野（慣行共有形態）を襲った四つの波

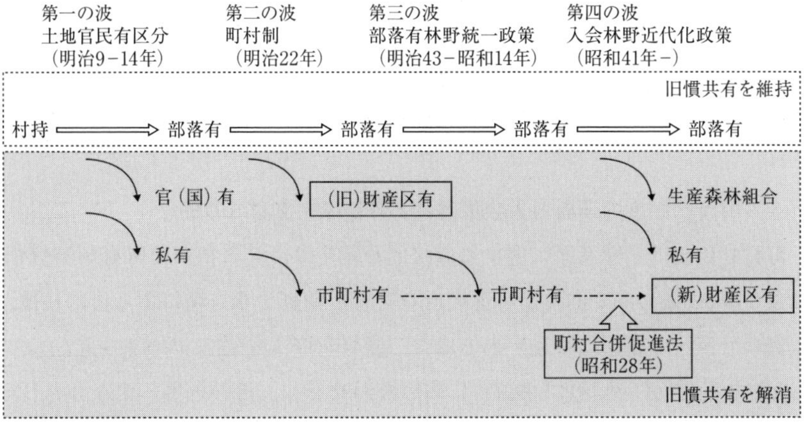

第一の波	第二の波	第三の波	第四の波
土地官民有区分	町村制	部落有林野統一政策	入会林野近代化政策
（明治9-14年）	（明治22年）	（明治43-昭和14年）	（昭和41年-）

旧慣共有を維持
村持 ⇒ 部落有 ⇒ 部落有 ⇒ 部落有 ⇒ 部落有

官（国）有 → (旧)財産区有　　　　　　　生産森林組合
私有　　　　　　　　　　　　　　　　　私有
　　　　　　　市町村有 ---- 市町村有 ----→ (新)財産区有
　　　　　　　　　　　　町村合併促進法
　　　　　　　　　　　　（昭和28年）
旧慣共有を解消

（出所）筆者作成。

れることとなり，このとき初めて「財産区」という名称が，成文法上で登場することになったのである。

（2）妥協の産物としての財産区

　この規定は，一面では入会否認の政府の方針の貫徹を示すものであり，もう一面では，その方針の限界を示すものである（渡辺，1974）。貫徹した面というのは，特別地方公共団体として地方行政の機構のなかに取り込んだことである。財産区の管理者は市町村長となり，財産区の運営は市町村長の，場合によっては知事による一定の監督・監査の対象となった。市町村長，知事が，地方自治法や行政実例（後述）に基づいて，財産区をコントロールすることになった。その意味において，政府は方針を「貫徹した」のである。

　一方，限界というのは，地方行政における最小の法的主体を市町村とする，という政府当局の方針を貫徹できず，さらにその下部主体（すなわち財産区）にまで法人格を認めざるを得なくなったことである。旧村は財産区を設置することによって，旧来の村持財産の所有主体として認められ，その管理運営の主権を維持することになった。入会財産をめぐる農民の抵抗のために，政府の方針

を一部曲げざるを得なかったのである。

　このように、財産区制度は、地方行政の整備を進める上での政府の方針からすれば、例外を認めた妥協の産物なのである。この、妥協の産物であるということが、矛盾をはらんだ制度として数々の問題を引き起こすことになった。

（3）財産区制度の矛盾と入会集団による自律的運営への懸念

　町村制における財産区に関する直接的な規定は、先に掲げた町村制第114条および第115条のみであった。財産区を監督・監査する立場にある市町村は、現実の財産区の運営に疑義がある場合、監督官庁（歴史的に内務省→地方自治庁→自治庁→自治省→総務省と変遷）に問い合わせをし、その返答、すなわち行政実例に基づいて財産区を取り扱ってきた。また、制度運用をめぐって争われた裁判の判決もある。これらの蓄積が財産区の行政的取扱いの指針となってきた。

　また、法律自体も時を重ねるごとに仔細になっていく。昭和22年制定の地方自治法では、町村制第114条を地方自治法第294条として引き継いだだけでなく、財産区議会および総会、運営、政令への委任に関することがらが第295〜297条として、やや詳しく規定されることとなった。特に、昭和29（1954）年の法改正で新設された第296条の5は、財産区運営にとってきわめて大きな意味を持っている。

　現行地方自治法第296条の5では、財産区運営の基本原則として、第一に「住民の福祉を増進する」ように、第二に市町村の「一体性をそこなわない」ように努めなければならない、と定めている。

　「住民の福祉を増進する」の「住民」とは財産区に居住する住民すべてを指す。ところが、財産区のなかには、民法上の入会権に服する公有地（財産区有地）と解しうるもの（民法第294条）もあれば、実質的に厳然たる民法上の共有の性格を有する入会地（民法第263条）もある。当事者たちは、意識してまた無意識にして、従来からの慣習（入会慣習）を引き継いでいることが多い。このような入会の慣習に従えば、利益を受ける対象が入会住民のみに限定されても、また限定された構成員のなかで収益金の個人分配のような私的利益の追求が行

われても問題はない[5]。

　市町村の「一体性をそこなわない」という原則は、そもそも合併市町村として一体化できないから設置した財産区の設置意図と矛盾するものである（渡辺、1974）。したがって、これらの原則に従えば、入会慣習に基づく財産区運営の大部分が否定されてしまうのは必然のことである。

　これら法律の規定や行政実例があるために、慣習に基づいた自由な運営が行われている財産区であっても、将来的に市町村のコントロールが強化されたときに問題が表面化する可能性が指摘されてきた（池、2006）。

　以下では、平成の市町村大合併を機に、問題が表面化し深刻な状況に陥っている愛知県豊田市稲武13財産区の事例を詳しく見ていこう。

2　大都市のなかの山村

　本章で取り上げる愛知県豊田市稲武地区は、岐阜県と長野県に接する山間地である（図1-2）。地区中心部の標高は約500 m で、やや冷涼な地である。山は深く地区境界部の標高は1000 m を超える。耕地に適した平地・緩傾斜地に乏しく、耕地率はわずか3.4%に対し、林野率は85.8%と高い。農家数371に対して、林家数547と多く、まさしく山林に依拠してきた地域であることを物語っている（農林水産省大臣官房統計情報部、2002）。

　稲武地区には、13の自治区（稲橋、大野瀬、押山、小田木、川手、黒田、桑原、御所貝津、富永、中当、夏焼、野入、武節）があり、これに対応して13の財産区がおかれている。これら13の自治区は、近世期にはそれぞれ独立した村であった。

　明治22（1889）年、町村制に基づき、それぞれ数村が合併して北設楽郡稲橋村（稲橋、夏焼、中当、野入、大野瀬、押山）と同郡武節村（武節、御所貝津、桑原、川手、黒田、小田木、富永）が成立する。まもなく明治30（1897）年には両村は組合村を設立し、事務を共同で行うようになる。昭和15（1940）年、両村が合併して北設楽郡稲武町が設立され、以後65年間この体制が存続することになった。

第Ⅰ部　コモンズのもつ公共性

図1-2　豊田市稲武地区および13自治区の位置図

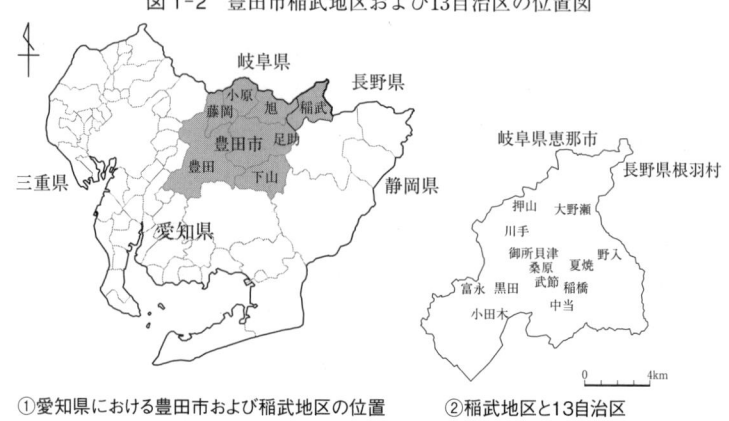

①愛知県における豊田市および稲武地区の位置　　②稲武地区と13自治区

　平成17（2005）年，長年続いた体制に大きな変化が訪れる。大都市・豊田市との合併である。東加茂郡の足助町，旭町，下山村，および西加茂郡の藤岡町，小原村とともに，豊田市に合併した。
　これによって稲武地区は，世界的大企業トヨタ自動車株式会社を抱える大都市・豊田市の一員としては，まさに異質というべき地域となった。合併後の豊田市全体との比較から，この地域の特徴を確認しておこう（表1-1）。豊田市全体の人口42万人に対して稲武地区はわずか2800人，人口比は0.67％でしかない。人口密度は，28.5人/km^{2}と，豊田市への大合併前の旧市町村においては最も小さな地区となっている。
　このように，稲武地区は豊田市において決定的な少数派と位置づけられるが，環境に着目して見たとき，この関係は逆転する。稲武地区は，豊田市中心部を貫流する矢作川の上流域にあたり，豊田市の水源涵養，治水を考える上で，重要な地域と位置づけられる。また，広大な森林を擁し，環境モデル都市として歩み始めた豊田市において，きわめて大きな役割が期待される。稲武地区に居住する人びとは，豊田市全体と比べ，1人あたり実に20倍もの面積の森林を担っているのである（表1-1）。

第1章　地方行政の広域化と財産区

表1-1　豊田市各地区の概要比較

		人口(人)	人口密度(人/km²)	面積(km²)	林野率(%)	1人あたりの森林面積(ha)
現・豊田市		424,128	461.8	918.47	68.6	0.15
合併前地区別	豊田地区	379,312	1307.5	290.11	35.6	0.03
	藤岡地区	19,922	303.8	65.58	73.2	0.24
	小原地区	4,305	57.8	74.54	82.8	1.43
	足助地区	9,095	47.1	193.27	86.4	1.84
	下山地区	5,369	47.0	114.18	85.8	1.82
	旭地区	3,312	40.3	82.16	82.1	2.04
	稲武地区	2,813	28.5	98.63	85.8	3.01

(出所)「豊田市統計情報（2009年6月）」;「2000年　世界農林業センサス」より作成。

3　ローカル・コモンズとしての13財産区

（1）自治区と財産区

　江戸時代の村を引き継ぐ行政区としての自治区（任意の団体）と，財産区（特別地方公共団体）は，別個の主体である。しかし，稲武地区の住民は，財産区と自治区は一体のものと認識してきたし，同一目的（＝地域自治）のために運営されてきた。これは，現在の財産区有財産が江戸時代から入会林野として利用・管理されてきた経緯による。その経過と，豊田市に合併前の稲武町における運用の実態を，以下に見ていこう。なお，稲武地区の13財産区の概要については**表1-2**を参照されたい。

（2）入会の受け皿としての財産区

　江戸時代には，すべての村において，「惣山」と呼ばれる入会林野（一村入会）があり，数村で入り会う村々入会もあった（稲武町教育委員会，2000）。また，林野のほかに財産区有となっている墓地や宅地なども，入会林野と同様にそれぞれの村で共同利用・管理されていたものと推察される。

　明治以降，これらの入会林野をはじめ共同利用地がどのような所有形態をとったのか，その経緯は判然としないところが多い。旧稲武町で管理してきた

19

第Ⅰ部　コモンズのもつ公共性

表1-2　13財産区の基本データ一覧

財産区名	世帯数(戸)	財産の種別	土地面積(ha)	運営組織	利用形態 直轄	利用形態 割山	利用形態 貸付	(旧)目的林	規約
稲橋	134	山林, 原野, 宅地, 墓地, 畑, 雑種地, 道路敷	621.26	区議会	あり	あり	あり	青年山, 消防山, 学林, 医療院山	天保7年の植林に関する規定をはじめ, 割山に関する規約など
大野瀬	80	山林, 原野, 宅地, 墓地, 畑, 雑種地, 道路敷	176.71	区議会	あり	あり	あり	青年山, 消防山, 学林	組によって事情異なる(未調査)
押山	48	山林, 原野, 宅地, 墓地, 田, 雑種地, 道路敷, 井溝	173.75	区議会	あり	あり	あり	青年山, 学林	割山に関する規約
小田木	93	山林, 原野, 宅地, 墓地, 雑種地, 道路敷	260.72	区議会	あり	あり	あり	青年林, 消防林, 社林, 婦人会の山, 在郷軍人の山, 電柱林	未調査
川手	48	山林, 原野, 宅地, 墓地, 田, 畑, 雑種地	130.34	区議会	あり	あり	なし	青年会林, 寺山, 学林, 井堰(井堰補修用)	地上権設定に関する規約
黒田	104	山林, 宅地, 墓地, 雑種地	133.73	区議会	あり	あり	あり	青年会林, 学校林, 婦人会林, 社林	割山に関する規約
桑原	126	山林, 原野, 宅地, 墓地, 雑種地	*65.63	区議会	あり	あり	あり	消防林, 青年山	割山に関する規約
御所貝津	109	山林, 原野, 宅地, 墓地, 畑, 雑種地	**55.14	区議会	あり	あり	なし	未調査	未調査
中当	31	山林, 原野, 宅地, 墓地, 雑種地	141.22	区議会	あり	あり	あり	橋山	割山, および分収林に関する規約
夏焼	91	山林, 原野, 宅地, 墓地, 雑種地, 道路敷, 井溝, 鉱泉地	114.55	区議会	あり	あり	あり	青年山, 婦人山	割山に関する規約
野入	61	山林, 原野, 宅地, 墓地, 畑, 雑種地, 道路敷	237.95	区議会	あり	あり	なし	青年山, 消防山, 婦人会山	財産区規約
武節町	121	山林, 原野, 宅地, 墓地, 畑, 雑種地, 道路敷	**62.40	区議会	あり	あり	あり	未調査	未調査
富永	9	山林, 宅地, 墓地, 雑種地	18.41	総会	あり	あり	あり	青年山, 消防山, 社林	大字富永共有山林保護申合規約(明25)をはじめ, 割山に関する規約など

(注)　*御所貝津と武節町各財産区との共有土地含む。
　　　**桑原財産区との共有土地を含む。
(出所)　泉ほか(2009);豊田市役所稲武支所作成資料(2009年7月27日現在)および聞き取り調査による。

土地台帳を一瞥する限り，大字持や組持など，いわゆる部落有財産として登記されてきたものと思われる。また，官林払い下げにより，部落有となったものもあった（所，1969）。

一般的にいわれている財産区設立の契機（渡辺，1974）に照らしていえば，明治22（1989）年の合併時に財産区が設立されるケースが多いはずであるが，旧稲武町資料によると，13財産区の設立はすべて明治34（1901）年4月1日となっている。なぜ，このような時期に財産区設立となったのか，その背景は明らかではない。ともかく，このとき設置された財産区が，自治区の共有財産を所有する受け皿となり，稲武町，そして2005年より豊田市に引き継がれている。この間，上記土地台帳からは，土地交換などのため財産区名義での登記が随時行われたと推測され，また，豊田市役所稲武支所によると，豊田市合併を控えた2004年に部落有から財産区有へ土地所有名義を変更する手続きが行われた。[7]

こうして継承されてきた財産区有の土地は，豊田森林組合稲武支所によると，実測値ベースで，稲武地区の森林のおよそ6割にあたる5016 haであり，当地区の森林管理上非常に重要な位置を占めているのである。なお，村々入会地については，複数財産区が共有する形がとられている。

(3) 利用・管理形態の変遷：コモンズの制度の精緻化

「惣山」の記録が残る江戸時代においては，入会林野は主に採草・薪炭材採取のために利用されていた（稲武町教育委員会，2000）。幕末期になると，留山において入会権者個々の利用を規制し，そこで共同で植林を行う事業が見られるようになる。これは，天保の飢饉をはじめたび重なる危機を経験したことにより，潰百姓の救済を目的として創始されたものである（平松，1929；所，1969）。

明治以降，区有林野の利用形態は多様な展開を見るようになった（前掲表1-2）。その代表的なものは，一つに割山利用であり，もう一つは幕末期にその萌芽を見た共同植林である。

割山利用とは，財産区有林を分割したうえ財産区民一人一人に分け与え，あたかも私有林のごとく使える利用権を与える利用形態であり，明治中期以降か

ら各財産区で行われるようになった。財産区と利用者の利用契約は99年限りとするところが多く，契約満期となると，割山の再設定（割替えと呼ばれる）が行われる。利用者が財産区から転出することになった場合，利用権を財産区に返還しなければならない。このことはすべての財産区に共通している。多くの場合，割山利用者は植林をしているが，利用者は立木伐採後返還するか，伐採しない場合には各財産区で定められた手当をもらって返還することになる。地元古老への聞き取り調査によると，これは，区外に土地が流出することを防止するための知恵であるという[8]。

幕末期に始まった共同植林は，救荒目的であったが，明治以降はより積極的な財産形成の手段として，広範に展開されるようになった。区全体の運営財源とするだけでなく，青年山，消防山，医療院山，学林など，支出目的を定めた立木の伐採収益の使途目的に応じた名称を持つ植林地（目的林と呼ぶ）が形成された。目的林の詳細や設定の背景については，次項で詳述する。

これら共同植林地は，同地域でオヤク（お役）と呼ばれる住民の共同作業によって維持・管理されてきた（写真1-1）。作業内容は，植林，下刈り，除間伐作業で，もっとも活発な作業が行われた昭和30年代には，多くの財産区で年10日以上のオヤクが実施されていた。図1-3に示すように，稲武地区の大部分の人工林はすでに成熟段階にあり，しだいにオヤクでできる下刈りなどの軽微かつ比較的安全な植林地での作業は減り[9]，現在は，林道の草刈りが主要な作業内容となっている。作業日数は区によっても異なるが，年に1～3回である[10]。

以上のように，割山利用，共同植林によって人工林化が進み，2000年現在の人工林率は78.5%（「世界農林業センサス」）と木材資源の充実が図られてきた。

さらに，高度成長期以降は，土地賃貸借契約により貸地収入を得る利用形態が顕著に見られるようになった。その嚆矢となった名古屋市の野外教育センターは，稲橋財産区の有志が名古屋市教育委員会に対して誘致の働きかけを行い，実現したものである（名古屋市稲武野外教育センター，発行年不詳）。外国産木材が輸入自由化され，斜陽に向かっていた当時の林業事情への対応措置でもあった。材価の異常な低迷により林業収入が見込めなくなった現在，貸地収入

第1章　地方行政の広域化と財産区

写真1-1　オヤクによる草刈り作業の様子（稲橋財産区，山田忠行氏提供）

図1-3　稲武地区人工林の樹種別齢級別面積

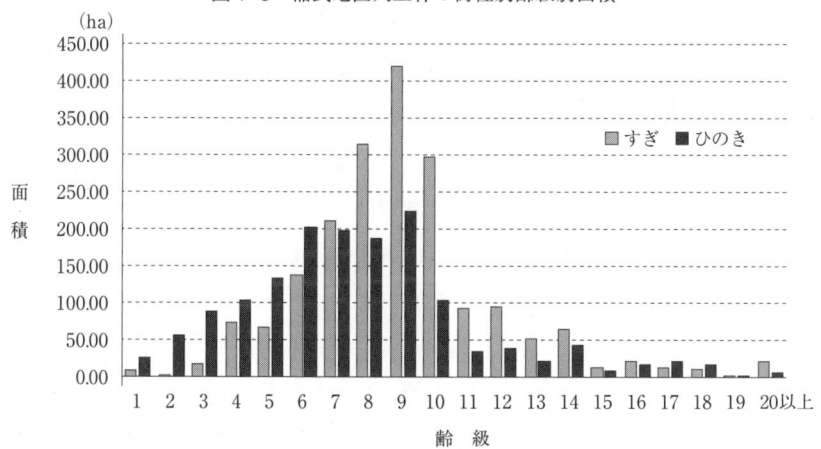

（出所）　豊田市森林組合資料に基づき筆者作成。

は財産区の貴重な財源となっている。

（4）充実する財産区の共益

　前項で見たように，稲武地区における財産区有林の利用形態は，時代とともに必要に応じて変遷してきた。それは，住民個人の利益（＝私益）もさること

23

ながら，自治区住民全体の利益（＝共益）の充実を追求してきた過程でもある。

明確に共益の享受を目的とした山林利用は，幕末の共同植林以降に認められる。当初は飢饉に対する備えとして，すなわち不測の事態に対する社会保障が求められていたが，明治以降は積極的な資産形成を通して共益の充実が図られてきた。

目的林は，時代背景および地区それぞれの事情を反映するものとして興味深い。学林は学校の建設をはじめ備品購入の資金源となっていた。学区が複数の区からなる場合は，ある財産区の一画を学林と定め，学区を構成する区全体での共同植林が行われた。地域の事情を反映するものとして特にユニークなものは中当区の橋山である。中当区は区を二分する形で川が貫流しており，双方の往来を可能にすべく橋が3カ所に設けられている。その橋梁建設の資材および資金源として橋山が設定されていた。

他方，多くの財産区に共通するものとして青年山と消防山があるが，青年山は青年団の主たる活動となっていた祭りを実施する財源となり，消防山は消防用のポンプ購入に充てる財源となっていた。こうした各区自前で行われてきた区の公共事業は，市町村が担うサービスへと変化し，その結果，目的林はその役割を終え，各区の基本財産として位置づけられるようになった。

各区直営の植林地から上がる収入は，各区の自治運営上の一般財源となってきた。また，林業収入が見込めない現在において財産区収入の大部分を占める貸地料や，割地の利用料も同様に自治運営上の財源となってきた。後述するように，区によっては稲武町からの運営補助金が主たる財源となることもあるが，財産区として得た収入は，表1-3に示すように自治区運営全般に貢献してきた。区内諸活動の経費やインフラ整備に伴う地元負担金の支払いなど，さまざまな形での共益の原資となってきたのである。

（5）財産区と稲武町行政

地方自治法上，財産区を管理する立場にあった稲武町は，財産区運営にどのように対応してきたであろうか。一般に旧財産区は，財産区設置条例も定めず，

第1章　地方行政の広域化と財産区

表1-3　自治区の一般的な支出項目一覧

Ⅰ．会議費
1）総会費　2）決算費　3）役員引継費　4）役員会費
Ⅱ．区内の安全保障
1）消防費　2）衛生費
Ⅲ．区内各種団体への活動助成金
1）スポーツクラブ　2）婦人会　3）老人クラブ　4）子供会
Ⅳ．祭典費
1）区の祭り　2）山の神の祭り　3）山幸の祭
Ⅴ．区の各役員への諸手当
1）区長　2）区長代理　3）会計　4）組長　5）区会議員　6）衛生係　7）農事部長　8）氏子総代　9）林業部長　10）スポーツ委員　11）スポーツ補助員　12）郷土史委員　13）集落排水委員　14）住宅代表者
Ⅵ．山林管理費
1）造林費　2）林道費　3）共同作業手当
Ⅶ．インフラ整備の受益者負担金
1）集落内道路　2）街路灯
Ⅷ．公民館等の施設費
1）借地料　2）水・光熱費　3）管理費　4）設備費　5）神社の修繕費
Ⅸ．その他
1）事務費　2）森林組合賦課金

（出所）　各自治区会計資料を基に筆者整理。

　意思決定のための機関も設けないことが多い（渡辺，1974；泉ほか，2009）。しかし，稲武町に関しては，地方自治法施行後，財産区としての制度形式をよく整えてきたといえる。第一に財産区条例を昭和24（1949）年に定めている。第二に，富永財産区に総会を，その他の12財産区に議会を設け，地方自治法第295条に定める財産区の議決機関を整えている。また，前述のように，土地所有名義を財産区に統一する手続きも行われている。

　このような財産区としての制度形式の重視は，稲武町による財産区対応の一面を示しているにすぎない。財産区運営の内実は，自治区運営と一体のものであり，稲武町は，各区の自律的な運営を尊重した財産区財産の運用を認め，ときに多大な便宜を図ってきた。

　自治区は前掲表1-3に示したような自治運営に必要な額を町に申請し，町

ではその申請に応じて財産区から自治区繰り入れ費を自治区に支出してきた。また，地域における教育の充実のために高校分校を誘致する際，財産区が用意した用地を，登記手続き上の制限から便宜的に町有とする対応がとられた。町が財産区の権利を保証し，名義を貸すという便宜を図っているのである。さらに，町として各自治区に運営補助金を支給する際には，財産収入の多い財産区からの受給辞退を受け入れ，その分を財産収入の少ない地区に回すという，配分の調整役を担うことによって，財政力の弱い区であってもその運営が滞ることのないように配慮していた。

このように，稲武町時代は，財産区は形式的に整えられてきたとはいえ，その実態は江戸時代の村＝自治区ごとの自律的な運営の一環として財産区があり，稲武町はこれを尊重してきた。こうして財産区有財産は自治区の入会財産としての実態を保ってきたのである。

4　豊田市のコントロール下におかれた13財産区

（1）「従前どおり」を謳った合併協議

　近隣6町村との合併による新「豊田市」の準備を進めるために設置された豊田加茂広域行政研究会（平成14〔2002〕年4月設置）においては，一部事務組合の充実，広域連合の導入，市町村合併など広域行政のあり方について調査・研究が進められた。と同時に，合併後の財産区の扱いも議論されたが，これに関する十分な議論がなされた痕跡を記す資料は筆者らの調査の限りでは皆無に近い。

　そのようななか，当時の町長・太田雅清氏は，稲武町議会で豊田市との合併後も財産区に関しては「従前どおり」，すなわち「合併後の豊田市政下でも稲武町政下の財産区運用と変わらない」という説明を議会で行っていたとされる。さらに稲武町からは，「従来から存在する財産区は，原則として合併によって何ら変更を生じることもなく，そのまま存続することになります」と明記したリーフレット（平成15〔2003〕年6月，稲武町役場企画課発行『合併したら，どうな

るの？』）も旧稲武町民に配布された。[11]

　合併後における財産区の扱いに関する議論の不足，それに基づく町長の発言や旧稲武町役場企画課によるリーフレットの説明文程度の情報しかなかったにもかかわらず，当事者である財産区民も町長の「従前どおり」という見解を全面的に信頼したためか，その詳細に関する踏み込んだ内容の吟味や文書作成による確認行為を行った形跡はない。そんななか，平成15年（2003）11月には，法定協議会[12]として豊田加茂合併協議会が設置され，合併に向けた準備はさらに進められていく。この第5回協議会（平成16〔2004〕年3月26日）においては，財産区に関する検討が行われているが，ここでもやはり「足助町及び稲武町の各財産区が所有する財産は，財産区有財産として豊田市に引き継ぐものとする。」（豊田加茂合併協議会ウェブサイト）という程度の記述を見る程度であり，「どのように」豊田市に引き継ぐのか，という具体的な方向性（合併後の財産区の運営方法の確認，新制豊田市の財産区に対する監督権限，財産区の裁量権など）を示す記述は一切ない。

　以上のような過程を経て，平成16（2004）年11月1日に合併協議が締結された。ここでも先と同様，財産区に関する具体的な運営協定を記す文言はなく，単に稲武13財産区は豊田市に引き継がれることが記されているのみであった。運営・経営はもとより，豊田市の財産区に対する権限等の具体的内容は何一つ示されず，唯一「従前どおり」の言葉だけが提示されるにとどまったまま，平成17（2005）年4月1日に稲武町は廃され，新「豊田市」が誕生することになったのである。

（2）自治の根底を崩す豊田市の介入
　具体的内容を伴わない旧町長による「従前どおり」が，現在深刻化する13財産区の悲劇の口火を切ったのは合併してまもなくのことであった。新豊田市政下で，ほぼ「従前どおり」に財産区運営ができたのは，合併直後の平成17（2005）年だけであった。

　翌平成18（2006）年8月22日には，平成17年度豊田市決算審議において，

「地方自治法第296条の5に規定する財産区運営の基本原則に基づく執行がなされるように要望する」という監査委員からの指摘を受けた同市総務課は，豊田市稲武支所（旧稲武町）に対し，財政使途に関する見直しを求めた。これを受け同支所はすぐさま，13の財産区議長，財産区委員，自治区役員に対し，財産区から自治区への補助金支出は豊田市としての一体性を損なうという理由から，財産区からの自治区交付金を廃止するという代表監査および管財課長の方針を説明した（同年8月25日）。

　この監査委員の指摘を受けて以降，豊田市が財産区の運営方針転換を主張するようになった根拠を以下に詳しく見ていく。まず監査委員が指摘した地方自治法第296条の5第1項では，「財産区は，その財産又は公の施設の管理及び処分又は廃止については，その住民の福祉を増進するとともに，財産区のある市町村又は特別区の一体性をそこなわないように努めなければならない」とされている。豊田市では，市内のすべての自治区に対して，自治区運営のための資金を補助している。財産区を持つ自治区において，このほかに財産区から自治区運営資金を得るというのであれば，自治区は形式的に市の会計から二重に補助を受けることになり，豊田市としての一体性を損ねる，というのである。さらに，一部の行政実例に基づいて，財産区有財産の維持・管理目的以外に，財産区から支出することは認められないという立場をとっている。財産区有財産である山林の管理費用以外には，財産区から支出できないというのである。こうした見解に立てば，財産区から自治区への資金を捻出したり，公共事業の地元負担金に充てたりすることも，一切許されないことになる。

　先に表1-3で示した通り，この市による指導を受けるまでは，各財産区はそれぞれの財源を各々の地区の必要に応じて，地域全体の福利増進や自治推進のために，きわめて柔軟に使うことができた。財産区有林の保育・管理施業，山祭りの運営費，神社の修繕費用をはじめ，学校，老人会，婦人会，青年会，消防団などの地域内組織に要する費用などに充当してきた。このような自由裁量度の高い稲武町時代の財産区運営こそが「従前どおり」の姿であった。

　ここへ至って，先の財産区に関する「従前どおり」の約束は，豊田市によっ

てほぼ一方的に，事実上の撤回を余儀なくされたというわけである。これにより，自由裁量を大きく喪失した稲武13地区では，それまで続けてきた区民の共同的な森林管理・運営方法はもとより，林野を軸とした生活や自治のありようそのものの変更を迫られる事態に陥ったのである。

この豊田市による「従前どおり」の事実上の破棄により，従前どおりの森林管理の道が閉ざされる一方，地区運営上でもさまざまな支障をきたし始めた13財産区は，従来どおりの財産区制度の弾力的運営（原状回復）を求めるべく，豊田市側との協議の場を持つようになっていく。[13]他方，稲武地区選出の豊田市議員や稲武地区財産区議長連絡協議会顧問らは，豊田市だけでなく，愛知県，総務省にまで足を運び，打開策の手がかりを求めて討議・調整を続けている。平成20（2008）年には，財産区問題連絡協議会を発足し，豊田市に財産区制度の従前運用回復を求める会議を3回にわたって取り持ってきたが，筆者らが本稿を執筆中である平成21（2009）年8月30日現在，「財産区財産の厳格な使途制限の解除」という決定的な解決は見ていない。

後述の通り，豊田市の見解は，平成20（2008）年に一度，軟化の様相を見せたものの，今年度に入り，「自治法の規定に基づく財産区運営が原則」（平成21〔2009〕年6月）という硬直的な対応を改めて示すに至っている。

5 ローカル・コモンズを襲う「広域合併の悲劇」

（1）市の三つの欠如：豊田市の見えぬもの・見ようとせぬもの

同じ財産区という制度でありながら，稲武町下にあるのと豊田市下にあるのでは，運営の自由度は大きく異なる。こうした事態の淵源は，財産区制度自身が持つ矛盾，すなわち，特に旧財産区の場合に見られる入会の実態と，法律・行政実例で定める地方公共団体という公法人としての性格とのズレに求められる（本章第1節参照）。このズレへの対処の仕方は，各市町村の裁量に委ねられているのが現実であり，その裁量が財産区運営の自由度に差異を生んでいるのである。

稲武町では，形式的には財産区制度の外装をまとわせつつも，その内実は，各地区の自治を尊重し比較的自由な財産区運営を認め，ときに援助するという，柔軟な対応をとっていた。このような，地域の慣習ないし自治を尊重し，制度自身が抱える矛盾を柔軟に回避する対応は，旧稲武町に限ったことではなく，古くから財産区を抱える自治体で広く認められるものである（渡辺，1974）。特に，稲武ではすべての地区に財産区があり，行政職員も稲武地区住民でもあるため，日常生活のなかで財産区の存在を十分に理解しうるというのは，見逃せない点である。

　一方で，平成の大合併で全く異質の山間地域を傘下に収めた豊田市には，そのような裁量を働かせることができていない。世界的企業を抱え大都市に発展した豊田市にとって，換言すれば，豊田市行政を担う者にとって，山林資源を基盤として形成されてきたコミュニティの存在を理解することは非常に困難なことである。その結果として，豊田市が三つの重大な理解の欠如に陥っていることが指摘できる。

　第一に，財産区設置目的についての理解の欠如がある。財産区は自治体の配置分合に際して，旧村の財産を旧来の単位で保有し，各村独自の慣習に基づいて利用・管理することを保証する受け皿として設けられたものである。つまり，財産区設置の目的とは，市町村合併前の共有財産を利用・管理する慣習を残すことにあった。その意味で，豊田市に合併直前の稲武町において，合併後も財産区は「従前どおり」と説明されたこと自体は，的を射ている。しかし，財産区というものに平成17（2005）年になって初めて出会うことになった豊田市にとって，制度の沿革を把握しえず，財産区制度が慣習を尊重すべきものであることを理解することは困難である。豊田市が強調する「市としての一体性」は，この理解の欠如の現れといえよう。

　この点に関し，入会・財産区研究者の第一人者である法社会学者・渡辺洋三氏は，本章第1節で取り上げた原則，すなわち「その住民の福祉を増進」する原則と「市町村の一体性をそこなわない」原則（地方自治法296条の5第1項）が互いに相容れない矛盾に満ちたものであることを指摘している。その上で，特

に後者の原則については，

　①財産区を認める以上，この後段の原則に重きを置いて考える必要はなく，

　②この規定は訓示規定ほどの意味に解釈するべきであり，

　③これを大原則としてふりかざして規制を加えるべきではない

とし，財産区に対し，この原則を無理強いすることは，「早く自殺しろというにもひとしいことであろう」(川島ら，1968，646頁)とまで述べている。渡辺のこのような見解は，歴史的経緯に関する詳細な文献研究だけでなく現場で生じる実際の法的問題の吟味を重ねた上で到達しえたものであり，まさに核心を突いたものである。

　すなわち，前述のように，財産区設置目的は，「一体性」を否定することにあるのだから，豊田市のような「一体性」の解釈は，その趣旨の誤解の上に成り立っているにすぎないものである。このような豊田市の解釈は，合併前に示された公的な説明(「従前どおり」)に反するものであり，財産区制度創設の経緯を全く無視，ないしあえて理解しようとしないものであることを断言しておきたい。

　第二に，慣行的管理の重要性についての理解の欠如がある。稲武の各自治区では，旧村時代から共有林野を時代の必要に応じて，協議の上で利用・管理する工夫を重ねてきた。それは，地元で共有する財産を元手に，住民の知恵と労働を投入し，地域住民全体の利益に帰する公共的なサービス(=共益)を生み出す歴史であった。そして，これはローカルな社会の自律性と結束力を維持する形で実現されてきた。このことは，豊田市のように広域化した行政の下で課題となる，地域の実情にこまやかに応じた地域社会運営を考える上で重要である。しかしながら，稲武の財産区の自律的な営みとその歴史・現状を，豊田市はそうした課題に即しつつとらえようとはしていない。豊田市は，地域固有の自然資源を基盤とした自治運営を目の当たりにする経験に乏しく，このことの重要性を理解する素地を持ち合わせていないといえるだろう。

　第三に，自然資源管理への理解の欠如がある。財産区有林は，そこに暮らす人々にとって，まさにその暮らしを豊かにする源泉であった。だからこそ，持

続的に山林資源が使えるようなさまざまな配慮をしながら利用・管理が続けられてきたのである。共同作業により山林を育成してきたし，山林を管理する上でもっとも重要なインフラである林道も財産区負担により開設され，共同作業で維持管理されてきた。このように，山林管理の目が行き届き，適宜手入れがされているということは，豊田市域にとっても自然資源が良好に保たれているということを意味している。矢作川の下流に中心市域が位置し，さらに，良好な森林管理を市政の重要課題に掲げる豊田市であるが，財産区の営みが地域の自然資源管理に果たしている役割を理解しようとする姿勢はいまだ見られない。[15]

以上に見たように，豊田市は，財産区運営に柔軟に対応する裁量を発揮するだけの財産区への理解を持ち合わせていない。したがって，財産区運営にあたっては，法律や行政実例のみにその基準を求めざるを得ず，硬直的な対応に終始する事態に陥っている。これは，広域的な合併がもたらした必然であるともいえる。

（2）危機によって奪われるもの

以上，13財産区の直面する危機的現状の原因を新制豊田市の対応とその根拠をなす豊田市の見解に求め，分析を進めてきた。次に，ここまで検討してきた問題が，13財産区側および市全体に及ぼしつつある影響について分析する。

農山村の村落自治は，農林業の衰退とともに，弛緩する傾向にある。農林業における自治を下支えしてきたのは，他ならぬ山林原野をはじめとする共有資源（財産）であった。

本章第2節で詳しく見た通り，稲武13地区における管理は，日本各地の入会に顕著に見られるように，当該地域で定めたルール（規約）に従って実施される「お役」と称する共同作業によっている。その具体的実践内容は地区により濃淡はあるものの，下刈り・枝打ち・間伐・林道補修・林道標識の設置などきわめて多彩であった。

他方，積年の管理実践は，当該地区に多大な恵みをもたらす。その恵みを構成する内容は，表1-3で確認した通り多様であった。歴史的には，財産区有

第1章　地方行政の広域化と財産区

林から得られる木材を加工し，神社・学校・橋の改修工事などに直接的に使ってきた。林野（特に人工林）から収益が得られる時代になると，地区内の道路整備，学校建設，橋の設置など，地区の生活基盤の底部をなす社会資本の整備をはじめ，婦人会・消防団・青年団などの地域内組織の諸活動推進のために，さらには，地区内の年行事である祭，運動会などに要する費用に捻出されてきたのであった。

　このように，財産区有林の管理実践とその結果生じる多大な便益の享受とが一対に保たれることで，各13地区の財産区はその生活領域全般にわたる自治力を更新し続けることができたのである。すなわち，共同作業などの義務履行によって，森林が維持管理され，その森林を原資とした収益は共益として還元された。それゆえ地区住民は共益を享受する権利を認識し，地域への山林に大きな関心を抱き，積極的に義務を果たそうとする，という自律的な自治運営の循環が成り立っていた。つまり，13地区の財産区はそれぞれの「地域の森の守り手」として管理を行うとともに，区内全般の自治活動を推進してきたのである。その根底で，釣り合いの取れた「義務と権利」が保証されていた，ということが非常に重要である。効用を享受する権利の保証が，共有の森林だけでなく地区内全体の自治（自治意識）の原動力になってきたことを見逃してはいけない。

　ところが，豊田市の硬直的対応により，財産区から生じる便益享受の幅が極端に狭められた。このことは自治運営の原動力となっていた義務と権利の関係を崩し，その自律的循環を断ち切ることにつながる。この先にあるのは，生活全般における自治意識のさらなる低下であり，そこに暮らす人びとにとって何より不幸な事態である。財産区役員によると，すでに森林管理に対するインセンティブ低下が見られ始めているという。財産区住民は，従来のような担い手として森林管理をなしえない状況に追い込まれているのである。このことは，市域の森林整備を進めたい豊田市にとっても危惧すべき状況であることを意味している。

6 広域地方行政下のローカル・コモンズ

　明治以降，入会財産は公的セクターに取り込まれる契機を幾度か経験してきた。その過程で，形式上は特別地方公共団体としつつも，実質の運営は慣習に則る道を残しうるという，妥協の産物として生まれたのが財産区制度であった。そして，本章で見たように，平成の時代に至って，またもや公的セクターに取り込まれる危機に襲われている。財産区を襲う今次の危機とは，財産区の主権，すなわち入会としての自律的営みを奪おうとするものである。

　さらに，ローカル・コモンズ（稲武13財産区）にとって不利なのは，行政があまりに広域化したために，ローカル・コモンズを代表する声が決定的なマイノリティになってしまうことである。本事例でいえば，それは全体の0.67％であり，残りの大多数は山村とはおよそほど遠い生活空間で暮らしを営み，市行政の方針の大勢を決していく。

　果たして，行政の広域化の必然として，または時代の流れとして，主体性を奪われるローカル・コモンズを見殺しにしてよいのだろうか。むしろ，広域化した行政体系において，その役割を補完するものとしてローカル・コモンズを捉え，ローカル・コモンズを積極的に生かすことこそが，選ぶべき道としてあるのではないだろうか。

　ローカル・コモンズは，広域化した行政には困難な，地域事情をきめ細やかに反映した地域福祉を実現しうる。そして，その地域の暮らしの根幹に座する森林が地域にとって大事なものとして管理されることは，その周辺，特に下流地域にとっても利のあることである。豊田市中心部はまさに，稲武地区とそのような地理関係にある。さらに，これは地域住民の主体的な参加によって，自律的に営まれる。こうしたことを市行政はしっかりと認識する必要があるだろう。行政が広域化したからこそ，ローカル・コモンズの特性と主体性を活かし，広域自治体全体として互いの地域を尊重しあい調和していく道を展望していく必要がある。その道の行く先にこそ，環境モデル都市・豊田市の名にふさわし

い，都市域と山村域とを結ぶ真の「一体性」が実現されるのではないだろうか。「新しく'拡張した公'の枠組みに収斂しきれない地域の内側にある自治の世界とエコロジーに光を当て，少なくともそれらを破壊せず，むしろそれの持つ可能性を引き出す方向」(三俣，2006，90頁) での議論が今，求められている。

注
(1) 財産区の沿革および性格については，渡辺 (1974) に詳しい。本章での記述もこれに負うところである。最近では，泉ほか (2009) に詳しくまとめられ，全国レベルで財産区の現状が概観されている。
(2) 第三，第四の波も財産区全般を見る上では無関係ではないが，ここでは割愛する。
(3) 明治44年に町村制の全面改正が行われ，旧第114条は改正後に第124条に引き継がれた。地方自治法第294条に引き継がれたのは，直接的には改正町村制の第124条である。
(4) これは，部落有林野統一政策，市町村合併などに際し，政府当局が入会林野を半ば強引に財産区有地に編入したことに，すべての矛盾・現在の問題の原点がある (渡辺，1974)。
(5) 町村制では規定されていないものの，行政実例および学説でも財産区は地方公共団体の一種であることが認められてきた (太田，1998)。地方自治法では，明確に特別地方公共団体として財産区を規定している。この地方公共団体としての性格から，財産区の構成員は当然にその区域に住所を持つすべての住民となるが，入会権を持つ構成員は慣習により資格を持つと認められた世帯に限られる。
(6) 2009年1月，豊田市は国から環境モデル都市の選定を受け，その重点的な事業対象の一つとして森林を位置づけている (豊田市ウェブサイト)。
(7) とはいえ，すべてが財産区名義に変更されたというわけではなく，平成21 (2009) 年7月現在，大字○○持，大字○○△△組持などという登記のまま残されているところも見られる。
(8) 山林以外でも，自治を守るために財産の地区外流出，または外資の流入を防止する措置は，ローカル・コモンズでも古くから編み出されてきた。たとえば，筆者らが過去に行った温泉コモンズ (三俣・齋藤，2005) において，温泉の湯口権が地域外の大型資本に流出することを徹底して防いできた措置などが，その顕著な事例である。
(9) 植林した幼木が草丈を凌駕するほど十分に大きくなれば下刈り作業は不要になり，さらに植林木の肥大生長が進めば間伐作業は危険な作業となり，業者に作業委託することとなる。
(10) 稲武地区は，愛知県内で有数の林道整備状況を誇る (2004年時点で林道密度12.3 m/ha)。これは，財産区で大部分の森林を所有していたために，路線計画の策定が容

易で，地元負担金を財産区が捻出してきたためであるとされる。そして，これら林道はオヤクによって維持管理されている。このことは，ことに間伐推進が叫ばれるようになった昨今，大きく評価されてよいことであろう。

(11) このリーフレットには，「関係書類や財産の運用方法等については，よく整理をしておく必要があると思われます。」という「但し書き」が見える。2006年に行われた財産区有地の所有名義の整理（本章第3節（2）参照）も，この整理の一つとして行われたと考えられる。

(12) 法定協議会は，法定合併協議会あるいは単に合併協議会と呼ばれたりするものであり，これは，地方自治法（第252条の2），合併新法（第3条）の規定によって，関係市町村議会の議決を経て設置される。この法定協議会の設置に先がけて，任意で協議会を設置することが多いが，これは任意協議会ないしは任意合併協議会と呼ばれる。法定協議会において「合併市町村基本計画」や協定項目を策定すれば，合併新法に基づく制度的特例を受けることができる。

(13) 本章では詳しく取り上げないが，この事実上の財産区収入の使途制限によって，豊田市と各区の間で貸地料収入の受け入れ先変更や，過去に便宜的に財産区で受け取った保償金の扱いについて，摩擦が生じている。また，豊田市の硬直的な自治法の解釈または過剰な形式の重視によって，財産区による土地取得が問題となったり（2009年初頭に豊田市が認め解決），財産区が便宜的に稲武町名義とした土地（合併により自動的に豊田市名義に変更）を市が借地している案件では，市は所有名義上支払いの必要はないとして協議の対象となっている。

(14) 「要するに，旧財産区も新財産区もふくめて，財産区をめぐる地方行政の立場と権利者住民との立場は，つねに二律背反である。町村合併促進法および地方自治法は，一方で慣習の尊重をうたい，他方で市町村の一体性をも強調している（合併法第23条3項，自治法第296条の5）けれども，このようなあい矛盾する規定を法律の中で明文化しなければならなかったところに，財産区のすべての秘密がある。本来市町村の一体性をそこなわないでやれるものならば，なにもわざわざ財産区をみとめる必要はなかったのである。市町村の一体性の原則を放棄することによってのみ財産区はその存在理由をたもちうる。」（川島ら，1968，645頁）

(15) 財産区運営を指導する部局が総務課であるから，森林管理の問題を関知しないという，いわゆる「縦割り行政」も，この不理解の一因として指摘できる。

参考文献

池俊介『村落共有空間の観光的利用』風間書房，2006年。

泉留維・齋藤暖生・山下詠子・浅井美香「『公』『共』の狭間で揺れる財産区の現況——財産区悉皆調査より見えてきたもの」室田武編著『グローバル時代のローカル・コモンズ』ミネルヴァ書房，2009年，77-98頁。

稲武町教育委員会『稲武町史――通史編』稲武町，2000年．
太田和紀『注釈法律学全集6　地方自治法Ⅱ』青林書院，1998年．
川島武宜・潮見俊隆・渡辺洋三『入会権の解体Ⅲ』岩波書店，1968年．
所理喜夫「愛知県北設楽郡稲武町稲橋区の共有林制度――三州稲橋村と豪農古橋暉兒の関連において」『徳川林政史研究所研究紀要』1969年．
名古屋市稲武野外教育センター『いなぶ――100万人突破記念誌』発行年不詳．
農林水産省大臣官房統計情報部『2000年　世界農林業センサス』農林統計協会，2002年．
平松弘「三州稲橋の共有林制」『經濟史研究』第2号，1929年．
三俣学・齋藤暖生「温泉資源の持続利用と地域経済」『コモンズと生態史研究会報告書』2005年．
三俣学「市町村合併と旧村財産に関する一考察――地域環境・コミュニティ再考の時代の市町村合併の議論にむけて」『民俗学研究』第245号，2006年，67-98頁．
渡辺洋三『入会と財産区』勁草書房，1974年．

参考ウェブサイト

環境モデル都市に関する豊田市ウェブサイト：http://www.city.toyota.aichi.jp/ex/jouhou/other/1439323_17027.html（2009年8月30日アクセス）
豊田加茂合併協議会ウェブサイト：http://www.city.toyota.aichi.jp/gappeikyougikai/（2009年8月30日アクセス）

第2章

里道が担う共的領域
――地域資源としてのフットパスの可能性――

泉　留維

1　道はなんのためにあるのか

　道とは，個別に暮らす人と人，人とその作業の場所，また人の集中するいくつかのムラや町の間を，一定の線で結びつけるものである。辞書的に定義すれば以上の説明で終わる。たしかに道は，物理的には無味乾燥な線的な存在にすぎないかもしれないが，その背景を織りなす要素は，人間社会のあり方に深くかかわり，多様性に満ちあふれている。『道の文化史』の著者シュライバーは，冒頭の一節で「道は人間のもっともすばらしい創造の一つである。道は数千年間を通じて人間とともに発展し，人間を助けてその生活の領域を征服し，拡大し，他の民族の生活領域と連絡する役割を果たした。あらゆる道路の線は，土地と人間のあいだを目に見えるかたちで結び，人間の移動に役立つ土地形態をかたち造った。それはむかしから何度も繰り返し行われてきた」(シュライバー，1962, i 頁) と記している。また，歴史学者の阿部謹也は，「ひとつの社会における人間と人間の関係のあり方に関心を抱いたときには，その社会における道のあり方を観察することからはじめるとよい。道は人と人，人と物を結びつける絆である」(阿部，2000, 4 頁) と述べている。

　このように人と道の関係は切っても切り離せないものであり，道は人の営みの開始とともに始まり，社会の進展とともにその形態を変化させてきた。どのような社会においても存在するものだが，その発生経緯に注目すると，大きく二つに分けることができよう。すなわち，自然発生的な道と人為発生的な道である。前者は，主に集落内の住居を結ぶ道や，狩猟・採取などを行うためのム

ラの道である。生活の上で必要に応じて，造成され，維持されていく。一方で，後者は，主に遠隔地交易や軍事目的の道であり，中世末から近代にかけては国家が末端の民衆まで直接統治をする手段として重要視した街道である。

　もともとムラの道は，街道とは独立したものであった。しかし，中央集権化が進むなかで，商取引の活性化，統治のための必要などの理由から支配者によって街道に接続されていった。阿部（2000，15頁）によれば，この接続によってムラの共同体独自の規制がゆるみ，かつて街道とムラの道を隔てていた異なった原理が一つのものになっていった。そのとき，中・近世における社会諸集団の自立性が破れ，個々人が市民として国家に直接に掌握される道が開かれると述べている。

　阿部が著述したようなコミュニティや集団独自の規律を維持することは，ムラの道の交通機能の一部を意図的に制約させたことで成立したものともいえる。一般的な道にもあてはまることだが，ムラの道には，三つの機能があると考えられる。第一に，先述した交通機能である。日常生活のなかでの集落内や街道への移動，農地や林地など生産現場への移動，さらには神社や墳墓といった宗教・儀礼の場への移動などで用いられる。第二に，道を立体的にとらえた空間機能である。立ち話などのコミュニケーションをとる空間や子どもたちの遊びの空間でもあり，また採光や通風などのための生活上必要な衛生空間でもある。最後に，空間機能の一つともいえる景観形成機能である。道を歩く人の視点が景観の視点となり，街路樹や建物，そして田畑，遠景の山々などの風景と相まって景観を形成することになる。

　つまるところ，道は，単に人が歩き，自動車が走る以上の多様な機能と社会的な意味を持っているといえよう。そのなかで，本章で特に注目するのは，ムラの道である。主に近代的所有権制度が確立された明治時代以前，地元住民によって作られて，コミュニティの利便に供された道である。その道の恩恵に浴した人びとによって，道普請などが受益者の義務行為として行われ，安全と機能を維持してきた。明治9（1876）年に，そのような道は，おおよそ「里道」に分類された。多くの「里道」は幅が一間（約1.8 m）以下（川村，1968，71頁）

であることなどから、自動車が発明されその導入が進むにつれ、「里道」の交通利用は減少し、また必要があれば拡幅し自動車道へと変貌していった。街道や新設される道は、自動車が安全に通行できる幅を確保することが原則となった。

　現代の道は、道行き自体は目的ではなく、いかにして快適にかつ効率的に目的地へ到達することに寄与するかが重要であり、対象として意識されているのは歩行者ではなく自動車である。道はつねに利用者のための空間であるが、自動車中心の道には道を媒介として生まれているコミュニティを評価する視点が欠落している（西村、2006、11-12頁）。広幅員という要素だけをとらえても、それは住民にとってある種の境界となる。外部の人間が自由に通行する場として確保されているがゆえに、地域の空間や景観、そしてコミュニティを分断する。

　一方で、「里道」は、自動車中心の道と比較して、自動車交通には明らかに対応できず、消防車が入れないなどの防災上の問題があるが、人間の歩くスピードを前提とするヒューマン・スケールで形成されており、コミュニティを分断するのではなく、軸として機能する。また、多くが未舗装で、迷路性や回遊性があったりするなど個性的である。ただし、現代的な快適さは持ち合わせておらず、機能が喪失し、荒れ地や宅地などになっているものも少なからずある。社会のあり方と道のあり方の相関関係を鑑みれば、当然の帰結ともいえるが、しかし、現状を単純に是認することはできない。地域の自然環境や景観の保全、乱開発の阻止、そしてまちづくりに至るまで、この道が重要な位置を占めうるからだ。

　本章は、まず「里道」の歴史や法的位置づけなどを確認する。そして、現代におけるより広い意味でのムラの道の継承と再生を提起し、そのような道を里道（さとみち）と名づけて議論を進めていく。さらに、フィールド調査に基づきながら、里道に関する日本各地での取り組みの実態を明らかにした上で、自然環境やコミュニティとの関係をとらえ直し、「歩く権利」や「アクセス権」の概念の重要性について論じて、結びとする。

2 「里道(りどう)」と里道(さとみち)

(1)「里道」の概要

　現在，日本では，道に関して，道路法上の道とその他の道に分類することができる。前者には高速道路，一般国道，都道府県道，市町村道が含まれ，後者には道路運送法上の道路，林道，農免道路，港湾道路，自然公園道路，私道，そして「里道」が含まれる。つまり，「里道」とは，道路法による道ではなく，そして旧土地台帳附属地図（いわゆる公図）上赤色の線で表示されているものとなる。本項では，この「里道」の沿革などの詳細について取り上げる。

　そもそも「里道」という概念は，現在の法律には見あたらない（寳金，2003，100頁）。その由来は，明治9（1876）年6月8日太政官達第60号となる。同達では，一般交通の用に供されている道を「国道」「県道」および「里道」に分類し，さらにそれぞれ1等から3等に区分した。このうち「里道」の区分については，1等は区をつなぐ道，2等は用水，堤防，坑山等の施設のために当該区の人民の協議によって別段に設ける道，3等は神社，仏閣や田畑の耕作のために設ける道となっていた。その後，大正8（1919）年4月施行の旧道路法の下において，「里道」のうち，重要なものは市町村道に認定するよう建設省（当時）の指導が行われ，認定作業が進められていった。

　このような「里道」は，明治時代から平成12（2000）年の地方分権一括法の施行後，市町村に譲与されるまで，国有財産であり続けた。ただし，「里道」の大半は，けもの道のようなものを除けば，公的機関が造成したものではなく，地元住民が必要性に応じて造成したものである。それがなぜ国有財産となったのであろうか。

　「里道」は，特定個人による排他的な利用や管理は行われず，コミュニティにおいて自由に利用し，共同で管理することを本来の姿とする。明治時代に入り，当時としては生産能力がなく細く長い資源は財産的価値がほとんどなかったため，利用者の側にも政府の側にも所有権意識はあまり働かなかった。その

ような状況のなかで，土地制度の近代化が進められる。明治5（1872）年2月15日太政官布告第50号にて，「地所永代売買ノ儀，従来禁制ノ処自今四民共，売買致所持候儀被差許候事」と定めて，身分のいかんを問わず何人も土地を所有し，売買する自由があることを宣言した。そして，複雑な性格を有する幕藩体制下の土地支配形態を解体し，さらに民有か官有かはっきりしない土地をなくすため，「地券発行ニ付地所ノ名称区別共更正（明治6〔1873〕年太政官布告第114号）」，および「地所名称区別改定（明治7〔1874〕年11月7日太政官布告第120号）」を布告した。

太政官布告第120号において，さまざまな道のなかで「公衆ノ用ニ供スル道路」は，官有だけでなく民有の存在も認めている。民有の確証があり，所有権の存続を望む者に対しては「民有地第三種（地券を発行するが，税を賦課しない土地）」に編入され，それ以外は「官有地第三種（地券を発せず，税を賦課しない土地）」に編入された（寶金，2003，104頁）。ただし，地租改正事業の要領を定めた地租改正条例細目（明治8〔1875〕年7月8日地租改正事務局議定）では，官有地と認定された道については，地番を付することなく，実測も要しないこととなった。そのため，官有地に編入された道であるのか，官民有区分が行われていない未定地や脱落地としての道であるのか判然としない可能性が出てくる。そこで，明治8（1875）年7月8日地所処分仮規則に「渾テ官有地ト定ムル地処ハ地引絵図中ヘ分明ニ色分ケスヘキコト」と規定されていることから，公図上無番地として表示され赤で着色されているものは，地所名称区別改定により官有地第三種と区別されたものとみなすこととなった（ぎょうせい編，2005，510頁）。ちなみに，赤色の線で表されたことから，「里道」は，「赤線」や「赤道」といわれることもある。

旧来の生活道を，原則，官有地化し，新たに「里道」として法的に認定することについては，特段の問題は発生しなかった。これは，同じくコミュニティの共用資源であった入会利用の山林原野の官有地化の場合とは大きく異なる。両者ともコミュニティにとって不可欠な資源ではあるが，後者は前者に比べて生産能力を有し，財産的価値があった。そのため，官有地化されることでその

利用が妨げられるのではないかと危惧され，コミュニティから激しい反発が起きた。「里道」に関しては，意図的に官有化されたというよりも，コミュニティの誰もが所有権を主張せず民有地にならなかったため，反射的効果として官有地化されたといえよう。

　このような「里道」は，普通財産ではなく行政財産（国有財産法第3条第2項2号，地方自治法第238条第3項）であるので，原則として貸し付けたり私権を設定したりすることはできない（国有財産法第18条第1項，地方自治法第238条の4第1項）。しかし，公共用財産として用途または目的を妨げない限度においてならば，例外的にその使用・用途を許可することができるものとされている（国有財産法第18条第3項，地方自治法第238条の4第4項）。つまり，機能を有しているものなら当然であり，現在は喪失しているものでも将来の使用可能性があれば，自治体が自由に廃止や普通財産への転換はできないと考えられる。

　明治以来，行政財産として存在してきた「里道」であるが，日本全国でどのくらいの「里道」が存在するのかは明確にはわかっていない。1967年，当時の建設省は，全国土の約33％（約12万 km^2）に相当する都市地域，農村地域および海浜地域においてサンプル調査を行い推計したところ，全国の総面積は1847 km^2（建設省財産管理研究会，1999，90頁），香川県とほぼ同じ面積となり，幅を一般的な「里道」の約一間（約1.8 m）とすると，総延長は約103万 km にもなった。また，1991～92年にかけては，全国の地籍調査済地（10.7万 km^2）の都市地域，都市周辺地域，農村地域においてサンプル調査（60 km^2）を行い推計したところ，総面積は879 km^2（建設省財産管理研究会，1999，90頁），同じく幅を一間とすると，総延長は約49万 km となった。1980年代頃から，国土調査法に基づく地籍調査で，機能が喪失しているとみなされた「里道」が大量に削除されていることなどにより，総延長は大幅に減じている。しかし，現在の「里道」の総延長も決して短いものではない。国土交通省発行の『道路統計年報 2008年版』を見ると，2007年4月1日時点で，道路法上の道の総延長が約119万 km であり，調査時期は少し離れているが，延長にして40％以上ともなる「里道」がいまだ日本各地に残っていることがわかる。

「里道」は，長らく，所有者は国（国土交通省）で，管理はその里道が所在する市町村が行うことになっていた。しかし，先述したとおり，地方分権の推進を図るため，機能を有するものについては，2005年3月末までに市町村にすべて譲与されている。

（2）里道の概念

伝統的な「里道」が，コミュニティにおいていかにすばらしい機能を持っていても，都市化などに伴うコミュニティの劣化や自動車利用の浸透などにより，その利用は減り，コミュニティの賦役としての管理作業も行われなくなっている。「里道」は，もともとは自給自足的な状態，つまり利用者＝管理者＝所有者であり，通過する権利と管理する義務の関係もほぼ表裏一体で明確であった。しかし，現在では，多くが機能喪失か自動車道化し，利用者≠管理者≠所有者と分離され，権利と義務の関係も一体ではなくなった。さらに，自動車道化した「里道」は，その空間を通過するだけの道となり，コミュニティからますます遠い存在になっている。他にも，機能を有していても整備は完全に自治体任せとなったり，住民が勝手に宅地に組み入れ私有地にしたりする場合もある。

そもそも「里道」は，基本的には法的な概念であり，機能を有しているものはすべて市町村の行政財産である。しかし，同様の機能を有した道が実際には私有地で，慣習上の通行権があったり，建築基準法上の道路として認める処分である「道路位置指定」を受けていたりするものもある。また，歴史的なコミュニティの生活の道ではなく，市民が新しく造成した道で，「里道」と機能が類似しているものもある。さらには，機能を喪失していた「里道」に対して，従来にはない現代的な役割を付与して再生させたものもあり，より広い意味で「里道」をとらえ直すのが適当となってきている。本章では，新たな位置づけをするため里道という言葉と概念を提起したい。

里道とは，当然ながら「里道」の機能を含むことになるため，濃淡の差はあれ冒頭で述べた三つの機能，交通機能，空間機能，景観形成機能を持つことは同じである。繰り返しにはなるが，自動車交通を主とした広幅員の道路は住民

にとってはある種の境界となり、コミュニティを分断するが、里道は逆にコミュニティのつながりを生み出しうるものである。人が歩いて、立ち止まり、話し、そして子どもがちょっとした遊びを行う場ともなる。また、里道に沿った建築物の意匠やかたち、空間に「出される」縁台や鉢植え、並木、雑草などにより、個性的な空間ができる。そして、里道を支えてきたのは、「道普請」というコミュニティの共同作業であり、入会地と同じくコミュニティの結節点ともなっている。これらすべての要素に通じるのは、人と人、コミュニティとコミュニティ、あるいは人とコミュニティのつながりの存在である。その空間を単に通過することだけが主たる目的とはならない。

　それでは、今、里道に注目し、それを新設したり、再生したりする意義は何であろうか。第一に、まちづくりの一端を担えることがあげられる。「里道」には景観形成機能があると述べたが、ここではそれをより積極的にとらえ、フットパスとしての役割に注目する。フットパスは、特にイギリスで意識されてきたもので、公衆がレクリエーション等のために、土地の所有権とは関係なく、通行する公的な権利、つまり「歩く権利（Rights of Way）」を持つ歩道のことを指している[1]（平松、2002、37-38頁）。日本では、現在のところ権利の有無とは関係なく、歩くことによって、自分の健康維持だけではなく、知的な面、人とのコミュニケーション、さらには土地への理解、愛着へと波及するものとされる（淺川編、2007、166-167頁）。また、フットパスは、公的機関が主体となるのではなく、整備・補修にあたっては地元住民を主体に都市住民との協働で実施する方法が定着しつつある（淺川編、2007、170頁）。このような要素はすべてまちづくりに関係するものであり、フットパスの設置が、住民にとってはまちを歩き、そして見直すきっかけにもなりうる。

　第二に、今のところ里道の中の「里道」に限定される役割だが、もし廃止したり、付け替えをしたりする場合は、原則として隣接土地所有者全員の同意を自治体の条例で課せられている場合が多い。民法に記されている地役入会権（民法第294条）ほど強固ではないが、それに類似した権利を持つコミュニティの財産とみなせよう。この権利を盾にして、主に里山の乱開発を阻止しうる役

割をあげることができる。たとえ，山は買収されても，網の目状に張り巡らされた「里道」を廃止ないしは付け替えをしなければ，事業者は自由に開発ができない。

　第三に，コミュニティの自然資源へのアクセス路を保持することがあげられる。里山や河川，磯などにある地域の自然資源の利用は以前ほど盛んではないが，将来にわたって，現在のような低利用状態が続くとは限らない。自治体が，利用がないなどの理由で，勝手に用途を廃止して行政財産から普通財産へ転換すると，いつでも売却が可能となる。実際，公的機関の主導で，正規の手続きを踏まず，用途廃止，公図からの削除が少なからず行われている（賓金，2003，119頁）。私有地化すると，日本では「歩く権利」が認められていないため，当該資源に容易にたどり着けなくなる可能性がある。資源を保全することも重要だが，そこに至る道の保全も同様に重要である。

　次節では，里道を用いたまちづくりとして長野県小布施町および山形県長井市の取り組み，そして北海道各地で盛んになりつつあるフットパスの取り組み，最後に里道を乱開発阻止の盾とした神奈川県鎌倉市の取り組みについて，各地のキーパーソンへの聞き取りおよびフィールド調査に基づきそれらの詳細を見ていくことにする。

3　里道の活用の現状

（1）里道を用いたまちづくり

　過去にはコミュニティの生活の空間，人の歩く道として存在していた「里道」であるが，現在では完全に機能を喪失したり，拡幅や舗装をされたりして自動車道路化し市町村道などになっているものも多い。このようななかで，里道をまちづくりの有効な手段として利用している地域がある。特に積極的に活用している地域として，「里道」を意識的に結びつけて新たな回遊路を作ろうとしている長野県小布施町と，結果として「里道」を利用して町の中心部と川縁をつなげるフットパスを作った山形県長井市の取り組みをあげることができ

る。

　まず，小布施町であるが，長野県北部の長野盆地に位置し，周囲を千曲川など三つの川と雁田山に囲まれた自然の豊かな総面積19.07 km^{2}の平坦な農村地帯である。「里道」の状況であるが，2001年度から国に対して譲与申請を行い，2004年度末をもってすべての譲与が終了している。そして，2005年度，公図に基づき2500分の1の地図に落とし込み，町内28自治会に利活用の現状についての調査を行った。各自治会による調査の結果，797路線の「里道」のうち120路線については，現在も道として機能しているという報告があがってきた。[2]

　「里道」の情報が集約されるなかで，2005年，東京理科大学と小布施町が協働事業としてまちづくり研究所を設立した。そして，その研究所の事業の一つに「道空間」の再生が掲げられ，まちづくりとして「里道」の整備による里道の構築を扱うことになった。ちなみに，小布施町でのまちづくりは，1980年代頃から意識的に行われてきていた。1982～87年にかけては建築物の形態・意匠・色彩を周囲の町並みに調和させる「修景」の概念で，谷街道（国道403号線）沿いの小布施堂界隈の町並みを再構築している。この周辺は，今では観光スポットになり，小布施町のまちづくりの背骨となっている。

　まちづくり研究所が「里道」の整備を行う上で提示したコンセプトが，「道空間」である。建築家の黒川紀章が1960年代に提唱した概念（黒川，1994，219-230頁）で，住民が将棋を指したり，無駄話をしたり，ときには祭りの御輿が練り歩くという生活空間の延長として道をみなすものである。日本の道は，公と私を結ぶ中間領域として，コミュニケーション密度の高い，濃密な生活空間，すなわち道空間を形成してきたとする。まちづくり研究所は，このような道空間の継承と再生をまちづくりの有効な手段（川向，2007，4頁）ととらえ，「里道」に着目したのであった。

　小布施町役場は，まちづくり研究所の設立前後にわたり，道として機能を再生できそうなものも含め372路線の「里道」について，役場の職員が現地に赴き，実地調査を行った。

　多くの自治会が，里道整備よりも町道の拡幅事業を優先して欲しいという要

望を出すなかで,「里道」整備に熱心だった雁田(かりだ)自治会の内で, まず事業が始まる。事業は,従来型の公共事業のような大がかりなものではなく,町が行うのは人力で地面を平らにして,標柱を立てるのみである。日常の管理は地元住民がすることから,東京理科大学と役場の関係者は地元で何度も集会を開き,理解を促している。

　結果,初年度である2007年度は,雁田地区の馬場先中通 (289 m) と中条地区のまちなか小路 (280 m) が整備された。主に前者は農地の間を通り抜けるあぜ道であり,後者は住宅地の間の路地となっている。もともとは,より延長のある里道を設定したかったが,隣接土地所有者の全員の同意が取れない箇所もあり,限定的なものになった。そのため,筆者が歩いたところ,草刈りがされたりベンチが置かれたりして管理は十分にされているが,残念ながら単なる通行路としか認識できなかった。

　法的な制約ではないが,地元住民の理解と関与がなければ事業が成り立ちにくいため,隣接土地所有者全員の同意を取り付けるのが事業実施の原則となっている。しかし,里道整備することで,よそ者が集落内に入り込むことについての嫌悪感がまだまだ強く,全員の賛同を得るのは容易ではなかった。そのため,現在では,小布施の原風景ともいえる栗林や,1940年代から始まったリンゴの農園の中の「里道」を活用する方向で整備が進められている。整備予定の栗林を歩いたが,境界杭もほとんど打たれておらず,ほとんどは道として認識できなかった。しかし,小布施の原風景を回遊することができ,逆説的だが道らしくないところが里「道」らしいともいえる。特に地元住民に対して,単なる自動車を中心とした通行目的のものではないという主張となるであろう。生活路にもなり,散策路にもなり,地域で楽しむ場ともなり,そしてよそ者も咎められることなく入ることができる道は,広い意味での出会いの場となる。小布施では,そのような里道が整備されつつある。

　続いては,長井市であるが,最上川舟運の港町として栄えた商工業都市であり,最上川とともに歴史を歩んできた町である。その長井市は,2002年,国土交通省山形工事事務所（現・河川国道事務所）から,最上川上流域で川沿いを楽

しむための道を整備する最上川フットパス構想の提案を受け，フットパス整備事業を始めることになる。計画の概要を決める検討会では，長井市をはじめとした周辺自治体の関係者，そして長井市豊田地区の公民館，豊田地区の住民でつくる水辺で遊べるわらしっこ広場整備促進協議会，長井市民懇談会の関係者などが参加していた。

　市民が主体となっている長井市民懇談会は，2001年，将来的なまちづくりを考える組織として発足し，「水から生まれるものがたりのあるまちづくり」の必要性を提言していた（松木，2004）。具体的には，歩く人が，小魚や水草が生息する裏道散策路沿いの水路を親しめるような整備の必要性を謳っている。このコンセプトは，国土交通省の提案とほぼ同じであったこともあり，「長井版のフットパス」を進めることで，市民，市，国土交通省の意見が一致した。検討会では，本格的に事業を推進するためにはさらなる市民の参加が欠かせないということになり，2003年，長井まちづくりNPOセンターなどの市民団体と市が協働して，13人からなる「ながいフットパス施策推進ワーキンググループ」を立ち上げた。

　ワーキンググループは，川とまちが一体となったまちづくりの手段としてフットパスを位置づけ，①地域資源の保全，②沿川の魅力向上（観光資源のブラッシュアップ），③市民に対しての広報という目的を掲げた。①と②に関しては，長井市は，小河川や水路が市街地を網の目のように走っており，舟運で栄えた商家や神社仏閣，近代建築物が今もその姿を残し，これらを結ぶ昔ながらの小道を整備して利活用するということである。③に関しては，市民に対してもっと「まち」に注目して欲しいという背景がある。公共交通機関が便利であるとは言い難く，多くの人が日常の移動に自動車を使うことから，以前と比べて「まち」，特に住民と中心部との接点が薄れてきている。そのため，まず自動車のスピードではなく，歩くスピードで，まちを見てもらおうという意図である。

　フットパスの路線や名称の決定，案内標識のデザイン，マップの作成なども，すべてワーキンググループが主導し，2005年に，「みずは（水の神様）の小道」

という名称で，全10路線，延べ51.9 km のフットパスが設定された。ちなみに，一号線は「最上川発祥の地」を含む最上川縁の豊田地区をめぐるものであり，その他にも古い町並みが残っているところの裏道をめぐる路線などさまざまなものがある。ただ，路線の設定において，小布施町と同じく隣接土地所有者の全員の同意を得ることが設定の条件であったことから，どんなに風情がある道でも，賛同がなければ路線に組み入れられていない。そのため，なかには過半が自動車道の脇を歩くものもあり，当初の目的にそぐわないところも見られる。

　このような長井市のフットパスであるが，「里道」に関しては，結果として利用しているということになる。市街地には用途をなしている「里道」はほとんど残っていないが，山や川沿いには残っている。最上川の川縁は，いまだに国の買い上げが進んでおらず過半が民有地であり，地元住民の家庭菜園となっており，川を楽しむフットパスを設定しようとすると，自ずと残っている「里道」を使わざるを得なかったということである。

　ワーキンググループは，フットパス設定後，完全な市民主体の組織に改編し，名称も「ながいフットパス推進会議」となった。地元の酒店や自動車修理工場のオーナー，NPO センターの理事などが主要なメンバーとなっている。フットパスは，学校の総合学習や健康づくり行事などでの地元住民の利用もあるが，NPO センターが JR 東日本と提携してのフットパスを利用した日帰り体験ツアー「最上川アルクセッション」を実施するなど，市外の人の利用も増えてきている。このように里道に対して，隣接土地所有者以外の視線が徐々に集まるにつれ，周辺の清掃が自発的に行われるところも出てきて，また因果関係ははっきりしないが，市役所によると小河川や水路へのゴミの投棄が減っており綺麗になったそうである。

（2）フットパスとしての里道

　本州や四国，九州では，「里道」をフットパスとして再生する試みが各地で行われているが，北海道は状況が少し異なっている。北海道では，明治時代，山林，原野，河川，海岸等の大半は官有地に編入され，その上で人民への払い

下げや貸し付けがなされており（竇金，2003，105頁），そもそもアイヌの人びとの土地であったことから，現在の住民にとって歴史性，共有性のある道は限定的であるといえよう。ただ，北海道では，市民単独ないしは市民と自治体の協働事業としてのフットパスの設置は，他の地域と比べて非常に活発である。

　北海道でフットパスの気運が一気に盛り上がるきっかけとなったのは，2002年9月に札幌で開催された，北海道新聞野生生物基金主催によるフォーラム「北海道にフットパスを：イギリスの歩く道の文化に学ぶ」であろう。北海道におけるフットパスの有力な支援者でNPO法人エコ・ネットワーク代表の小川巌が仕掛けたフォーラムである。300名を超す「満員御礼」状態となり，「歩くこと」に対する潜在需要の高さを示した。そして，フットパスをめぐるもう一つの重要な動きは，北海道内各地のフットパス実践団体の集合体である「全道フットパス・ネットワーク準備会」が2003年4月に設立されたことである。ほぼ年に1回，全道フットパスの集いを開催し，各地の関係者がネットワークを構築していった（淺川編，2007，169頁）。

　フットパスと自然歩道は，同じく歩行専用であっても，基本的に性質が異なるものである。北海道にも，自然歩道と称するものは多く存在するが，大部分は自然公園や森林公園のなかの遊歩道であって，ここでいうフットパスというよりはハイキングコースといった方がふさわしい（小川，2005，39頁）。公園内の遊歩道は，ほどよく整備され，園内で完結したものである。フットパスの重要な用件である外の世界とのつながりがあるとは言い難い。表2-1の設置年を見てわかるように，「歩くこと」の再考と，市民が主体となってフットパスを設置することの重要性を提起した2002年のフォーラム以降の設置が過半となっている。

　北海道のフットパスの特徴は，「里道」の機能再生を掲げるところは皆無であり，私有地内を通るフットパスも少なからずあることだ。潜在的な地域資源を引き出している点はすべてに共通しており，既設道路以外で実際に使用されているのは，①復元された旧道や山道，②旧国鉄等の廃線跡，③牧場や農場，④けもの道などをあげることができる。たとえば，北海道内の主なフットパス

第Ⅰ部　コモンズのもつ公共性

表 2-1　北海道内の主なフットパス

名　称	主な所在地	距　離	主な運営主体	設置年	備　考
クラークホースガーデン・フットパス	旭川市	5 km	ネイティブクラーク		牧場内に1コース
宗谷丘陵フットパス	稚内市	11 km	稚内観光協会	2005年	
かわにしの丘フットパス	士別市	16.7 km	川西有機農業研究会	2004年	私有地あり，合計で4コース
根室フットパス	根室市	42.5 km	酪農家集団 AB-MOBIT	2003年	主に牧場内に3コース
落石シーサイドウェイ浜松パス	根室市	8 km	落石漁業協同組合	2009年	
江部乙丘陵地フットパス	滝川市	25 km	江部乙丘陵地のファンクラブ	2004年	合計で3コース
たきかわエコ・フットパス	滝川市	14 km	たきかわ環境フォーラム	2006年	合計で3コース
恵庭カントリーサイド	恵庭市	30 km	恵庭フットパスをつくる会	2005年	合計で4コース
濃昼山道	石狩市	10.5 km	濃昼山道保存会	2005年（1857年開通）	山道の復元
奥尻島フットパス	奥尻町	14.5 km	奥尻町役場	2008年	合計で3コース
黒松内フットパス	黒松内町	22 km	黒松内町役場	2004年	合計で3コース
ニセコ・フットパス	ニセコ町	10 km	しべつリバーネット	2005年	
南幌フットパス	南幌町	45 km	ふらっと南幌	2006年	合計で3コース
かみふらのフットパス	上富良野町	20km以上	環境ボランティア「野山人」	2008年	合計で11コース
洞爺湖周辺フットパス	洞爺湖町	7 km 以上	洞爺湖町役場など	2008年	洞爺湖町を中心に8コース
レークヒル・ファーム・フットパス	洞爺湖町	6.3 km	レークヒルファーム	2009年	牧場内に2コース
ウヨロ川フットパス	白老町	14.2 km	ウヨロ環境トラスト	2003年	私有地あり
ニセウけもの道	平取町	5 km	やっ太郎かい	2004年	けもの道の活用
様似山道	様似町	7 km	様似町役場	(1799年開通)	山道の復元
猿留山道	えりも町	16 km	えりも町郷土資料館	2003年（1799年開通）	山道の復元
狩勝ポッポの道	新得町	25 km	旧狩勝線を楽しむ会	2004年	旧国鉄の廃線跡を活用，合計で2コース
AKway	弟子屈町	211 km	北浦道ウォーキングネットワーク	2006年	オホーツク海から太平洋に至るコース
北根室 RANCH WAY	中標津町	70 km	中標津に歩く道をつくる会	2007年	中標津町から弟子屈町までのコース

（出所）　淺川（2007，170頁）および根室フットパス HP などより作成。

を載せた表 2-1 において①に該当するのが、様似山道や猿留山道である。江戸時代、様似から広尾に至るまでの間はその海岸に難所がとても多く、特に襟裳岬を迂回するという不利があった（河野、1975、171-172頁）。海岸沿いが絶壁で通行困難なため、1800年前後に山側を開削してできた道路が、様似山道および猿留山道である。特に後者は、開削してなお当時の東蝦夷一の難道といわれた。その後、様似山道は利用され続けたが、猿留山道はほぼ廃道となって忘れ去られていた。しかし、近年になって地元住民により再発見され、往時の姿を取り戻すべく刈り払いなどが行われ、木の幹に「山道ボランティア」と書かれたピンクのテープを巻きつけ、里道を指し示すようになっている。

　また、本州ではほとんど見られない③の牧場を利用したフットパスは、イギリスのフットパスに近似している。特に活動が盛んなのが、根室フットパスである。酪農家集団 AB-MOBIT という 5 人からなる酪農家グループが、消費者の酪農への理解を進めるために、自分たちの牧場のなかを歩く道の整備を行っているものである。現在、フットパスは、厚床パス、初田牛パス、別当賀パスの 3 ルートが設定され、5 戸の牧場をフットパスでつなぐことを意識してデザインされている。牧草地だけではなく、海岸や川岸、森のなかにもフットパスがある。そして、フットパスの途中には、酪農家の離農跡を利用したキャンプ場や、酪農喫茶、加工体験ができる農産物加工体験施設といったものがある。

　3 ルートのフットパスや一連の施設の管理は、行政ではなく、市民や学生等を交えながら酪農家自らの手で行っているが、大がかりな整備はワークキャンプによっても行われている（松村、2008、20-21頁）。2003年からほぼ毎年開かれており、各地のボランティアが現地に滞在し共同生活を送りながら、フットパスの整備を行うものである。2008年は、都市住民も多く集まり、厚床パスの終着地付近の里山の道が整備された。過去には、酪農家が家庭用燃料のための薪炭林として利用していたため、それなりに整備されていたが、現在は湿地帯が拡がり、背の高い草が行く手を阻み、快適なフットパスコースとは言い難い状況となっている。ワークキャンプでは、草を刈り払い、湿地で足場が悪いところには、株立ちした木を切り出して敷き詰め、木道を作っていった。

写真 2-1　厚床パス・廃線路跡の道とサイン

2009年4月4日　筆者撮影。

猿留山道や根室フットパスなど，形態やコミュニティとのかかわり方はさまざまであるが，30近い自治体内で市民主体のフットパスが取り組まれており，北海道で根づきつつあるといえよう（写真2-1）。

（3）乱開発の阻止と里道

「里道」を乱開発阻止の手段として用いられたのが，鎌倉の広町緑地の事例である。広町緑地は，鎌倉市西部の腰越地区に位置する樹林，谷戸，水系で構成された約60 ha の里山である。昔は，「津村の山」と呼ばれ，1960年代半ばまでは，農業や林業などの生業の場として利用されていた。谷戸の両脇の道や尾根の道などは，大雨などで道が崩れたら，山にかかわっている人たちが合同で道普請をしていた（熊澤・原科，2005，213頁）。しかし，1960年代後半から林野の利用がほとんどなくなり，荒廃していった。そして，1970年，風致地区に指定されていた広町緑地は，市街化区域に指定され，宅地造成が可能になり，一大転機を迎える。

1978年，広町緑地に開発計画があることが地元住民の知るところになり，激

しい反対運動が展開されることになる。緑地近くの新興住宅地にある新鎌倉山自治会は，1983年，6万人余の反対署名を当時の中西功市長に提出，翌年には周辺8自治会・町内会（世帯数約4500）により「鎌倉の自然を守る連合会」が結成され，ここが運動の中核を担った。1985年には，市長や市議会副議長等も参加しての市民集会が開かれ，全市的な運動となっていく。

1989年，中西市長は「緑保全を基調とした都市整備を図る」との名の下に一部の開発を容認したことから，事態はまた切迫していく。しかし，1993年，緑地保全を公約とする竹内譲が市長に当選し，市は保全に向けて基本方針を転換した。1997年，「鎌倉市緑の保全及び創造に関する条例」が可決，1998年，連合会は「鎌倉広町みどりのトラスト」を始動させ，市および市民側は開発阻止へとさまざまな手段をとっていった。そして，2000年9月には，鎌倉市議会で広町を都市林として保全する「広町の緑地保全に関する決議」が採択され，市は開発に携わっていた事業者，戸田建設，間組，山一土地に対して買収の申し入れをした。2002年10月，事業3社は開発を中止し，用地を市に売却することで鎌倉市と基本合意する。2003年12月，総額113億円（神奈川県20億円，国20億円，鎌倉市緑地保全基金35億円，鎌倉市38億円）で買収，晴れて公有地となり長期的な保全ができる体制となった。事業3社以外が保有していた残りの土地もほぼ2006年2月までに買収が終わっている。

以上が，広町緑地の開発問題の歴史であるが，それでは「里道」はどう扱われていったのであろうか。1898年の公図で現在の広町緑地を確認すると，網目状に赤い線が引かれている。この「里道」は，生業の場として緑地が利用されているときには，当然ながら日々利用され，道普請がされるなどの修繕もされていたが，緑地の荒廃が進むとともに「里道」は周辺と一体化し機能を喪失してしまった。その後，事業者との紛争が始まるが，「里道」の存在は忘れ去られていた。しかし，1991年，開発反対運動だけではなく，直接，緑地にかかわる保全運動も大切ではないかという考えが近隣の少数の住民から出て，「ハイキングコースを守る会」を結成した（熊澤・原科，2005，214頁）。緑地自体は事業者の私有地となっており立ち入ることはできないが，「里道」は機能を喪失

していても存在はしているため，草刈りをしながら「里道」の捜索と再生の活動を行った。ただ，事業者との紛争が拡大している時期でもあり，保全活動にはあまり注目が集まらず，細々とした活動となった。

　1998年，「里道」に新たな展開が生まれる。当時の鎌倉市長，竹内が，「里道」を政策的に利用したのであった。1998年10月，竹内市長が，開発事業者側と直接会見し，開発区域内にある24路線，延べ6kmもの「里道」について売却や新設道路との交換を行わない旨を伝えた（鎌倉の自然を守る連合会編，2008，176-177頁）。売却や交換がされなければ，宅地のなかに網目状の道が残ることになり，開発が困難になることが想定された。同年12月には，「古道活用市民健康ロード構想（仮称）」を策定，「里道」としての機能を喪失していたものを再生し，旧鎌倉や大船にも広げて市民のためのフットパスを作る計画を掲げたが，広町緑地の全面保全を推し進める開発反対住民からも市議会からも非常に不評であった。なぜなら，市長は開発阻止のための計画ではないと主張したためであり，また「市民のためのフットパス」といいながら市議会はおろか市民への事前の相談もなかったためである。しかし，竹内は，後先を考えず，ただ思いつきで提案したわけではなかった。

　竹内は，広町緑地をはじめとする鎌倉市の三大緑地の保全を公約にして当選しているため，広町緑地の開発には反対の立場であったが，法的には市街化区域の緑地であり永遠に開発申請を受理しないことは困難であった。それゆえ，1998年2月，「開発を認める行政手続きの凍結を解かなければ損害賠償請求を起こす」という事業者の圧力があったこともあり，市は，開発事前審査通知を事業者に交付している。ただ，実際にフットパスを作るかどうかはさておき，「里道」を盾にして，合法的に開発のスピードを落とすようにしたのであった。市長退任後であるが，竹内（2006）は，開発阻止の手段として，①財産権の制約＝「公共の福祉のため」（憲法第29条第2項）を持ち出して現行法の不備（憲法違反）を主張する，②法律の網の目を潜って奇策を講じる，③事業者に「企業の社会的責任」を声高に叫んで尻込みさせるという三つしかないと書いている。広町緑地では市長としては②の手段をとり，市民運動としては①や③の手

写真 2-2　もののふの道・七里ヶ浜入り口付近の様子

2007年4月4日　筆者撮影。

段をとって，合法的に業者を泣かせるという方策に出たのであった。

　竹内が提案した「健康ロード構想」は1999年10月に廃止となったが，それと前後する形で，「ハイキングコースを守る会」とは別に，市民主導での「里道」の再生が行われるようになる。主に地域外の住民からなる「鎌倉・広町の森を愛する会」の代表（当時）の池田尚弘は，「里道」は入会地と同様，地元住民共有の財産であり，住宅開発をすることで，その共有財産を業者が勝手に侵害することは許されないと考えた（季刊まちづくり編集部，2003）。そこで，ただ反対するだけではなく，この「里道」を修復し，再活用することによって，忘れられていた共有性を復活する活動「もののふの道・グランドワークトラスト」を展開した。ボランティアが草刈りや倒木の整理をし，道標が作られた道は，「もののふの道」と命名され，今では写真 2-2 のような里道を私たちが享受できるようになっている。2009年5月には，トラストとは別に，市民の有志が「散策路の会」を立ち上げ，鎌倉の自然を守る連合会やNPO法人鎌倉広町の森市民協議会の支援を受け，里道の保全・活用が行われるようになっている。

　このような鎌倉の広町緑地の事例と同じく，「里道」を開発阻止の一つの手

表 2-2　開発問題に直面した「里道」

名　称	所在地	問題発生年	自治体の対応	主な市民団体の対応	現　状 (2009年8月)	備　考
広町緑地開発問題	神奈川県鎌倉市	1978年	機能回復 (未実施)	機能回復	フットパス	1998年から「里道」に注目集まる
身延町最終処分場建設問題	山梨県身延町	2006年	現状維持	現状維持	里山の道	開発事業者が,身延町を提訴
浜田市最終処分場建設問題	島根県浜田市	1999年	現状維持	現状維持		2000年に市が境界画定作業を実施
愛宕山開発問題	山口県岩国市	2008年	用途廃止 (2009年2月)	現状維持	普通財産化。市民団体と対立中	愛宕神社の参道などとして利用が継続

(出所)　筆者作成。

段として用いている地域は他にも複数ある（表2-2）。たとえば，山梨県南巨摩郡身延町では，同町内にある民間業者が，北川集落（現地では「北川組」と呼ばれる）の後背に位置する山林に一般・産業廃棄物管理型最終処分場（埋立容量93万 m³）を建設しようとした。県は，2006年2月2日，この設置計画に対して廃棄物の処理及び清掃に関する法律における設置許可を下したのだが，一方で町は同年2月20日，予定地内を走る里道・青線（公図に青い線で表示されている水路）の使用許可申請について不許可処分を下したため，建設着工ができない状態となった。この係争における里道・青線問題は，処分場予定地である花柄沢の底地部分，「里道」約847 m²，青線約1639 m²についてとなる。計画どおり廃棄物の埋め立てを始めると，それらが使用不可能になるので，占有許可か付け替えの手続きが必要となる。しかしながら，付け替えをするには処分場に反対している関係者の土地である寺有地や入会地に必ずかかるため新設は困難である。また，そのまま埋め立てをして占有するには身延町公共物管理条例（平成16年9月13日条例第173号）で「使用期間は最高10年（第6条）」や「使用後は元の状態に戻す（第14条：例外有り）」などの項目があり，以上のことから身延町は「赤線・青線の使用」を不許可とした。ちなみに，同年10月9日，業者は身延町に対して不許可処分取消請求訴訟を起こしたが，争点整理が進まず当該裁

判は2009年11月時点で中断しており，処分場の建設は未着工のままである。

4　新たな地域資源としての道

　いかなる時代，いかなる地域であろうと，道の建設と維持には多大な経費と時間を必要とし，その業務には濃淡の差はあってもつねに「公」「共」的性格が内在する。その性格は，原初的な道の形態である「踏み分け道」でも，長距離大量輸送の道の形態である「高速自動車道」でも同じである。そのなかでも共的性格を色濃く残しているのが，里道であろう。もともとは利用者と管理者，そして所有者がコミュニティの構成員とほぼ同一であり，公的機関の関与はきわめて少なく，コミュニティの生活や生業に深くかかわっていた。里道は，特定多数を対象とした地域資源であり，コミュニティの共同作業で管理されたり，構成員には開かれているが非構成員には開かれない場合もあったりするなど，里山やため池などの地域資源とも類似点が多い。そのため，里山やため池はローカル・コモンズないしはそれに伴う資源ととらえられているが，里道もそれと同様なものとみなせよう。

　すなわち，里道は，ローカル・コモンズやコミュニティ内の住居等にアクセスするための線的な地域資源であり，多分に共的性格を有するものと位置づけられる。コモンズ論では言及されることはこれまでなかったが，里道は，人と人，人とコミュニティ，そして人と資源などを結びつける重要な役割を果たし，そしてコモンズの管理に深くかかわっていた。しかし，このような伝統的な里道は，里山などのコモンズと同じく自動車の普及，都市化や農山村の過疎化の進行などによって，人とのかかわりが変化し，衰退していくことになる。他にも里道特有の衰退の背景としては，第2節で述べたように，明治の官民有区分政策で官有地化され，その結果，利用を妨げられることはないまま，法的にはコミュニティの構成員ではなく市町村が管理業務を担うようになったことがある。義務が発生しなくなり，利用に制約がかからないことから，住民の里道に対する権利意識が希薄化し，「私たち」の道という認識がなくなっていった。

里道は，法的な「里道」としての存在はあっても，伝統的な機能を持つ里道は瀕死の状態になった。そのなかで，新たな役割を付与し，里道を位置づけ直す動きが，2000年頃から現れてくる。その取り組みのなかで特に重要なのが，フットパスとしての新設や再生の取り組みである。人びとがフットパスを歩くことで，個人，コミュニティ，社会においてそれぞれ新たな便益が発生しうる。まず個人にとってはコミュニティをよりよく知る機会になり，他者とのコミュニケーションが促進されるなどの効用があげられよう。次に，コミュニティにとっては活性化の起爆剤につながる可能性があげられる。その詳細は，小川 (2005, 41-42頁) によれば，第一に，フットパス作りは誰でも参加できる環境ボランティア活動と位置づけられ，地元住民だけではなく他地域の人びとと一緒に作業を行い，地域間交流のきっかけにできる。第二に，30 km 以上のフットパスが設定されたなら，そこを歩こうとすれば間違いなく1泊することになる。第三に，街道商法（フットパスビジネス）として，ルートの始点や終点，休憩地点などに簡易のお休み処が設けられ，地元産の食材を用いた食事や飲み物が売られる。最後に，自分たちの生活空間によそ者が入り込んでくることは，地元が「見られる」ことを意識するようになる効用も期待できる。その意識が発展すれば，周辺の清掃や花を植えたりするような動きが活発になるだろう。

　そして，最後に，社会全体にとっては自然環境の保全に寄与する可能性があげられる。フットパスの先進国のイギリス，そのなかのイングランドおよびウェールズでは，1932年に「歩く権利法（Right of Way Act 1932）」の制定によって「歩く権利」が法的な権利となり，2000年の「カントリーサイド・歩く権利法（Countryside and Rights of Way Act 2000）」の制定によって，荒地森林地なども対象とした公的なアクセス権が確立した。これらの権利は，イギリスの広大な私有地の存在を前提として，強固な土地所有権に対する市民的権利，移動の自由や自然へのアクセスなどを保持するためという位置づけである。ただし，「歩く権利」は，単に歩くことを目的とするものではなく，「歩く権利」が実行される自然道としてのフットパスを守ることによって周辺の自然保全が図られるという役割も持ち，むしろ一定の自然のなかにフットパスがあり，その

自然をつくっているともいえる。開発反対，環境破壊反対，と個別の自然を守るということではなく，「アクセス権」によって自然道が守られ，自然道がある自然全体を守ろうという手法である（平松，2002，180頁）。コミュニティから見ればよそ者と位置づけられる人びとが，一定範囲でアクセスするという市民的アクセスが重要となる。

　日本では，多くの里道が明治時代に官有地化され，一方的に人びとが閉め出されることはなく，また自然にアクセスすることが市民のレクリエーションとしてイギリスほど国民的には成立せず，「歩く権利」を意識する必要性が生まれなかった。しかし，私有地においては，所有権の絶対性が過度に強調され，アクセスに対する大きな障害になっている（関東弁護士会連合会編，2005，492頁）。現時点では，日本では「歩く権利」は認められていないため，フットパスを通じた積極的な自然環境保全は法的には難しいが，人びとが自然を享受することへの関心が高まっていけば，自ずと土地が持つ公共性という面からの議論が出てくると思われる。

　里道は，コミュニティの重要な資源であり，道といえば，自動車中心の道だけではなく，生活を支える空間として道の存在を私たちは再認識しても良いだろう。コミュニティのルールに従いながら，合意と協力の下に地元住民や自治体，環境NGO，さらには都市住民などが維持し，その機能や周辺環境を向上させていくあり方が望ましい。自然と利用者，管理者，所有者が「共生」できるような道が，これからの新しい道，里道ではないだろうか。

　今後は，コモンズの管理などに深くかかわっていながらコモンズ論では取り上げられることはなかった里道の歴史的役割や，活用次第では環境保全をはじめとした新たな役割を果たしうること，そして「歩く権利」および「アクセス権」と自然環境保全の関係性をより個別具体的に明確化することが課題である。そして，それが，生産能力を有しない地域資源やそれに伴う制度を含むコモンズ論の深みを増すことにもなるであろう。

第Ⅰ部　コモンズのもつ公共性

注
(1) フットパスなどの「歩く権利」が設定されている道は、イングランドでは18万8500 km（2000年調査）、ウェールズでは3万3200km（2002年調査）となっている（Riddall, J. and J. Trevelyan, 2007, p.3）。そして、1986年から2005年の間に9343もの道に権利が設定され（Riddall and Trevelyan, 2007, p.131）、いまだ増加している。
(2) 東京理科大学・小布施町まちづくり研究所によると、2007年時点で、町全体で745路線あり、うちアスファルト、栗木レンガ、インターロッキング等で舗装されているのが12路線（全体の約1.6％）で、残りはすべて未舗装であった（川向、2007、5頁）。
(3) ぎょうせい編（2005、188-189頁）の北海道の長狭物管理条例一覧を見ると、北海道には「里道」に関する管理条例がきわめて少ないのがわかる。
(4) 反対運動の経緯に関する記述は、大木（2003）および鎌倉の自然を守る連合会編（2008）を基にしている。
(5) 詳しい経緯については、みのぶ緑と清流を守る会のHP（http://www.midoriseiryu.com/）を参照のこと。

参考文献
淺川昭一郎編『北のランドスケープ——保全と創造』環境コミュニケーションズ、2007年。
阿部謹也『阿部謹也著作集　第三巻』筑摩書房、2000年。
大木章八「かくて広町緑地は守られた」『地方自治職員研修』494号、2003年3月。
小川巌「北海道のフットパス最新事情」『モーリー』No.12、2005年7月。
鎌倉の自然を守る連合会編『鎌倉広町の森はかくて守られた』港の人、2008年。
川向正人監修『東京理科大学・小布施町まちづくり研究所活動記録：2006年』2007年。
川村正一「里道の話」『道路セミナー』1968年12月号、1968年。
関東弁護士会連合会編『里山保全の法制度・政策』創森社、2005年。
季刊まちづくり編集部「開発圧力に対抗し緑地を守る市民たちの鎌倉」『季刊まちづくり』創刊号、2003年。http://web.kyoto-inet.or.jp/org/gakugei/zassi/kamakura/（2009年8月31日アクセス）
ぎょうせい編『長狭物　維持・管理の手引——自治体による旧法定外公共物の運営』2005年。
熊澤輝一・原科幸彦「都市近郊における住民と大規模緑地との関係の成立と変容」『環境情報科学論文集』19号、2005年。
黒川紀章『黒川紀章ノート』同文書院、1994年。
建設省財産管理研究会編『地方分権と法定外公共物』ぎょうせい、1999年。
河野常吉『河野常吉著作集Ⅲ：北海道史編（二）』北海道出版企画センター、1975年。
国土交通省道路局『道路統計年報　2008年版』全国道路利用者会議、2008年。http://

www.mlit.go.jp/road/ir/ir-data/tokei-nen/index.html（2009年8月31日アクセス）
シュライバー，H.／関楠生訳『道の文化史――一つの交響曲』岩波書店，1962年。
竹内謙「環境自治体づくりは法との戦い」京都大学地球環境講座配付資料，2006年12月。
　　http://www.users.kudpc.kyoto-u.ac.jp/~q52535/Design/Assets/document/B-Life/kifukoza.pdf（2009年8月31日アクセス）
西村幸夫編『路地からのまちづくり』学芸出版社，2006年。
根室フットパスHP http://www.nemuro-footpath.com/（2009年8月31日アクセス）
平松紘『イギリス緑の庶民物語――もうひとつの自然環境保全史』明石書店，1999年。
平松紘『ウォーキング大国イギリス――フットパスを歩きながら自然を楽しむ』明石書店，2002年。
寶金敏明『里道・水路・海浜――長狭物の所有と管理：新訂版』ぎょうせい，2003年。
松木幸嗣「最上川とまちなかの魅力をつなぐフットパス」『月刊地域づくり』第184号，2004年10月。http://www.chiiki-dukuri-hyakka.or.jp/book/monthly/0410/index.htm（2009年8月31日アクセス）
松村綾子「大規模酪農地帯と森」『モーリー』No.19，2008年12月。
Riddall, J. and J. Trevelyan, *Rights of Way: a guide to law and practice; 4th ed.*, London: Ramblers'Association and Open Spaces Society, 2007.

第3章

万人権による自然資源利用
――ノルウェー・スウェーデン・フィンランドの事例を基に――

嶋田大作・齋藤暖生・三俣　学

1　本章の課題

　北欧諸国では，他人の所有する土地に自由に立ち入り自然環境を享受することが，万人に対する権利として認められている。本章では，万人権について，自然資源利用という観点から考察する。それは，人と自然の関係性を考察することでもある。万人権は，山・川・湖沼・海と自然環境全般に及ぶものであるが，ここでは，特に林野に限定して議論を進める。北欧諸国を中心にヨーロッパ各国には，内容は異なるものの万人権と類似の制度が国ごとに見られるが，本章では，万人権がもっとも強固な形で存在するノルウェー，スウェーデン，フィンランドを対象とする。

　本章は，ノルウェー，スウェーデン，フィンランドにおける万人権の制度的実態を把握することを第一の課題とする。その際には，上記3カ国の政府によって英訳されている法令，政府刊行物等の文献資料を用い，現行法ではどのように制度化されているのか，に着目して分析を行う[1]。これらを基に万人権による自然資源利用のあり方，そして，それが環境政策に対して持つと考えられる含意についての検討を行う。

2　ノルウェー，スウェーデン，フィンランドの概要

　万人権は，長い歴史的経緯と自然地理的条件を背景に，慣習として生み出されてきたものである。他方，日本においてノルウェー，スウェーデン，フィン

ランドのそうした実情については，必ずしもよく知られていない。そのため，ここで3国の概要を整理しておきたい。

(1) ノルウェー

　ノルウェーは，スウェーデンの西に位置し，西部は北海に面している。インド・ヨーロッパ語族の北方ゲルマン語派に属する言語・民族が基調をなしており，北部には，サーメ語を話すサーメ人がいる。ノルウェーは，ヴァイキング時代の後，デンマークやスウェーデンとの連合，あるいは，併合される時代が続いたが，1905年に独立を果たす。しかし，1940年からナチスドイツに占領され，1945年の終戦で占領から解放された。

　気候は，国土が北に位置している割には，比較的温暖である。それは，赤道からノルウェー海に向かって流れる暖流，北大西洋海流とその上を吹く貿易風によるものである。したがって，ノルウェー国内の気候の違いは，緯度による影響よりも暖流による影響が大きい。つまり，北に行くほど寒いのではなく，内陸に向かうほど寒くなるのである。これは，ケッペンの気候区にも明確に表れており，沿岸部においては温帯に属する西岸海洋性気候が分布し，北極圏を越えてもなお西岸海洋性気候が続いている。一方，北極圏よりもはるかに南に位置する地域でも，内陸部ではツンドラ気候が分布している。日本よりやや広い38万5199 km^{2}の国土で，人口はおよそ479万人（2009年現在），人口密度は12.1人/km^{2}となっている。

　国土の30.7%が森林であるとされ（FAO, 2006），都市地域が全国土の約1%，農地が同3%，経済的に利用可能な森林が同22%となっており，残りの70%以上が耕作不能という自然・地理的条件にある（Norwegian Ministry of Agriculture, Webサイト）。

　国土の3分の1が北極圏に属し，広大な土地が耕作不能地であるという自然・地理的条件によって，ノルウェーの農業は厳しい環境におかれてきた。一方で，漁業，林業，鉱業，海運業はその地理的特徴を活かす形で発達し，経済を引っ張ってきた。

19世紀後半には，イギリスの経済発展の影響を受けて，ノルウェーは水産物・木材の輸出を増大させた。そして，20世紀前半には，木材加工業が競争力ある産業に成長し，20世紀半ばまでノルウェー最大の輸出産業となった。同時に，20世紀の前半には，山岳地帯における水力発電により豊富な電力が得られるようになったため電力多消費型の金属工業，化学工業が発達した。このような電力多消費型の産業は，水力発電所が立地する山岳地帯で発達した。1970年代から北海油田が稼動し始めると，ノルウェーの石油産業は短期間のうちに国内最大の産業に発達する。一方，この間農業，林業，漁業のGDPに占める割合は一貫して低下している。一般的に，ノルウェーの土地は，作物栽培に不向きなため，この国の農業は畜産に依存するところが大きい。

(2) スウェーデン

スウェーデンは，北欧3国の中心に位置し，デンマークやノルウェーとの結びつきが歴史的に強い。スカンジナビア半島を貫くスカンジナビア山脈がノルウェーとの国境になっている。東側では，フィンランドと国境を接している。国土面積は，日本の約1.2倍の45万km^2，人口はおよそ925万人（2009年現在）で，人口密度は20.4人/km^2となっている。ノルウェーと同様に，インド・ヨーロッパ語族の北方ゲルマン語派に属す言語・民族が基調をなしている。また，北部には，サーメ語を話すサーメ人がいる。

スウェーデンは，ヴァイキング時代の後，フィンランドやノルウェー，デンマークとの連合・併合を繰り返してきたが，1905年にスウェーデンからノルウェーが独立し，現在のような形となった。

気候は，大西洋を流れる暖流の北大西洋海流の影響により，緯度が高い割には比較的温暖である（三瓶，2004）。国土の66.9%が森林とされており（FAO, 2006），湖も多いため，フィンランドと並んで，森と湖の国と呼ばれている。北部のノルウェーとの国境山岳地帯は別として，スウェーデンは概ね平坦な地形となっている。

1850年ごろのスウェーデンは，木材や鉄などを輸出する原材料の輸出国で

あった。その後，徐々に加工度を上昇させてゆき，今日につながる機械と森林産業を中心にした産業構造が1930年ごろにはでき上がっていった。1932年から社会民主党が半世紀近く政権を担当し，世界的に知られる福祉国家への道を歩んでいった。さらに近年，工業国から知識産業への産業構造の転換に成功し，世界トップレベルの経済競争力を維持している（川崎，2004）。

（3）フィンランド

　本章で扱う3カ国のなかで，フィンランドはもっとも東に位置し，ロシア等の東側の地域とのつながりが強い。国境の大半は，東側のロシアとの間のもので，同じ北欧諸国のスウェーデン，ノルウェーとは北部の一部で接しているのみである。日本よりやや狭い33万8000 km^{2}の国土に，およそ535万人（2009年現在）が暮らしており，人口密度は15.1人/km^{2}となっている。

　他の北欧諸国がインド・ヨーロッパ語族に属する言語・民族を基盤としているのに対して，フィンランドではウラル・アルタイ語族に属する言語・民族が基調をなしている。民族構成はフィンランド語を話すフィン人が93％，スウェーデン語を話すスウェーデン人が6％，北部のサーミ語を話すサーミ人が0.1％などである。

　フィンランドが民族のアイデンティティに基づいた国家として独立した歴史は浅い。12世紀半ば以降，19世紀初頭まで，スウェーデン王国の支配下にあり，その後1世紀余りはロシア帝国の支配下に置かれた。1917年に独立するも，第二次世界大戦で敗戦国となり，戦後は外交的にはロシアの影響を強く受けることとなる。ソ連崩壊に伴い，外交的に自由な国家となった。

　気候は大西洋の暖流の影響を受け，高緯度ではあるが比較的温暖で，森林成立の妨げとはなっていない。国土の73.9％が森林であるとされ（FAO，2006），これは先進国のなかでもっとも高率である。地形も穏やかで，北西部に山地があるほかは概して低地で占められる。平均海抜は152 mである（フィンランド大使館，1990）。

　長らくフィンランドの主要産業は，紙パルプ・木製品を生産する森林産業で

あった。1980年代以降，携帯電話など電子機器・機械を扱う情報電子産業の比重が大きく増し，産業構造は大きく変容してきた（川崎，2008）。第1次産業への就業人口比は1950年に35％，1980年に13％であったのが，2006年にはわずか5％となっている。

3　ノルウェーの万人権

ノルウェー語で万人権は，allemannsrett と表記され，ノルウェー政府は，right of access という英訳語を用いている。ノルウェーにおいても，万人権は他の北欧諸国と同様に，古くから慣習として認められてきた。しかし，ノルウェーでは，1957年に万人権を体系的に扱う野外生活法[4]が制定されている。したがって，以下では，野外生活法を基に，ノルウェーの万人権の制度的特徴を整理する。

万人権の制度を理解する上では，同法において土地がどのように分類されているかをまず確認しておくことが重要になる。

【野外生活法第1条　1a.「耕地（inmark）」と「非耕地（utmark）」の定義】
　　本法律において，耕地，あるいは，耕地と同等の土地と考えられるのは，次の通りである。それは，住居，納屋，畜舎などに囲まれた農場構内，家屋やヒッタ（hytte）[5]周辺の区画，耕作された田畑，干草用の草地，耕作された牧草地，低齢の植林地，そして，一般の人びとの利用が土地所有者もしくは土地使用者に損害を与える場所，である。耕作された土地，干草用の草地などに囲まれた耕作されていない小さな区画，および，そのような土地とともに柵で囲まれた場所もまた，耕地と同等のものと考えられる。同じことは，人びとの利用が土地所有者もしくは土地使用者，その他の人びとに損害を与えるような，産業目的，あるいは，その他の特別な目的に用いられる場所についても適用される。
　　本法律において非耕地とは，耕作されておらず，上記の耕地に該当しない土地を指す。

野外生活法は，このように土地を耕地と非耕地に分類した上で，耕地と非耕地においてどのような万人権の行使が可能かをそれぞれに規定している。同法第2条では次のように，非耕地の利用が規定されている。

【野外生活法第2条　非耕地におけるアクセスおよび通行】
　万人が，敬意と相当な注意が払われることを条件として，年間を通していつでも，非耕地を通行する権利を与えられている。同じことは，非耕地の道路や小道，そして，耕作されていないすべての山岳地帯における，乗馬，荷馬，そり，自転車などでの通行にも適用される。ただし，その場合には，特定のルートに従った通行を，土地所有者もしくは土地使用者の同意の下で，基礎自治体が禁止していないことが条件となる。基礎自治体の決定は，広域自治体の長の承認が必要である。
　非耕地における動力付の乗り物に関しては，非耕地および水路における動力付乗り物に関する法律もまた適用される。

このように，土地所有者の権利と自然生態系に十分な敬意と注意が払われることを条件として，万人にその土地で自然環境を享受する権利を認めるという点は，後に詳しく見るように，スウェーデンおよびフィンランドにおいても共通する点である。

【野外生活法第3条　耕地におけるアクセスおよび通行】
　地面が凍結もしくは雪で覆われている時期には，ただし4月30日から10月14日までの間は除くが，万人に，耕地を通行または利用する権利が与えられている。しかし，この権利は，農場構内，家屋やヒッタ周辺の区画，柵で囲まれた庭や公園，その他特定の目的のために柵で囲まれた場所で，冬季の人びとの利用が土地所有者もしくは土地使用者に深刻な損害を与えるような場所には認められない。
　また，その場所が柵で囲まれているかどうかにかかわらず，庭，低齢の植林地，秋蒔きの畑，そして新しく作った牧草地では，たとえそこが凍結または雪で覆われているとしても，通行が深刻な損害を与える場合，土地使用者もしくは土地使用者は，基本的に通行を禁止することができる。

同法第4条では，自動車または馬車の使用について定められているが，車の使用については厳しい制限が課されている。

【野外生活法第4条　自動車または馬車によるアクセスおよび通行】
　他に規定がなければ，私道の所有者は，馬車および自動車（動力付の自転車も含む）による通行および駐車を禁止することができる。
　公道沿いの非耕地における駐車は，それが重大な損害や不都合の原因にならないという条件のもとで，認められている。

　また，水上交通や水浴び，ピクニックやキャンプなどさまざまな種類の自然利用については，同法第5，7，8，9条において規定されており，「テントは住民の平静をかき乱すほど家屋の近くに張ることはできず，どんな場合にも家屋から150ｍ以内に張ることはできない」などのように，万人権による人びとの自然へのアクセスが土地所有者もしくは土地使用者，およびその他の人びとの迷惑や自然の破壊につながらないように，利用する場所，時期，方法等が細かく規定されている。ベリー，キノコなどの採取については，野外生活法のなかでは規定されていないが，後述するように，刑法典において規定されている。

　野外生活法では，万人権が適切に機能するために，権利の行使や制限，行政の役割，土地の閉鎖や買上げ，違反者への罰則などの様々な制度を設けている。

【野外生活法第11条　適切な行為と土地所有者の追放する権利】
　他人の土地および他人の土地に面した海上を，通過したり時間を過ごしたりする者は誰でも，慎重に行動し，土地所有者および土地使用者もしくは他の人びとに対する損害や迷惑，環境破壊の原因にならないように十分に注意しなければならない。そのような者は，見苦しかったり他人の損害や不都合につながったりするような状態で，その場を離れることがないようにする義務を有する。
　土地所有者もしくは土地使用者は，慎重に行動しない者や，不適切な行動によってその財産や権利を有する利害関係者に損害や不利益を与える者を，追放する権利を有する。

　さらに，万人権の行使によって生じた損害や迷惑に対する補償については，

補償に関する一般的な法律の規定が適用されると同法第12条で定められている。

　土地所有者による柵や標識の設置，利用料の徴収については，同法第13,14,15,16,40条で規定されており，基本的には，法的に認められた万人権を侵害するような土地所有者の行為，すなわち，柵や標識による立ち入りの排除，あるいは，十分な根拠のない利用料の徴収を土地所有者が行うことは認められていない。同法で認められている野外生活を妨げるような非合法な建造物については，同法第40条において，自治体がその建造の中止および除去を行えることが規定されている。万人権を侵害する場合には，土地所有者といえども，その土地を排他的に独占することは認められていない。しかし，過度なアクセスやそれによる損害等，十分な理由が認められる場合には，土地所有者が利用料を徴収したり，立ち入りを制限したり，閉鎖したりすることも認められている。こうした利用制限や閉鎖によって，過剰な利用を抑制できない場合，その土地の所有者は，自治体に対して土地の買上げを要求できることが同法第18条で定められている。

　野外生活法には，ベリーやキノコ等の採取についての規定は存在しないが，刑法典でそれが規定されている。[6]

【刑法典第40章第400条】
　　柵で囲われていない場所で，その場で消費するための野生の堅果，野生のベリー類，キノコ，そして花を採取する者，あるいは野生のハーブを根から引き抜く者を，刑罰の対象にしてはならない。
　　この条項は，ホロムイイチゴをトロムセー地区において，土地所有者による禁止の表示に反する場合，あるいはそれらをその場で消費しない場合，のどちらかに該当する者に対しては，適用されない。

　こうした仕組みのもとで運営されている万人権であるが，近年，商業開発や土地の囲い込みによってその一部が脅かされつつある。野外生活法で設置が許可されていない場所にもかかわらず，柵やその他の障壁が設置されている場所がある。また，オスロフィヨルドやノルウェー南部の野外生活の対象として人気のある場所では，海岸沿いの断片的な開発により，沿岸部で万人権を行使で

きる場が減少している。一般的に，海から100m以内の場所での建築や柵の設置は禁止されているのだが，多くの場所で，地方自治体がその甘い運用により，ルール適用の免除を認めていること等が要因となって，住宅や休日用のキャビンが，かつて魅力的であった沿岸部のレクリエーションエリアに広がりつつある (Environmental Directorates in Norway, 2002)。

また，自動車，自動二輪，モーターボート，スノースクーターなどの動力付の乗り物による自然へのアクセスが増加しつつあり，問題化している。1977年には，規制が設けられ，動力付の乗り物によるアクセスを厳しく制限している。この新しい規制は，地方の強い反発を招いたが，レジャーによる自動車利用と必要な移動のための自動車利用を明確に分け，レジャーによる自動車利用は原則的に禁止するという対策がとられている (Ingemund, 2008)。

4　スウェーデンの万人権

スウェーデンにおける万人権は，allemansrätt とスウェーデン語で表記されるもので，スウェーデン政府の英訳語は right of public access である。これは，慣習としてスウェーデン人の間で古くから認められてきた権利であり，憲法にも規定されている。基本的権利と自由について規定しているスウェーデン憲法の第2章では，その第18条で，国民の財産の保障が謳われており，個人の財産が，公共使用のために没収されたり公共の利益のために制限されたりしてはならないとされている。しかし，その第18条の末尾には，「上記のような条項にかかわらず，誰もが万人権によって自然環境へアクセスすることができなければならない」と規定されている。万人権について体系的に規定する法律はなく，幾つかの法律において関連する規定が存在する。特に，環境法典では[7]，第2部第7章第1条において，万人権という言葉が実際に法のなかで位置づけられている。

【環境法典第7章第1条　私有地における万人権】
　私有地で万人権を行使する者，あるいは，他の理由によりカントリーサイ

ドに滞在する者は誰もが，十分な注意深さと配慮を伴いながら行動しなければならない。

このように，ノルウェーおよびフィンランドと同様に，十分な注意深さと配慮を伴うことを条件に，誰もが，徒歩，自転車，乗馬，スキーによって，林野を通行することができ，その際，一時的に滞在することもできる万人権が認められている。また，農業に使われておらず，住居からも十分に離れている土地においては，1日もしくは数日間にわたってテントを張ることが認められている。

そして，万人権を誰もが享受できるように，万人権が認められている地域で，人の立ち入りを排除するために看板や柵を設置することは禁じられている(Swedish Environmental Protection Agency, 2004)。このことは，環境法典では，採石，農業，その他の活動について定めた第12章，および，監督について定めた第26章において，次のように規定されている。

【環境法典第12章第11条　狩猟地の囲い込み】
　制限を受けない万人権が認められている場所では，地方自治体の委員会の許可なしに，狩猟地の囲い込みが行われてはならない。
　野外生活の場所および自然環境を保護する必要性は，許可申請の段階において考慮されなければならない。
　沿岸保護地域における狩猟地の囲い込みの許可は，特別な状況においてのみ，認められる。

【環境法典第26章第11条】
　監督機関は，野外生活の対象となる場所あるいはその周辺を囲い込んでいる者に対して，万人権を有する人びとがそこにアクセスできるように，入口もしくは通路の設置を命令することができる。
　囲い込みの唯一の目的が，その場所への人びとのアクセスを排除することだけであることが明らかな場合は，その土地の所有者にそれを除去するように命令することができる。上記の囲い込みに関する条項は，同様に水路にも適用される。

しかし，そうした活動によって，農作物，人工林，およびその他の影響を受けやすい地域に，損害を与える危険性がないことを条件としている。この点に関して環境法典は，監督について定めた第26章において，次のように定めている。

【環境法典第26章第23条】

　（略）

　自然監視員が，法律で万人権が認められていない場所に立ち入っている者を見つけた場合，その者をそこから立ち退かせることができる。

　（略）

また，刑法典においても，自由および平穏に対する罪について定めた第4章，そして，損壊の罪について定めた第12章で，次のように定められている。

【刑法典第4章第6条】

　そこが部屋であろうが，家屋であろうが，庭であろうが，船舶であろうが，他人の居住場所に不法に侵入または滞在する者は誰でも，「家屋平穏破壊罪」として罰金が課されなければならない。

　事務所，工場，もしくは，その他の建物や船舶，保管所，もしくは，他の同様の場所に，許可なく侵入または滞在する者は誰でも，不法侵入として罰金が課されなければならない。

　もし，第1項および第2項に述べる罪が重大であるならば，最大で2年間の禁固刑が課せられなければならない。

【刑法典第12章第4条】

　建物の敷地，植林地，およびその他の損害を受ける土地に不法に通路を設置した者は，不法な通路の設置の罪により罰金が課されなければならない。

また，自動車，自動二輪，原動機付自転車，およびその他の動力付の乗り物による雪で覆われていない場所への万人権の行使は，認められていない。

小枝，枝，樹皮を生きている樹木から採取することは，万人権として，認められていない。当然のことながら，樹木全体を，たとえそれが低木であっても，採取することはできない（Swedish Environmental Protection Agency, 2004）。こう

した採取行為について，刑法典は次のように定めている。

【刑法典第12章第2条】
　林野において，生えている樹木や草本を，あるいは生えている樹木から，小枝，枝，樹皮，葉，篩部，殻斗果，堅果，樹脂を採取したり，風倒木，石，砂利，芝生，および同様の物で使用する目的がない物を採ったりした者は，採られたものの価値および他の状況を考慮して，軽微なものであると考えられる場合は，軽財産損壊の罪に処せられる。

　ただし，同第6条で次のように規定されていることにも注意が必要である。

【刑法典第12章第6条】
　軽財産損壊および不法通行は，その罪が個人の権利に抵触する場合で，公共の利益にとって起訴が必要な場合にのみ，検察官によって起訴される。

　他方，刑法典で規定されていない物に関しては，万人権によって採取することができると考えられている。野生のベリー，花，キノコ，そして，地面に落ちている小枝や枝は，採取することができる（Swedish Environmental Protection Agency, 2004）。

　以上で見てきたように，スウェーデンでは，万人権を憲法，環境法典，刑法典によって，人びとの権利として積極的に認めてきた一方で，万人権の行使が，土地所有者や自然生態系に悪影響を与えないように，環境法典，刑法典によって万人権の及ぶ範囲を明確にしている。万人権のもっとも基本的な原則は，「迷惑をかけない。破壊しない。(Do not disturb, do not destroy.)」(Swedish Environmental Protection Agency, 2004, p.1) であると考えられており，そうした原則のもとで，人びとが自然環境を享受する古くからの慣習が，スウェーデンでは，主に憲法，環境法典，刑法典によって制度化されているといえる。

5　フィンランドの万人権

　フィンランドにおいて，自然資源利用に関して万人に認められる権利は英語で everyman's right と呼びならわされているが，これは，フィンランド語の

jokaniehen oikeusを直訳したものである（Pouta et al., 2006）。万人権の内容については，これを直接規定する法律は存在せず，世代を超えて受け継がれた慣習による（Pouta et al., 2006）。この具体的内容について，フィンランド環境省がガイドラインを示している（The Finnish Ministry of the Environment, 2007）。ここでは，一般に万人権のなかに含まれる行為，すなわち通行・滞在・採取についてその認めうる範囲が示される一方で，これら以外の，野外で禁止される行為が示されている。

　まず，通行に関しては，すべての人が，土地所有のいかんにかかわらず，徒歩，自転車，乗馬，スキーによってその土地を自由に通行できる。ただし，以下のような限界がある。まず，動植物の生育にとって重要な自然保護地域においては，これらの権利は制限される。ただし，万人権の及ばない土地であることを表示するのは，環境を扱う行政機関もしくは防衛省でなければならない。すなわち，土地所有者が勝手に万人権を制限することはできない。これは，自然保全法に根拠がある（The Finnish Ministry of the Environment, 2007）。

　【自然保全法第36条　野外広告および禁止標識】
　　通行を禁止したり，立ち寄りを禁止したり，上陸を禁止したり，その他自由な公衆アクセスを制限する標識は，法的にアクセス制限する土地でない限り，いかなるものも土地もしくは水上に掲げられてはならない。

　また，土地所有者の財産やプライバシーを侵害するような通行も万人権に含まれるものではない。森林であっても損害を受けやすい植林地は通行する権利はなく，庭園や住居に近接する場所を通行する権利もない。冬季は農地をスキーで通行することができるが，夏季には農地を通行してはならず，畔や農道にのみ通行権が認められる。大勢が集まるスキーなどのスポーツイベントは万人権のうちに含まれず，土地所有者の同意を得ることが推奨される。財産の侵害については，刑法に根拠がある（石渡, 1995；The Finnish Ministry of the Environment, 2007）。

　【刑法第28章第11条　犯罪となる侵害行為（侵害罪）】
　　許可なく

1）他人に属するあらゆる動産を取り込み，移動し，隠す者，
2）他人の裏庭や庭園を通路として利用したり，構造物を建築したり，穴を掘るなど，他人の財産を搾取するような行為，またはそれに類似した行為をする者，

もしくは

3）他人に属する土地や建物，建物の一部を取り込む者はすべて，この法律でほかにより重大な刑罰の対象とならない限り，侵害罪として罰金刑もしくは3カ月以下の禁固刑が科せられる。しかし，軽微の不便にとどまるような行為は，侵害罪として考慮されない。

　私有地であっても，誰もが自由に立ち止まり，休息したり，日光浴をしたり，ピクニックをしたりする滞在行為が認められる。週末などの短期のキャンプであれば，土地を荒らさない限りにおいて，これも万人権に含まれる滞在行為である。長期のキャンプの場合，土地所有者に相談しなければならない。

　また，誰でも自由にキノコとベリー類を採取し，花を摘むことができる。このほか，林床に落ちた枯れ枝や針葉樹の球果（まつぼっくり），堅果類も採取することができる。ただし，コケや地衣類の採取は認められない。これは，刑法のなかで，土地所有者の所有権の限界を示す形で規定されている。

【刑法第28章第14条　万人権】
　本章における法的規制は，他人の土地において行われる林床の乾燥した枝条，球果，堅果の採取や，コケと地衣類を除く野生のベリー類，キノコ，花の採取には適用されない。

　植物のなかには政令によって保護すべき種に指定されているものがあり，これらの種を採取することは万人権の対象とならない。また，政府が定めた自然保護エリアにおいては，採取行為は規制される。

　緊急の場合を除いて，所有者の許可なくたき火をすることは禁止されている。山火事の恐れの高いところでは，所有者の許可があろうと，たき火をしてはならない。キャンプで認められるのは，キャンピング・ストーブ等の装置を用いることである。

【火事および救急に関する法律第25条　焚き火】
　旱魃その他の森林火災の危険がある状況下では，キャンプでの焚き火その他類似するたき火を，森林の中および周辺でしてはならない。
　装置を使わない焚き火は，緊急の場合を除いて，土地を所有もしくは占有する他人の許可なく行えないことがある。

　また，野外において，ごみを放置してその場を立ち去ることは禁じられている。ゴミには固形物だけでなく，ガソリン等の液体も含まれる。これは，廃棄物法に定めのある禁止事項である。

【廃棄物法第19条　ゴミ捨ての禁止】
　ゴミ，土や廃棄した機械，装置，自動車，船その他のものは，健康への危害やその恐れをもたらしたり，景観を汚く損ね，快適さを減退させたりするなど，その他危害やその恐れがあるような状態で，環境中に放置されてはならない。

　法的な規定はないが，狩猟権を持っているか，土地所有者の許可がない限りは，他人の所有地を歩く際は犬をリードにつないでおかねばならない。ネコは自己の所有地のみでしか徘徊させることができない。

　林野（オフロード）の通行手段として自動車（二輪車，四輪車）は基本的に認められない。緊急の場合や公道から離れた住居に住んでいる場合など，やむを得ない必要があるときに限り，自動車の使用が認められる。冬季のスノーモービルも規制の大きい通行手段である。凍結した水域および定められたルートしか通行は認められない。このように，自動車等の動力付の乗り物の利用は，前述したノルウェー，スウェーデンと同様に，フィンランドにおいても厳しい制限が設けられている。

6　万人権における公共性の揺らぎ

　以上で，ノルウェー，スウェーデン，フィンランドの万人権について，その制度的側面を検討してきた。それらは，国によって異なるものの，土地所有者

に損害を与えたり，自然環境を破壊したりすることのない範囲内で，土地所有者以外の者が自然環境を享受する仕組みであった。

　こうした仕組みは，もともと国民の間で慣習として共有されていた。しかし，本章が対象とした3カ国では，程度の差こそあれ，何らかの形で法律化されてきた点では共通している。3カ国ともに，従来慣習として認められてきた万人権が法制化されていったのはなぜだろうか。筆者らは，都市化とモータリゼーションという要因があるのではないかと推察している。これらの国々で，万人権に関する法律の整備が本格化したのは，1950年代後半から1970年代にかけてである。

　この時期は，ノルウェー，スウェーデン，フィンランドの3カ国では，都市化が大きく進展している。たとえば，フィンランドでは，1960年から2000年の間に，都市人口が56％から82％へと高まった（Pouta et al., 2006）。旧来，多くの人びとが日常的に自然に触れながら生活を営んでおり，そうした日常生活のなかで万人権という慣習が築き上げられていった。また，こうした慣習は，地域社会の構成員の間で共有されていたと考えられる。都市化が進むにつれ，多くの都市住民がレクリエーションを目的に地方の山野に入り込むようになるが，そうした人びとのなかには，万人権の慣習を十分に理解しないために，他人や自然環境に損害を与えてしまう者も含まれており，もはや慣習だけでその秩序を維持することは難しくなっていった。万人権は「昔から北欧の地に生きてきた人びとの権利感覚と義務感覚のバランスの所産」であり，これが「慣習法として存在し得たのは，バランス感覚が存在していたからである。社会生活の中に多くの要素が入り込んだ現代では，権利と義務を正確かつ詳細に規定した法律の制定が必要となり，"野外生活法"は，そうした法律の一例である」（石渡，1995，25-26頁）と指摘されるように，都市化をはじめとする社会の変化により，日頃から自然に触れる機会が減り，万人権の慣習を理解しない人びとが増加するなか，そうした人びとによる自然へのアクセスがもたらす悪影響を緩和するために法制化が進められたといえる。

　そして，次に考えられるのは，モータリゼーションの進展である。表3-1に

表3-1 自家用自動車保有台数の推移

(単位:千台)

	ノルウェー	スウェーデン	フィンランド
1900			
1905			
1910	0.3		
1915	1.3		
1920	6.7	21.3	
1925	17.6	59.1	6.6
1930	22.4	104	24.3
1935	32.1	109	20.9
1940	48.8	34.6	30.1
1945	41.9	50.1	8.6
1950	60.1	252	26.8
1955	116	637	85.4
1960	219	1,194	183
1965	458	1,793	455
1970	748	2,289	712
1975	954	2,760	996
1980	1,234	2,883	1,226
1985	1,514	3,151	1,546
1990	1,612	3,601	1,940
1995	1,684	3,630	1,900
2000	1,852	3,999	2,121
2005	2,029	4,154	2,414

(注) フィンランドの1940年, 1945年のデータは欠損しているため, それぞれ, 1939年, 1946年のデータで代替。
(出所) ミッチェル編「マクミラン 新編世界歴史統計 [1]」;「1997年 主要国自動車統計」;「世界自動車統計年報 第1集」;「同」第8集, を基に筆者作成。

示されるように, ノルウェー, スウェーデン, フィンランドにおける自動車保有台数は, 1950年代から急激に増加した。自動車が急速に普及したことによって, それまで, 地域の人びとにしかアクセスできなかったような場所に, 遠方から来た人びとが簡単にアクセスできるようになった。また, 自動車は, アクセスの拡大だけでなく, 輸送力の拡大をももたらした。そのため, 遠方からアクセスし, 大量の資源を持ち去ることが可能になり, 不正なアクセスが自然生態系や土地所有者に損害を与える可能性も高くなる。こうした問題を慣習だけで解決するのは難しく, それが法制化を進める一因になったと考えられる。実

際，第3，4，5節で見たように，3カ国とも自動車に対する制限は非常に厳しいものになっている[8]。

このように，万人権をめぐる制度は，都市化やモータリゼーションなど，社会の状況が大きく変化するなかで，それに伴って発生する私的土地所有権と万人権との対立の問題，または公共的な利益とされる生態系保護と万人権の対立の問題等を踏まえて，発達してきたといえる。

そして，こうした万人権の発達は，環境保全上も重要な役割を持つと考えられる。民法学者の平松紘は，イギリスの歩く権利や北欧の万人権について次のように述べている。「"歩く権利"が実行されるフットパスつまり歩行道を守る動機になり，それによって，その道の周辺の自然環境を無視した開発が阻止されることになる。(中略) ところで，このような意義を持つ"歩く権利"は，イギリスだけで見られるわけではない。ヨーロッパ特に北欧では，さらに広げたアクセスの権利が自然保護の有効な武器になっている」(平松，1999，135-136頁)。

万人権の持つ意義は，このように権利として認められていることだけではない。慣習という点に着目すれば，万人権という慣習によって，人が自然にかかわる機会が保障されてきたことが重要となる。北欧諸国の人びとは，現在でも自然愛好家が多く，多くの人びとがさまざまな野外生活にかかわっている。図3-1は，ノルウェーにおける成人 (16～79歳) がどの程度野外生活にかかわっているかを示したものであるが，約8割の成人が年に1回以上はハイキングを行っており，ベリーやキノコの採取を楽しむ人の割合も4割前後となっている。

人びとが自然に愛着を持ち，積極的に自然にかかわっていることは，環境政策上も重要な意味を持つ。ノルウェー政府は，比較的早くからこうした点に着目してきた。ノルウェー政府の野外生活政策に関する委員会の委員を務めていたニルス・ファールンドは，「1981年の環境白書は"環境に対する関心を高める上で，野外生活は非常に重要なものである"と明言している」(Faarlund, 1993, p.167) と述べている。その後もノルウェー政府は，万人権を環境政策に積極的に位置づけている (Norwegian Ministry of the Environment, 2005)。自然のなかで

図3-1 ノルウェーにおいて1997, 2001, 2004年に野外生活を行った人口（16-79歳）の割合

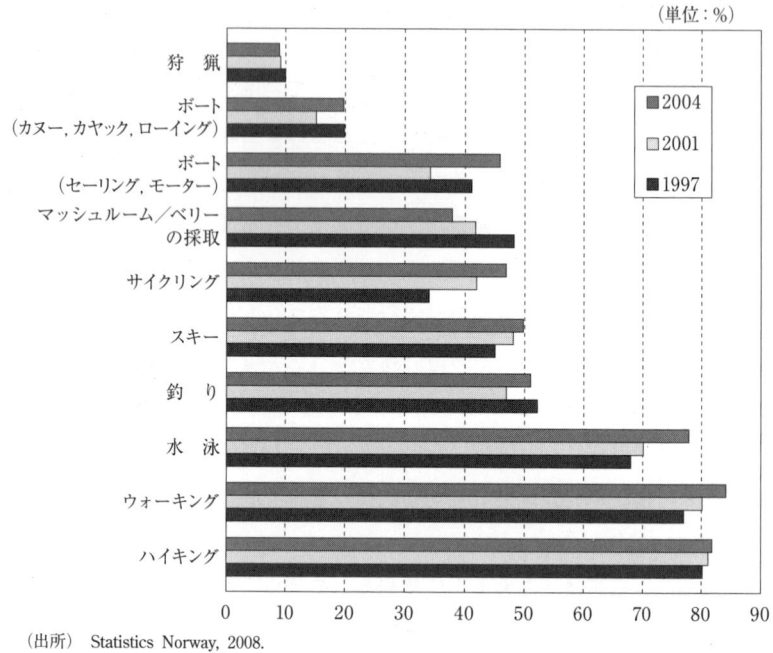

(出所) Statistics Norway, 2008.

　野外生活を楽しむ人びとは，生態系についての理解を深め，さらには，生物多様性とその保全の重要性についての理解も深める。したがって，野外生活は，持続可能な発展への一つの経路になりうると指摘されている（Environmental Directorates in Norway, 2002）。また，ディープ・エコロジー思想が形成される土壌には，万人権による野外生活の伝統があることが明らかにされており，万人権を享受することを通じて，より多くの人びとがエコロジー思想を涵養するとともに，環境問題に対する認識を深める契機となる可能性がある[9]（嶋田・室田，2007）。

　ノルウェー，スウェーデン，フィンランドでは，慣習として発達してきた万人権が，都市化やモータリゼーションといった時代の変化に対応すべく，慣習を活かす形での法制化が進められた。それにより，私有地の囲い込みや不法な

第3章 万人権による自然資源利用

開発から，人びとが自然環境を享受する権利，すなわち，公共の利益を守ってきた。他方で，万人権の行使は，それが万人権として認められている限度を超えて乱用された場合，私的所有権，そして自然環境や景観といった公共の利益を損なう。法制化は，こうした点を制御する面も併せ持っていた。そして，こうした伝統的慣習が持っていた正の側面を評価し，環境政策などにも積極的に活用しながら法制化を進めてきた点がこれら3カ国の特徴であるといえる。

以上，万人権の制度的概要が，3カ国を対象とした事例研究から明らかになった。人と自然の関係性を知る上でも，また，実際の政策を展望していく際にも，学ぶところがあると思われる。しかし，日本における環境政策上の含意を得ようとするには，本研究はいまだ未熟な段階であることを筆者らは自認している。万人権がそれぞれ3カ国で実際にどのように行使されているのか，そして，万人権の行使によって何らかの問題が発生しているのか，発生しているとすればそれはどのような問題か，等の点について，現地調査を踏まえた詳細な事例研究により解明するのは，筆者らに残された課題である。

注
(1) 本章での議論は，文献資料を基にしたものであり，現地調査については，本章とも関連するものの別の研究において，共著者の一人である嶋田が室田武（同志社大学経済学部）とともに，ノルウェーを対象に実施しただけである。本章で対象とする3カ国についての詳細な現地調査は，今後に残された課題であることを予め記しておきたい。
(2) サーメ人の居住地域は，ノルウェー，スウェーデン，フィンランドにまたがっており，サーメ人は，これらの国境が定まるはるか前からこの地に住んでいるため，ノルウェーでは先住民と認められている（駐日ノルウェー王国大使館，Webサイト）。
(3) ノルウェーの国土は，北緯58度から71度の間にあり，北緯66度33分の北極圏の南限ラインが国土の中を横切っている（駐日ノルウェー王国大使館，Webサイト）。
(4) ノルウェーの野外生活法は，ノルウェー環境省から英訳版が公開されており，本章ではそれを参照している（Norwegian Ministry of the Environment, 1999）。
(5) ヒッタ（hytte）とは，「別荘として使われる小さな家」を意味するノルウェー語で，主に富裕層が所有している日本の別荘とは異なり，比較的多くのノルウェー人が所有している。

第Ⅰ部　コモンズのもつ公共性

(6) ノルウェーの刑法典は，ノルウェー司法省から英訳版が公表されており，本章ではそれを用いている（Norwegian Ministry of Justice, 2006）。

(7) スウェーデンの環境法典は，自然保全法，環境保護法，自然資源管理法などの環境関係の諸法律が33章約500条に統合されたもので，1999年1月1日から施行されている。本章では，スウェーデン環境省によって公開されている英訳版を用いている。万人権に関する規定は，環境法典の前身の自然保全法のなかですでに行われている。そして，この自然保全法は，1952年に制定された沿岸法と自然保護法が1964年に統合されたものである。

(8) 自動車の普及が森林レクリエーション等の資源利用に影響を与えたという事実は，北欧諸国に限られたことではない。日本における森林レクリエーションとしてのキノコ採りの変遷を論じた齋藤（2001）では，自動車の利用により，キノコ採りは手軽に行えるレクリエーションとなったこと，また，より遠方からのアクセスが増加したこと，が明らかにされている。そして，齋藤（2001）は，自動車の利用により，道路や駐車場等の設備が充実している場所にアクセスが集中し，過剰利用の危険性が高まるため，「森林の管理経営目的によっては，過剰利用に対する規制を考える必要も出てくるかもしれない」（齋藤，2001，66頁）と指摘している。

(9) 万人権の慣習を環境政策に活かそうとするこのような取り組みがどの程度成功しているのかについて，客観的なデータを基に示すことは，現時点では難しい。しかし，こうした北欧諸国の野外生活の伝統を，環境教育の観点などから，カナダをはじめとしてそうした慣習を持たない国々の研究者や実践家が学ぼうとしていることは，そうした取り組みが一定の成果を得ていることを示す一つの判断材料になると思われる（Henderson and Vikander eds., 2007）。

参考文献

石渡利康『北欧の自然環境享受権』高文堂出版社，1995年。

川崎一彦「貧しい農業国から豊かな福祉知業国家への軌跡」岡沢憲芙・宮本太郎編『スウェーデンハンドブック第2版』早稲田大学出版部，2004年。

川崎一彦「フィンランドの経済──1990年代以降のイノベーション立国」百瀬宏・石野裕子編『フィンランドを知るための44章』明石書店，2008年。

日本自動車工業会編『1997年　主要国自動車統計』日本自動車工業会，1997年。

日本自動車工業会編『2002年　世界自動車統計年報』日本自動車工業会，2002年。

日本自動車工業会編『2009年　世界自動車統計年報』日本自動車工業会，2009年。

平松紘『イギリス緑の庶民物語──もうひとつの自然環境保全史』明石書店，1999年。

フィンランド大使館『フィンランド　Facts about Finland』オタヴァ出版社，1990年。

ブライアン・R.ミッチェル編著／中村宏・中村牧子訳『マクラミン　新編世界歴史統計［1］ヨーロッパ歴史統計1750～1993』東洋書林，2001年。

齋藤暖生「森林レクリエーションとしてのキノコ採りの変遷——盛岡市とその周辺地域を事例に」『東北森林科学会誌』第6巻第2号，2001年。

三瓶恵子「地理的位置と自然」岡沢憲芙・宮本太郎編『スウェーデンハンドブック第2版』早稲田大学出版部，2004年。

嶋田大作・室田武「ノルウェーにおける万人権とコモンズの現況——重層的な自然資源管理と環境保全の視点から」『Multi-level Environmental Governance for Sustainable Development』科学研究費補助金・特定領域研究：持続可能な発展の重層的環境ガバナンス発行，2007年。

Environmental Directorates in Norway, "State of Environment in Norway: Outdoor Recreation", 2002. http://www.environment.no/templates（2006年2月28日アクセス）

Faarlund, N., "A Way Home", Reed, P. and D. Rothenberg eds., *Wisdom in the Open Air: The Norwegian Roots of Deep Ecology*, University of Minnesota Press, 1993.

FAO, *Global Forest Resources Assessment 2005; Progress towards Sustainable Forest Management*, Food and Agriculture Organization of the United Nations, Rome, 2006.

Henderson, B. and N. Vikander eds., *Nature First; Outdoor Life The Friluftsliv Way*, National Heritage Books, 2007.

Ingemund, H., "Accessing Nature in the Nordic Region: Estonia, Finland, Norway and Sweden", The paper for the International Seminar on *Rambling and the Countryside in Europe-Access Issues for Ramblers in Europe*, Malaga, Spain, 5-7 June 2008.

International Relation and Security Network eds., The Constitution of the Kingdom of Sweden. http://www.isn.ethz.ch/isn/（2008年10月24日アクセス）

Norwegian Ministry of Agriculture, "Area Distribution of Norway". http://www.dep.no/lmd/html/multifuncl.html（2006年3月1日アクセス）

Norwegian Ministry of Justice, *The General Civil Penal Code: With subsequent amendments, the latest made by Act of 21 December 2005 No. 131*, 2006.

Norwegian Ministry of the Environment, *Outdoor Recreation Act*, 1999.

Norwegian Ministry of the Environment, *The Government's Environmental Policy and the State of the Environment in Norway: Summery in English (Translation from the Norwegian. For information only.)*, Report NO.21 (2004-2005) to the Storting (White Papers), 2005.

Pouta, E., T. Sievänen and M. Neuvonen, "Recreational Wild Berry Picking in Finland: Reflection of a Rural Lifestyle", *Society & Natural Resources*, 2006.

Statistics Norway, "Outdoor Recreation", 2008. http://www.environment.no（2009年8

第Ⅰ部 コモンズのもつ公共性

月21日アクセス)
Swedish Environmental Protection Agency, *Common Sense and the Right of Public Access*, 2004.
Swedish Ministry of Environment, *Swedish Environmental Code*, 2000.
Swedish Ministry of Justice, *Swedish Penal Code*, 1999.
The Finnish Ministry of the Environment, *Everyman's Right in Finland, Public Access to the Countryside : Rights and Responsibilities*, 2007.

第Ⅱ部

グローバル時代におけるローカル・コモンズの戦略

第4章

ボルネオ焼畑民の生業戦略
——ラタンからゴムへ,そしてアブラヤシへ?——

寺内大左

1 「熱帯林の減少―焼畑社会―私たちの生活」のつながり

　地球環境問題として熱帯林の減少が取り上げられるようになり,熱帯林は人類共通の財産(環境),グローバル・コモンズとして認識されるようになった。その一方,熱帯地域では焼畑民が地域共通の生活資源,ローカル・コモンズとして熱帯林を利用している。この熱帯林をめぐる価値の重層性はときに対立することがある。たとえば,保全を重視し,国立公園,保護地域を設定すればそこに暮らす焼畑民を締め出すことになる。一方,焼畑民による利用が過剰に進めば熱帯林は劣化していくことになる。この困難な課題に対して,筆者は焼畑民の持続的な熱帯林利用を実現することによって,グローバルな価値である熱帯林の維持・保全に貢献できないものかと考えている。そのためにはまず,ローカルな現場で何が起きており,何が問題になっているのか,その原因は何なのか,を知らなければならない。

　熱帯林の減少は焼畑民の資源利用と密接に関連している。本来,伝統的焼畑民による焼畑は休閑期間が長く,持続的な資源利用であるといわれてきた。しかし,その資源利用も変容のさなかにあり,通説の人口増加だけでなく,現在はグローバル化に伴う政治,市場の動向が焼畑民の資源利用および焼畑社会に大きな影響を与えていると指摘されている(佐藤,1999,389-393頁)。この「グローバル化に伴う政治,市場の動向」から熱帯林,焼畑社会を取り巻く問題を繙いていくと,私たちの生活と無縁ではないという事実が浮かび上がってくる。本章で紹介するボルネオ島の焼畑先住民ブヌア・ダヤック人(以下,ブヌア人)

の居住地域ではラタン（籐），ゴムが生産されており，現在アブラヤシ（パーム油）の生産が始められようとしている。これらの商品作物は焼畑民の重要な現金収入源であり，彼らはその収入で塩，砂糖，生活用具を購入し，暮らしを立てている。そして，ラタンはすだれや家具，ゴムはタイヤや輪ゴム，パーム油は食用油，洗剤，化粧品などに形を変えて私たちの日常生活で使用されている。現在パーム油はバイオ燃料の原料として国際的に注目されており，今後エネルギーとして私たちの生活を支えるようになるのかもしれない。このように私たちの生活と焼畑民の生活はつながっており，私たちは消費という行為を通して焼畑民の生活，資源利用に影響を及ぼし，熱帯林の減少に間接的に関与する可能性を有しているのである。

　以上のような背景を踏まえ，本章では，政治，市場の大きな影響を受けているボルネオ島の焼畑先住民ブヌア人社会を事例に，彼らの生活にどのような影響が及び，彼らがどのように対応しているのか，という生業変化の実態を伝えたい。そして，グローバル・コモンズでありローカル・コモンズでもある熱帯林と焼畑社会の安定をいかに維持するか，という「グローバル時代のローカル・コモンズの管理」を「持続性」という視点から考えてみたい。

2　ボルネオ焼畑先住民ブヌア人社会で起こっていること

（1）伝統的な焼畑・ラタン生産の生業

　東カリマンタンはラタン（*Calamus* spp.）の世界的産地であり，マハカム川中流域に位置するダマイ郡はそのなかでも有名である（第5章の東カリマンタン州西クタイ県の地図〔図5-1〕）。ラタンはツル性植物で，東南アジア一帯に自生している。基本的に天然のラタンが採取されてきたが，カリマンタンでは古くから人工植栽され，生産されてきた。[1] ダマイ郡ではブヌア人が焼畑とラタン生産をうまく組み合わせて生活を営んでいる。まず，その焼畑・ラタン生産の生業を紹介したい。[2]

　焼畑は表4-1のように実施されている。伐採開始時期は伐採する森林の状

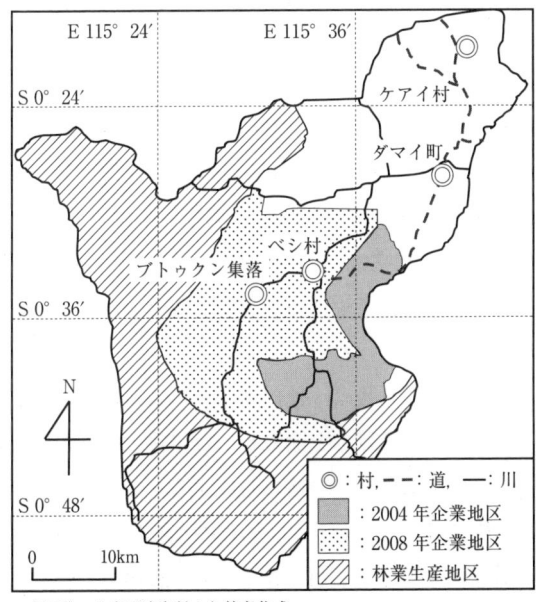

第4章 ボルネオ焼畑民の生業戦略

図4-1 ダマイ郡と調査対象村

(出所) 政府関連資料より筆者作成。

表4-1 焼畑の年間作業表

作業時期	作業内容（現地語）	仕事の分担	労働組織[1]
5月～9月	小径木の伐採（Nokap）	男性・女性	a, b
	大径木の伐採（Noang）	男性	a, b
	伐採された木の枝落とし・玉伐り（Nutu Joa）	男性	a
	乾燥（Oikng Joa）		
	火入れ（Nyuru）	男性・女性	a, c, d
	二度焼き（Mongkakng）	男性・女性	a
10月	播種（Ngasak）	男性・女性	(a), b
10月～1月	除草作業（Ngejikut）	女性	a
2月～3月	収穫作業（Ngotapm）	男性・女性	a, (b), e

(注) 1) アルファベットは表4-2の労働組織に対応している。
(出所) 聞き取り調査より。

91

況によって変化する。重要なことは9月後半から始まる雨季の前に火入れ作業を終了させることである。火入れ作業が不十分だと土壌に養分が供給されず，十分な収穫が期待できない。また，除草作業も陸稲の生産量を左右する重要な作業であると認識されている。焼畑労働は自家労働のクルジャ・エドートゥン（Kerja Edotn）を基本とするが，火入れ時にはアワート（Awaat），プラワート（Perawaat），伐採，播種時にはプロ（Pelo），収穫時にはコノークン（Konokng）がよく採用されている（表4-2）。作業に合わせて多様な労働組織が採用されているといえる。基本的に毎年焼畑用地を移動させるが，2度，3度同じ土地を使用する村もある。

　ラタンは焼畑作業の火入れ後に，種が播かれることが多い。その後，管理作業として，ラタン周辺の雑草雑木を除去し，数年後，樹冠が鬱閉し始めたらラタン周辺の樹木の樹皮をはがし，巻枯らしにする。これらはラタンの日射量，養分を確保するために行われる。ラタンの幹や葉鞘には棘があり，周りの樹に絡みつきながら樹冠に達することができるので，労働力，資本を必要としない粗放な管理が行われている。収穫は植栽後8〜10年後に1回目の収穫が行われる。収穫方法は樹に登り，上方でラタンを切った後，地上から棘をそぎ落としながら，下に引きずり落とす。同じ株から再成長するラタンは3年ごとに収穫が可能である。ラタン園の利用方法は複数のラタン園を順に利用する輪伐方式や一つのラタン園から少しずつ切り出すという方法がとられている。収穫は自家労働が基本だが，ブトゥサー（Betusa'）と呼ばれる有償労働が採用されることもある（前掲表4-2）。収穫されたラタンは約30 kgに束ねられ，村の仲買人の家まで搬送される。世帯あたりの年間産出量は数トンに及び，収穫作業と森からの搬送作業は重労働である（写真4-1）。村内の加工過程ではゴソッ（Gosok）と呼ばれる女性のブラッシング作業があり，女性の数少ない雇用機会になっている。また，ラタンの利用用途は多様で，籠やマットに編まれたり，物を縛るときの道具として日常的に利用されている（写真4-2）。若芽を食用とするラタンも存在する。また，ラタン園には果樹や用材樹種が植えられ，果物，木材，薪などの林産物が採取可能で，焼畑用地として再利用されることか

第4章　ボルネオ焼畑民の生業戦略

表4-2　ブヌア人社会における労働組織

労働組織	現地語	内　容
自家労働	a) Kerja Edotn	家族内労働。焼畑播種作業における自家労働は特別に"Sentutuk"と呼ばれる。
等価労働交換	b) Pelo	焼畑が隣接する世帯でグループを作り，各世帯の焼畑用地で各世帯が等しい日数労働を行う。日本の「ゆい」に相当する労働組織。
無償労働提供	c) Awaat	自発的な労働提供。報酬は伴わない。日常生活においても用いられる。
	d) Perawaat	要請に基づく労働提供。報酬は伴わない。日常生活においても用いられる。
有償労働提供	e) Konokng	収穫時期に用いられる陸稲の報酬が伴う労働提供。通常，午前中に焼畑所有者のために労働し，午後から夕方にかけての労働は労働者の取り分となる。労働者は1籠分（20〜30 kg）まで獲得可能。
	g) Betusa' (Menguli)	ラタン，ゴム収穫における有償労働提供。労働提供の報酬として収穫物は労働者50%，土地所有者50%で分収される。"Menguli"と呼ぶ人もいる。
雇用労働	f) Upaah	雇用者から労働者へ賃金が支払われる労働形態。
共同労働	h) Sempakat	一般的な共同労働を示す言葉。

（出所）　聞き取り調査より。

写真4-1　ラタンの運搬作業

2007年ベシ村　筆者撮影。

写真4-2　ラタンで籠が編まれる

2006年8月ベシ村　筆者撮影。

93

第Ⅱ部　グローバル時代におけるローカル・コモンズの戦略

写真4-3　二次林のようなラタン園

2006年ベシ村　筆者撮影。

ら二次林と同様の機能を有しているといえる（写真4-3）。

　ラタンの養育期間（約8〜10年）は最低限の焼畑休閑期間に匹敵し，複数のラタン園を所有し，利用することで恒常的に現金収入を得ることができている。休閑期間とその間の現金収入が確保されるという意味で焼畑とラタン生産の生業は持続性が高いシステムだといえる[3]。

（2）ラタンを取り巻く市場と政策の変化

　ラタンは村の仲買人によって集められ，都市部の仲買人に出荷される。その後，工場に出荷され，家具，むしろなどに加工された後，世界市場に出荷される。

　1970年代にラタンの主生産地であったフィリピンにおいてラタンが枯渇し，輸出が禁止されるようになった。そのため，ラタンの価格が高騰し，ラタンの生産は急速にカリマンタンに広がった。当時，インドネシア産籐むしろの99％は日本に輸出されていたという（阿部，1997，556-557頁）。1980年代後半から90年代初めにかけてインドネシア政府およびインドネシア家具産業協会（AS-

94

MINDO）は国内加工産業の育成のために未加工ラタン，ラタン織物の輸出禁止，むしろの輸出調整など各種規制を施行した。また，林業省は森林開発を規制し，林産物の交易量を記録するために林産物運搬許可制度を整備し，仲買人に対して丸太運搬証（SAKB）の取得と林産物寄付金（IHH）の支払いを課した（Cahyat, 2001, pp. 10-13）。これらの政策・規制によって村から生産されるラタンの需要は減少し，ラタンの軒先価格も下落，カリマンタンの多くの加工工場が閉鎖することになった。また，1990年以降，中国製の安価な竹製のむしろが日本の市場に流出するようになる。そして，1997/98年にはアジア経済危機が勃発した。物価が上昇し，輸出用農林作物の価値は相対的に上昇したが，ラタンは家具生産が一時的に向上したのみでラタンの軒先価格の向上にはつながらなかった。このようなラタンを取り巻く政策，市場の変化からラタン生産を行ってきたカリマンタンの焼畑民の生活は困窮するようになった（Pambudhi, 2004, pp. 346-349）。

　ダマイ郡も同様の経緯で村人たちの生活は困窮するようになった。そして，1990年代に入って政府の集約的ゴム園開発プロジェクトによってパラゴムノキ（*Hevea brasiliensis*）農園（以下，ゴム園）が拡大することになる。2004年には国家政策として推進されているアブラヤシ（*Elaeis guineensis*）農園開発がダマイ郡においても進められるようになった。両事業では地域経済の復興，非生産地域における輸出用農作物の生産，代替生計手段の提供による焼畑の減少，を目的に，資本・労働集約的なプランテーション技術が導入される。また，ゴム生産は村人による自主的な小規模生産が可能だが，アブラヤシ生産は村人が企業と契約を結ぶことになり，慣習的に利用してきた森林の大面積が企業の手に渡ることになる。ダマイ郡ブヌア人社会は大きな生業の変化を余儀なくされているといえる。

3　ゴム園拡大によるブヌア人社会の変化[4]

　ダマイ郡のゴムブームは2回にわたる集約的ゴム園開発プロジェクトによっ

て牽引された。1回目の事業（PRPTE）は1978/79〜1982/83年にかけて隣の郡で実施され，2回目の事業（TCSSP）は1992〜2001年にかけてダマイ郡の一部の村を含めて実施された。事業が実施されなかった他村にも情報が伝わり，村人たちはラタンに代わって自主的にゴムノキを植栽するようになっている。2009年現在，ほとんどの村でゴムの収穫が開始されている。

二つの事業（PRPTE, TCSSP）はUPP制度によって実施されている（詳しくは第5章図5-2bと第5章第3節（3）を参照）。この事業を利用することで村人は改良種のゴムノキの苗，土地の開墾費，農作業道具技術指導を無償で，管理期間における肥料，農薬，管理費をローンとして受け取ることができ，ローン返済後は土地所有書も取得することができる。上述したようにラタン生産では管理作業はほとんど行われていない。しかし，これらの事業ではゴムプランテーションを造成することを意図している。村人たちはどのようにゴム生産を生業に取り込んだのか。その結果，社会にどのような変化が生じたのか。ゴム生産を自主的に導入し，まだ収穫期に入っていないベシ村ブトゥクン集落と，事業（TCSSP）を利用し，すでに収穫を開始しているケアイ村の村人たちの生活を紹介したい（前掲図4-1参照）。また，1980年代後半にベシ村，ケアイ村の隣村で実施された社会経済調査の結果（井上，1990，43-50頁）も引用しながら，ゴム生産導入による生活の変化を具体的に把握することとする。

（1）ゴム生産を導入したばかりのベシ村ブトゥクン集落

東カリマンタン州の州都サマリンダ市から定期客船でマハカム川を遡ること約15時間，港町のメラック町に着く。その後，バスに乗ってダマイ郡の郡都ダマイ町に向かう。40分ほどすると次項で紹介するケアイ村を通過し，約1時間30分でダマイ町に到着する。そこからは村人の小型のボートをチャーターし，川を遡上すること約3時間，最上流のベシ村に到着する。2007年のベシ村は人口1465人（世帯数374），人口密度2.6人/km^{2}と人口が希薄で上流部に豊かな天然林が残っている。さらに1時間ほど上流へ向かうとブトゥクン集落に到着する。ベシ村に本居を構える数世帯も含め，全部で19世帯が居を構えている（写真4-

写真4-4　ブトゥクン集落の人々

2007年ブトゥクン集落　筆者撮影。

4)。

　村人たちは2005年にゴムノキを自主的に植栽したばかりで，まだ収穫時期には入っていない。ラタンのように焼畑跡地にゴムノキを植栽し，ゴム園造成を試みている。村人は先祖が造成した伝統的果樹園のなかにあるゴムノキから種を調達している。昔は価格が低かったので種を豚のえさに利用したり，樹液を鳥用の罠のトリモチとして利用していたという。村人は事業が意図しているようなゴムプランテーションを造るつもりはなく，果樹なども植栽し，ラタン園と同様に二次林のようなゴム園の造成を目指していた。

　ゴムノキは雑草木に被圧されると収穫は見込めず，ラタンよりも労働集約的な管理が必要となる。そのため，ゴム園の労働集約的な管理は焼畑労働と競合するようになった。村人たちにとって陸稲生産が第一に重要なので陸稲生産を犠牲にしてまでゴム園造成に労働を配分するようなことはしない。村人たちは陸稲の生産量を確保するため同じ土地を利用せず，毎年焼畑用地を移動させている。また，ゴムノキの幼木はシカなどの食害に遭いやすい。獣害対策としてゴム園周辺に罠を仕掛けているがこの問題は解決できていない。これらのこと

が原因ですでにゴム園造成に失敗している村人もいた。

　物価の上昇にもかかわらず，ラタン価格は低迷しており，村人たちの生活は困窮していた。村人は現金収入源としてラタンの収穫を現在も行っているが，なるべくその他の方法を探すようになっていた。ある村人は毎日のように猟に出かけ，仕留めたシカやイノシシの肉を販売し，ある村人は村内外での雇用機会を探し，大工仕事などに勤しんでいた。また，果実や家畜を売って現金収入を得る村人もいた。「ラタンの収穫は木に登ったり，棘が刺さったりして大変だ。収穫した後も森の中からラタンの束を何度も運び出さなければならない。しかも，100 kg 運び出して砂糖10 kg 分じゃ割に合わないよ」といっていた。他に仕事がなかったときの最後の手段としてラタンを収穫するという村人もいた。1980年代後半のベシ村の収入状況では57.2%がラタンの収穫によるものであったが，2007年のブトゥクン集落では23.2%を占めるに過ぎなくなっている（表4-3）。

　このような経済状況のなかで多様な労働組織を通した分収システムが家計のセイフティネットとして重要な役割を担っていると考えられた。焼畑ではコノークン（Konokng），ラタン収穫ではブトゥサー（Betusa'）がそれにあたる。焼畑のコノークンを利用することで，焼畑造成に失敗した世帯や生産量があまり見込めない世帯も陸稲の獲得が可能となっている。2008年の平均陸稲収穫量は世帯あたり1617 kg（未精米）で，そのうち333 kgがコノークンとして村人間でやり取りされていた。ラタンのブトゥサーでは，この労働組織を利用することでラタン園を十分に所有していない世帯も収入を得ることが可能となっている。2007年のブトゥクン集落ではブトゥサーは利用されていなかったが，結婚式や葬式，病人のための医療費など，緊急に多額の現金が必要になり，自分のラタン園では収入が足りないときに採用されることが多い。コノークンやブトゥサーの依頼を断ることができるか尋ねると，「陸稲の収穫や現金収入に困っているから，依頼してくるのに断ったらかわいそうじゃないか」と村人に怒られてしまった。この「かわいそう」という意味を表現するときにブヌア語でトゥラシ（Terasi）という言葉を使う。そのほかの使用事例から察するに，

表4-3 1980年代後半ベシ村と2007年ベシ村ブトゥクン集落の家計状況

年間収入の内訳 (%)			1980年代後半	2007年 (N=6)
農業関連収入	米		0.0	1.1
	家畜		0.3	15.2
	野菜		0.0	2.2
	ゴム	自家労働	0.0	0.0
		有償労働	0.0	0.0
	計		0.3	18.5
森林関連収入	ラタン	自家労働	55.5	23.2
		有償労働	1.7	0.0
		ブラッシング	19.4	15.1
		計	76.6	38.3
	狩猟		15.5	24.6
	果実		0.0	4.8
	計		92.1	67.7
その他[1]			7.6	13.8
計			100.0	100.0
平均年間実数収入[2]	(Rp.)		784,149	4,541,333
	(US$)[3]		453.0	498.8

(注) 1) 1980年代後半の「その他」には砂金の採取・販売が、2007年の「その他」には大工仕事、石炭企業による短期雇用労働が含まれる。
    2) 調査時1988年11月はUS$1＝1,731ルピア、2007年9月はUS$1＝9,104ルピア。
    3) 1988年11月、2007年9月の為替レートがすでに計算された値。
(出所) 1980年代後半のデータは井上（1990, 43-50頁）を一部編集し、引用。
    2007年のデータは筆者による聞き取り調査より。

「思いやり」、「慈悲」というニュアンスを含んでいるようである。古老、慣習法長いわく「ブヌア人社会ではこのトゥラシを感じて、サワイ（Sawai, 自発的な贈与、よき行い）を行うことを理想としている。そして、サワイを受けた人は同等のサワイをその人に返さなければならない。サワイを行わない人はプリカッ（Perikat, ケチ）と認識され、誰からのサワイも享受できなくなる」という。コノークン、ブトゥサーは労働の提供・分収という現実的な目的だけでなく、「トゥラシを抱き、サワイを行う」という相互扶助意識にも支えられてい

ると考えられた。また，コノークン，ブトゥサーの機会を与えることは自分のその機会も保障されることにもなる。

　また，共同で狩猟を行うことが多く，獲物は労働者間で分配されていた。この狩猟肉の販売による収入は2007年の家計調査では全体の24.6%を占めていた。また，雇用労働の一形態ではあるが女性の数少ない雇用機会であるゴソッ（Gosok）も全体の収入の15.1%を占めていた。これらの労働も相互扶助意識に支えられていると考えられた。[5]

　そのほか，分収は伴わないが焼畑におけるプロ（Pelo）も村人の生計を支える重要な役割を担っていると考えられた。このプロを採用することによって世帯間で労働力を共有し，脱落者を出さずに，作業の足並みを揃えることができている。播種時には皆で播種用の陸稲を持ち寄ることがあり，前年の陸稲が不作で播種用の陸稲を所持していない世帯でも播種可能となっている。雑草が繁茂する前に播種作業を一斉に終了させることができ，また，これによって収穫時期が揃い，鳥による食害のリスク分散につながっていた。2007年の焼畑では火入れ作業，除草作業を除いてすべての作業でプロが採用されていた。

　生活において村人たちは相互依存関係にあり，多様な労働組織を通して生計を支え合っていた。そして，相互扶助意識に支えられた労働（以下，協同労働）は生計を支えるだけでなく，相互扶助意識の再強化につながり，社会の安定に寄与していると考えられた。

（２）ゴム生産をいち早く導入したケアイ村

　2007年のケアイ村は人口765人（世帯数181），人口密度は9.9人/km^{2}でダマイ郡の中でも人口密度の高い村である。村周辺は先祖が造成した伝統的果樹園，若齢二次林，TCSSPのゴムプランテーションが広がっている。森林火災や人為による植生の後退が進んでおり上流部のような天然林はもう残っていない。ゴム生産開始前はダマイ郡の他村と同様に焼畑とラタン生産で生計を成り立たせていた。ケアイ村隣村における1980年代後半の家計調査の結果ではラタンからの収入が全体の84.5%を占めており，その内ブトゥサーによる収入が33.1%

表4-4 1980年代後半ケアイ村隣村と2007年ケアイ村の家計状況

年間収入の内訳 (%)			1980年代後半	2007年			
				計1(N=31)	低収入層(N=10)	中収入層(N=15)	高収入層(N=6)
農業関連収入	米		0.0	0.0	0.0	0.0	0.0
	家畜		8.5	2.1	8.7	2.3	0.3
	野菜		0.0	0.4	0.2	0.7	0.0
	ゴム	自家労働	0.0	54.2	54.4	66.4	41.3
		有償労働	0.0	10.4	23.0	4.8	13.4
		計	0.0	64.6	77.4	71.2	54.7
	計		8.5	67.1	86.3	74.2	55.0
森林関連収入	ラタン	自家労働	48.4	0.0	0.0	0.0	0.0
		有償労働	33.1	0.1	0.6	0.0	0.0
		ブラッシング	3.0	0.9	0.7	1.8	0.0
		計	84.5	1.0	1.3	1.8	0.0
	狩猟		0.4	0.0	0.8	0.1	0.0
	果実		0.0	1.9	3.8	1.6	1.8
	計		84.9	2.9	6.0	3.5	1.8
その他	砂1)		0.0	12.8	3.0	7.2	21.0
	政府・村役員		0.0	7.9	0.0	6.3	11.5
	その他2)		6.5	9.3	4.7	8.9	10.8
計			100.0	100.0	100.0	100.0	100.0
平均年間実数収入3)	(Rp.)		200,484	18,998,726	6,001,400	18,159,633	42,758,667
	(US$)4)		115.8	2,086.9	659.2	1,994.7	4,696.7

(注) 1) 地域には砂質度の高い土壌が広がっており，採石企業が村人から砂を購入している。
2) 1980年代後半の「その他」には家具の作成・販売，2007年の「その他」には大工仕事，植物園の警備，農具の作成・販売，車・バイクの修理，採石企業・石炭企業での賃労働，教師，小売店が含まれる。
3) 調査実施時の為替レート：1988年11月はUS$1＝1,731ルピア，2007年9月はUS$1＝9,104ルピア。
4) 1988年11月，2007年9月の為替レートがすでに計算された値。
(出所) 1980年代後半のデータは井上（1990，43-50頁）を一部編集し，引用した。2007年のデータは筆者による聞き取り調査より。

を占めていた（表4-4）。当時，すでに土地の細分化が進んでおり，村人たちは十分なラタン園を所有していなかったことがわかる。その状況で，物価が上昇し，ラタン価格が低迷することになる。村人はラタンの収穫をあきらめ，魚，鳥，フルーツ販売で現金収入を稼いだという。現在のブトゥクン集落のような

第Ⅱ部　グローバル時代におけるローカル・コモンズの戦略

現象が起こっていたのである。パイナップルを販売した収入で学校に通っていたという人もいた。現金収入源が先細る現状を打破するため，また，PRPTE実施村の収入向上を目の当たりにしていたことからTCSSPは村人から喜んで受け入れられた。また，すでに伝統的果樹園のなかにゴムノキを植栽し，ゴムをメラック町に住む宣教師に出荷していた村人も存在したことから，ゴム生産導入に対する抵抗は少なかったという。

　上述したようにこの事業は，地域経済の向上，非生産地域における輸出用農作物の生産，焼畑の減少が目的に実施されている。この目的に即してケアイ村の現状から事業を評価すれば，この事業は成功したといえるだろう。まず，地域経済の向上に関しては，1980年代後半のケアイ村隣村の収入状況と2007年のケアイ村の収入状況を為替レートの変化を考慮して比較しても，ケアイ村の収入状況は約18倍増加している（前掲表4-4）。その収入の64.6%はゴムの収穫による収入で，この事業によって村人の家計状況は改善されたと判断できる。ラタンの収穫による収入は1980年代後半では全体の84.5%を占めていたが，2007年のケアイ村では1.0%を占めているに過ぎない。ドラスティックに生業が変化したといえる。非生産地域における輸出用農作物の生産に関しては，森林火災などの影響から荒廃地の広がる土地もあったが，ゴムプランテーションはそのような土地にも造成できており，森林の修復にも役立っていた。そして，焼畑を行っている村人は約半数に減少している。焼畑を行わない理由は「現金収入で米を買えるから」，「労力がかかる割に収穫量が少ないから」などの理由が挙げられた。食糧のほとんどをゴムの収入で買っている状況から「ゴムを食べている」と表現した村人もいた。逆に焼畑を行っている世帯にその理由を尋ねると「ゴム園を作るため」と回答する人が多かった。焼畑においてゴム園造成が主目的とされ，陸稲の生産は副産物として位置づけられているのである。伐採，火入れはゴム園のための土地開墾として行われ，陸稲や野菜の播種と同時にゴムノキが植栽される。1年目の陸稲の生産後，新たな焼畑地が開かれると同時に，前年の土地で2度目の焼畑が行われる。2年目における伐採と火入れは，ゴム園の除草作業を意図して行われ，陸稲の播種と同時にゴムノキの補植

が行われる。通常，村人は同じ土地を3年利用し，ゴムノキが十分成長するとその土地の間作をやめ，土地を移動する。3年利用されればゴノキはすでに大きくなり，他の雑草木より有利になっている。ゴムノキが7年目に達すれば収穫が開始される。このように土地を移動させる基準は陸稲の生産量ではなく，ゴムノキの成長度合いに変化した。焼畑を行わない村人がいる一方で，ゴム園造成のために熱心に焼畑を行う村人も出現している。

　このように焼畑とゴム園造成が両立できた背景にはTCSSPがゴム園内での陸稲，野菜の間作を禁止しなかったことや，もともとケアイ村の村人が同じ土地を2度，3度利用する習慣を持っていたという事実があげられる。また，従来の生業に部分的に事業の技術指導を取り入れた村人たちの柔軟な対応も注目に値する。事業に倣ってゴムノキを4m×5mの格子状に植栽するようになり，事業時は肥料と農薬の支給を受けるが，事業終了後，また自分でゴム園を造成する場合は肥料・農薬をほとんど利用していない。また，混植が禁止されている果樹やキャッサバをその有用性から植栽する村人もいた。ただ，大方の村人がうまくゴム生産を既存の生業に取り込めたようだが，なかには管理作業を行わなかったり，森林火災によってゴム園を焼失したためゴム園造成に失敗した村人も存在した。

　ゴム園を有さない世帯（低収入層）と有する世帯（中・高収入層）の間には収入の格差が生まれることになった。前者のなかには親戚のゴム園でブトゥサーを利用し，現金収入を得ている村人もいるが，その数は少ない状況にある。その理由はゴムの収穫作業はゴムノキに切り込みを入れ，樹液がたまるのを待ち，その後集める，という簡単な作業であるため，家族内労働で十分満たされるためである。ラタンの収穫のように労働力が必要とされない。また，人手を必要とするほどのゴム園がまだケアイ村には十分にないことも理由としてあげられる。高収入層の世帯は，熱心にゴム生産を行い，ゴムだけから高収入を得ている世帯もあるが，役場の仕事，教師，砂の販売と兼業してゴム生産を行っている世帯も存在する（前掲表4-4）。役場の仕事などと兼業できるのはゴムの収穫作業は早朝1haあたり2,3時間程度の労働時間で済み，女性や子どもでも収

第Ⅱ部　グローバル時代におけるローカル・コモンズの戦略

穫できる簡単な作業であるため両立可能となっている。

　ブトゥサーの機会の減少に加えて，ゴム生産にはゴソッのような加工過程が存在しない。また，焼畑自体の減少によりコノークンやプロの機会も減少している。狩猟もほとんど行われておらず，肉，魚は購入されている。ブトゥクン集落では多様な協同労働が採用されていたが，ケアイ村では自家労働主体の労働組織に単純化しているといえる。これは労働組織を通した生計のセイフティネットが機能不全になっていることも意味する。そして，焼畑においてブトゥクン集落では採用されていなかったウパー（Upaah）が採用されていた。高収入世帯が低収入世帯を雇用するようになっていたのである。「現金を有していたらプロに参加するのではなく，ウパーを利用する」と村人たちは話す。理由はプロに参加すると参加世帯すべての焼畑用地で労働せねばならず，その間ゴムの収穫はできないし，自由に休日を作ることもできないからだという。ウパーを利用して「早く」，「楽に」作業を終わらせたいと考えていた。高収入世帯が雇用機会を提供し，低収入世帯が労働力を提供するという意味では，コノークン，ブトゥサーと変わらないように見える。しかし，その労働組織を支える人びとの意識は相互扶助意識から利己的意識に基づくようになりつつあるといえる。

　焼畑とラタン生産の生業からゴム生産主体の生業への変化，また，現金収入の増加による生活における相互依存関係の弛緩から労働組織は単純化するようになった。協同労働を支える相互扶助意識は衰退していることを察することができた。

　また，村内においてゴムの窃盗やゴム園への放火が引き起こされており，村人も問題として認識していた。古老は「ゴム生産開始前はこれほどの格差はなかった。収入の格差による『ねたみ』が原因であろう」と話していた。親族内においても窃盗の問題が起きたことがあるという。これらの問題には上述した協同労働を通したセイフティネットの機能不全，相互扶助意識の衰退も少なからず影響を与えているだろう。地域社会のまとまりをいかに維持するか，がケアイ村の今後の課題であると考えられた。

写真 4-5　集約的ゴム園内の様子　　写真 4-6　二次林状態のゴム園内の様子

2007年ケアイ村　筆者撮影。　　　　2007年ケアイ村　筆者撮影。

（3）「持続性」という視点からのゴム生産導入の検討
　ゴム園には二次林状態のゴム園とゴムプランテーションがあり，造成場所も天然林，荒廃地とさまざまであった。天然林がゴム園に変えられるという意味で森林劣化が起こることもあれば，荒廃地にゴム園が造成され，森林の修復につながるケースもあった（写真4-5，4-6）。よって，地域の自然環境，社会状況を加味して「どのようなゴム園をどこに造成するのか」が重要な課題となり，組み合わせによっては森林修復と食糧生産および収入の向上を両立できる優れたアグロフォレストリー技術（農林複合経営）になる可能性を有していた。また，ゴムの収穫は樹齢約30年まで継続でき，焼畑用地として再利用するとして，十分な休閑期間が確保されていることになる。焼畑・ラタン生産システムと同様に持続性の高い生業システムであるといる。
　地域社会の安定（持続性）に関しては収入が増加する一方で労働を通した人びとのつながりは希薄になり，相互扶助意識が衰退している現状が明らかになった。収入の格差による「ねたみ」からゴムの窃盗，ゴム園への放火も引き起こされていた。生業としての持続性が確保されていたとしても，地域社会が不安定ならその生業の持続性は保障されないのではなかろうか。しかし，村人たちはこれらを問題視する一方で，「収入の増加」や「労働が楽になった」ことを評価する側面も有していた。「持続性」という切り口で自然環境に関して

普遍的な「持続性」は検討できても，社会に関していえば「何を持続させたいのか」という点に地域の固有性が作用するため一概に判断は難しい。これを判断するためには，まず「村人たちはどのような生活を求めているか」という課題を探らなければならない。

4 村人たちの求める生活とは[6]

ラタン，ゴム，アブラヤシという三つの商品作物生産を村人自身に比較してもらい，村人の認識，具体的な生計戦略を明らかにすることで「村人たちの求める生活」に迫ってみたい。調査地はラタン，ゴムの収穫がすでに開始され，現在アブラヤシ農園開発が徐々に進められているベシ村である。2004年に二つの民間企業によってベシ村上流部の未利用地において初めてアブラヤシ農園開発計画が進められた。2008年には土地の開墾が終了し，アブラヤシ苗の植栽が開始されている状態にある。そして，2008年には三つの企業による農園開発計画が持ち込まれた。この農園開発計画の領域はベシ村全領域にわたっており，村人がすでに利用し，慣習的な所有権が確定している土地も計画に含まれている（前掲図4-1）。

（1）ラタンとゴムに対する村人の認識

現在収穫が可能になっているラタンとゴムに対して村人はどのように認識しているのだろうか。まず，ラタン生産の長所として「一度に大量収穫が可能」「通年収穫可能」があげられた。これは複数のラタン園を順に利用する輪伐方式やブトゥサーといった労働組織が確立されているから可能となっている。このため村人は病気などの緊急時に対応でき，必要時に必要量の現金収入を得ることができている。また，「粗放な管理」が可能であること，日常生活における「用途が多様」であることも評価されていた。

短所として再収穫可能となるまでの3年間は毎日収穫できるゴムと比較して長すぎると認識されていた。しかし，この短所は輪伐方式，ブトゥサーによっ

第4章 ボルネオ焼畑民の生業戦略

て克服されている。また、「収穫作業が大変」、「運搬が重労働」であると認識されている。

　ゴム生産の長所として「毎日収穫が可能」、「収穫作業が簡単」、「収穫後の保管が可能」、「運搬が楽」であることが評価されていた。ゴムの収穫作業は切込みを入れて待つだけであるため容易である。ゴムは収穫後の保管が可能で、価格に合わせて出荷できるというメリットを有する。ラタンの場合、収穫後、森に放置しておくと腐食し、品質が低下してしまう。その他、ベシ村上流域で石炭企業や農園企業による土地の取得が行われている現在、労働集約的な管理によるゴム園の景観は土地所有の明示に有利であると認識されていた。

　短所は、「害虫・害獣被害」、「管理作業の多さ」、「1回の収穫量の少なさ」、があげられていた。1日にゴムノキから収穫できる樹液は限られており、ラタンのように必要時に必要量の現金を得るということはできていない。ゴムノキの被圧を恐れ「他の作物を混植できない」という村人もいたが、多くの村人は果樹や用材樹種を植栽し、果実や薪などを採取している。また、焼畑用地としても再利用できると認識していた。

　ここまでの選好をまとめると、ラタンは「管理は楽だが、収穫・運搬作業が苦」、ゴムは「管理は苦だが、収穫・運搬作業が楽」、と労働において相反する評価を受けていた。しかし、今後ゴム園を増やそうという村人が多い。ゴムよりラタンの方が収穫物に重量があり、kg あたりの収入は得やすい。しかし、2007年2月の村人と仲買人との取引価格はゴムが4500ルピア/kg、ラタンが900ルピア/kg と5倍の違いがあり、村人たちは管理、収穫、運搬労働と得られる収入との兼ね合い、いわゆる「労働に対する収益性」からラタンよりゴムを現金収入源として選択していた。一方、ラタンには必要時に必要量の収穫が可能で、「用途の多様さ」というゴムにない長所が認められていた。この長所から既存のラタン園はゴム園に転換されずに維持されようとしていた。また、価格が上がるまで保有しておくと戦略的に考えている村人も存在した。現金収入のためにゴムを、生活資材、緊急時の収入源としてラタンを収穫する、という生活が選択されていたのである。ラタンとゴムの長所と短所を相互補完的に組み合わ

写真 4-7　アブラヤシ農園の景観

2007年タンジュンイスイ村　説田巧撮影。

せるこの生計戦略はハイブリッド生計戦略と呼べるであろう。

(2) アブラヤシに対する期待と不安

　アブラヤシ農園開発は PIR 制度によって実施されている（詳しくは第5章図5-2aと第5章第3節(2)を参照）。アブラヤシ生産の特徴は企業と農家が契約を結び，大規模なプランテーション生産が実施されるという点である。アブラヤシは収穫後24時間以内に工場において搾油を開始しなければ品質が低下するため，農園の近くに工場が必要となり，運搬のためのトラックや道路といった資本が必要となる。これらの資本の回収には最低でも3000 ha の農園が必要であるといわれている（岡本，2002，49頁）。生産様式は資本・労働集約的なプランテーションを基本とするため広大な森林が農地化されることになる。また，企業によって造成された総農園面積の80％が企業直営の中核農園（Inti）となり，20％が参加農家に衛星農園（Plasma）として配分されることから，村の慣習林は大規模に企業の手に渡ることになる（写真4-7）。

　ラタン園，ゴム園では他の林産物の採取や焼畑用地としても再利用が可能で

あることから二次林と同様の機能を有していた。村人は大規模に森林がプランテーション化され，生活が一変してしまうことに不安を抱いていた。一度，プランテーション化されてしまうとアブラヤシ以外に生活の糧がなくなってしまう。「森林を皆伐してから収穫までの4年間をどのように生活すればよいのか」，「価格が下落した場合や生産がうまくいかなかった場合，生活できなくなる」という不安の声を聞いた。「私的所有地にはラタンやゴム，果樹がすでに植えられているため企業に土地をとられたくない」という意見もあった。

また，ラタン・ゴムは自家栽培可能なため，自由裁量での労働，販路先（仲買人）の選択が可能であった。しかし，アブラヤシ生産は企業と契約を結ぶ必要があり，収穫物を24時間以内に企業の工場へ搬送しなければならないため，必然的に企業に依存する形になる。そこから「村人からの収穫物を買わないのではないか」，「不当に安い価格で買うのではないか」，「強制労働させられるのではないか」という不安を抱いていた。個人で生産したいという村人もいたが，生産方法がラタンやゴムとは大きく異なり，馴染みがないこと，苗や生産資材（肥料・農薬）を自力で調達できないという点から困難であると認識していた。

以上のような不安を抱えながらも，期待を寄せる側面もあった。主に「価格が良い」，「労働が楽になる」，「将来性（需要）がある」，「企業に雇用され，安定した収入を得たい」という理由からである。ベシ村村長はアブラヤシ生産を生計の多様化を図る一つの手段として位置づけ，積極的に受け入れる姿勢を示していた。また，アブラヤシ農園開発時の森林の伐採労働や農園管理における雇用労働に期待を寄せていた。村人のアブラヤシに対する現金収入源としての期待は高く，焼畑とラタンやゴムを収穫する生活よりも，企業の雇用労働と給与で米や物資を購入する生活を望む村人もいた。また，「土地に対する補償金が十分あれば企業に土地を譲る」と条件付で賛成する村人もいた。

以上のように，村人のアブラヤシに対する評価は不安と期待が混在している状態にある。そして，上流部の未利用地では企業によるアブラヤシ農園開発を受容するが，村周辺の慣習的な所有権が確定している土地では農園開発を拒否するという姿勢がとられていた。現在の生業を維持しつつ，アブラヤシ生産を

導入する，という戦略である。アブラヤシ生産の導入に関してはポートフォリオ（安全資産と危険資産の最適保有率）生計戦略がとられていたといえるであろう。

（3）村人たちの価値基準と生計戦略

ラタン，ゴム，アブラヤシに対する村人の評価から三つの価値基準が浮かび上がってきた。それは「労働に対する収益性」，「自律性」，「融通性」の三つである。「労働に対する収益性」では「価格」，質と量の両方を含めた「労働（質・量）」の二つの要因があげられ，「自律性」では企業に束縛されずに村人の裁量で労働や販路選択が行えるかどうか，が要因となっていた。「融通性」では，必要時に必要量の収穫が行えるか，農園を焼畑地として再利用できるか，農園内に混植できるか，日常生活における利用用途の多寡，収穫物の保管が可能か，が要因となっていた。これらの基準をもとにラタン，ゴム，アブラヤシに対する村人の認識を整理すると表4-5のようにまとめることができた。ラタンとゴムの比較では，「労働に対する収益性」からゴム生産が現金収入源として選択され，ラタン生産は「融通性」の高さから維持されていた。一方，アブラヤシ生産は「自律性」と「融通性」が低く評価されている一方で，「労働に対する収益性」の高さに期待が寄せられており，村人の心情は揺れ動いている状況にあった。そして，村周辺部ではアブラヤシ農園開発を拒否し，上流部では受容するという戦略がとられていた。ラタンとゴムの長短所を組み合わせ（ハイブリッド生計戦略），リスクを回避しながらアブラヤシを導入する（ポートフォリオ生計戦略）という村人たちの戦略は総じて「寄木細工」生計戦略と呼ぶことができるであろう。

（4）アブラヤシ農園開発の課題

以上のことから，村人たちは「労働に対する収益性」，「融通性」が高く，「自律性」が確保された生活を維持（持続）したいと考えており，寄木細工生計戦略を採用していることが明らかになった。この寄木細工生計戦略における「融通性」，「自律性」の志向は「市場経済のリスク回避」，「地域自治の確保」

第4章 ボルネオ焼畑民の生業戦略

表4-5 ラタン，ゴム，アブラヤシに対する認識の比較

	労働に対する収益性		自律性	融通性	その他
	価格[1]	労働（質・量）			
ラタン	900 Rp./kg (2400 Rp./kg)	管理：＋ 収穫：−	労働の自律性：＋ 販路選択：＋	収穫量：＋，時期：＋ 園の再利用：＋，混植：＋ 用途：＋，保管：−	
ゴム	4500 Rp./kg	管理：− 収穫：＋	労働の自律性：＋ 販路選択：＋	収穫量：−，時期：− 園の再利用：＋，混植：＋ 用途：−，保管：＋	土地所有の明示に有利
アブラヤシ	n/a	n/a	労働の自律性：− 販路選択：−	収穫量・時期：n/a 園の再利用：−，混植：− 用途：−，保管：−	政府・企業の勧めから現金収入源として期待

(注) 1) 村人と仲買人との取引価格（2007年2月），ラタンの括弧内の価格は加工労賃を加算した価格。
(出所) 筆者作成。

につながり，「外部とのつながりを利用しつつも，翻弄されることなく自らの将来は自ら決定する」という村人たちの姿勢と解釈することもできる。これは「グローバル時代のローカル・コモンズの管理」を模索する上で決定的に重要な価値基準であり，村人たちがこのような価値基準をすでに有していることは注目に値する。政府および企業は土地生産性，経済発展を重視し開発事業を推進する傾向にある。村人たちも経済発展を望んでいるが，彼らの価値基準はそれだけではない。村人の多様な価値基準を認識，評価し，村人たちと協働していく姿勢が必要であるといえる。

アブラヤシ農園開発の今後の課題としては，「融通性」の確保のためのゾーニングの問題（どれだけの森林を開発対象とし，どれだけの森林を村の慣習林として保存するか）があげられ，「自律性」の確保のために村人に企業と同等以上の発言権が確保され，企業は村人とともに経営を行うという共同体意識を醸成していく必要があるだろう。しかし，実際にはこのようなことは難しいであろうから，政府，研究機関，NGO等の多様なアクターがかかわり，この課題のための法制度と監視体制を整える必要があると考えられる。

村人たちは古くから世界市場と結びつき，市場価格や政策の変化，開発プロジェクトの影響を受けながらも，焼畑を基軸とした生業にラタン生産，ゴム生

産をうまく取り込み，主体的な生活を営んできた。彼らは熱帯林を伐開し，ラタン園・ゴム園に変えていくという意味で熱帯林の開拓者であるが，その影響は自然環境に致命的な打撃を与えるほど大きなものではなかった。しかし，現在国策として進められているアブラヤシ農園開発は企業主導の大規模プランテーション開発で，地域住民が企業に依存せざるを得なくなる危険性をはらんでいる点で今までの外部影響とは大きく異なる。2009年10月，東カリマンタン州では行政区分上の農地転換可能な土地面積（非林業生産地区）の54％において企業による農園開発申請手続きが進められている（東カリマンタン州農園局，林業局の内部資料より）[7]。企業がこぞって農地取得に暗躍する様相はまさに「コモンズの悲劇」を連想させる。資源利用の主体は焼畑民ではなく，今や大資本に取って代わられようとしているのである。焼畑民だけでは対処できない大資本によってもたらされる問題をグローバル時代特有の問題と位置づけるなら，国境を越えた多様なアクターが協働してこの問題解決に取り組むというグローバル時代ならではの対抗戦略が必要になってくると考えられる。

5　固有の価値基準に基づく地域発展の模索

　本章ではグローバルな政治・市場の変化がボルネオ島の焼畑先住民の生活にどのような影響を及ぼし，彼らがどのように対応しているのか，をブヌア人社会を事例に紹介した。しかし，本章でブヌア人社会の生活変化の実態，生計戦略のすべてを紹介できているわけではない。村人の価値基準はラタン，ゴム，アブラヤシに対する認識の比較から明らかになった価値基準であり，他の価値基準も存在するだろう。たとえば，協同労働と分収行為の実態から垣間見られた，人びとの関係性から紡ぎ出される「生きがい」にかかわる価値基準などである。筆者は今後もフィールドワークを継続して，村人たちの求める生活の内実に迫り，彼らの価値基準に基づく地域発展のサポートができればと考えている。地域固有の価値基準に基づく発展がもっとも地域社会の安定（持続性）に貢献すると考えるからである。しかし，彼らの価値基準に基づく選択を常に無

第4章 ボルネオ焼畑民の生業戦略

批判で受け入れるというわけではない。生活基盤である自然環境や地域社会の安定（持続性）を揺るがすような開発を彼らが選択することもありえる。また，現在彼らの価値基準は揺らぎの渦中にある。村内での企業・政府によるアブラヤシ農園開発の説明会では，どれだけの収入が得られるのか，村がどれだけ経済発展できるのか，が説明され，村人たちの物欲を揺さぶっている。今までの生活を一転してアブラヤシ農園開発を全面的に受け入れ，企業の雇用労働から安定した給与が得られる生活を望む村人がいたこともたしかである。今後も村人たちとの議論を通して彼らとともに発展の方向性を模索していきたい。

注
(1) 東カリマンタンでは1890年代にクタイ王朝の王宮のためにラタンが人工栽培されていたという記録が残っている（阿部，1997，556頁）。
(2) ラタンは種数が多く，村人たちはさまざまな種類のラタンを生産している。ここでは村人のほとんどが生産しているセガラタン（*Calamus caesius*）を取り上げている。なお，ブヌア人の焼畑・ラタン生産に関する文献として，井上（1991，219-243頁）；井上（1990，43-50頁）が存在する。それらを参考にしつつも，ここでは2007年から2009年の間の筆者による現地調査の結果をもとに記述している。
(3) Pambudhi（2004, p.337）；井上（1990, 43-50頁）；Weinstock（1983, pp.63-64）においても同様の指摘がなされている。50〜60年間はラタンの生産が続き，100年間利用され続けるラタン園も存在するという（井上，1991，219-243頁）。
(4) この節はTerauchi, D. and M. Inoue, "Changes in cultural ecosystems of a swidden society caused by the introduction of rubber plantations–Case studies of Benuaq Dayak villages in East Kalimantan–", *Tropics* へ投稿，査読中の原稿を基に書いた。
(5) 狩猟では，「子どもたちがたくさんいるから」と相手の家族を思いやり，分収がなされていた。また，ゴソッでは2008年10月に労賃が150ルピア/kgから200ルピア/kgに上がっていた。仲買人に理由を尋ねると村人の生活が大変そうでトゥラシを感じたからだという。
(6) この節は寺内大左・説田巧・井上真「ラタン，ゴム，アブラヤシに対する焼畑民の選好――インドネシア・東カリマンタン州ベシ村を事例として」『日本森林学会誌』へ投稿，査読中の原稿を基に書いた。
(7) 行政上の農地転換可能な土地面積（非林業生産地区，524万3300 ha）には河川，湖，市町村の面積など農園不適地も含まれている。州農園局は非林業生産地区内のアブラ

第Ⅱ部　グローバル時代におけるローカル・コモンズの戦略

ヤシ農園適地面積を465万3856 ha としており，この情報を基に試算すると農園適地の61％において企業による農園開発申請手続きが進められていることになる。その土地のほとんどは焼畑民が慣習的に焼畑を行ってきた土地であるという事実に注意する必要がある。

参考文献

阿部健一「ロタンの生態経済」京都大学東南アジアセンター（編）『事典東南アジア――風土・生態・環境』弘文堂，1997年。
井上真「インドネシア東カリマンタン州における『焼畑――ラタン育成林業』システム」『林業経済』第119号，1990年3月。
井上真『熱帯雨林の生活　ボルネオの焼畑民とともに』築地書館，1991年。
岡本幸江編『アブラヤシ・プランテーション　開発の影　インドネシアとマレーシアで何が起こっているか』日本インドネシアNGOネットワーク（JANNI），2002年。
佐藤廉也「熱帯地域における焼畑研究の展開――生態的側面と歴史的文脈の接合を求めて」『人文地理』第51巻第4号，1999年8月。
Cahyat, A., "Improving the rattan resource management and trading system in Kalimantan: Conservation and regeneration of natural resources and economic development in Kalimantan", prepared for workshop on strengthening the capacity and bargaining position of rattan producer towards rattan fair trade, 2001.
Pambudhi, F., B. Belcher, P. Levang and S. Dewi, "Rattan (*Calamus spp.*) gardens of Kalimantan: resilience and evolution in a managed non-timber forest product system", *Forest Products, Livelihoods and Conservation-Case Studies of Non-Timber Forest Product Systems Volume 1-Asia* (Koen Kusters and Brian Belcher eds.), pp. 337-354, Center for International Forestry Research, 2004.
Weinstock, J. A., "Rattan: Ecological balance in a Borneo rainforest swidden", *Economic Botany*, Vol. 37, January 1983.

第5章

「緩やかな産業化」とコモンズ
―― 大規模アブラヤシ農園開発に代わる地域発展戦略の形 ――

河合真之

1 カリマンタンの奥地へ

　東カリマンタン州の州都サマリンダから定期客船でマハカム川を遡ること27時間，ようやく筆者の調査村であるママハック・タボ村が見えてくる。しかし，驚かされるのは，サマリンダから西クタイ県の中心地であるメラック町に向かうまでのマハカム川沿いには叢林やアランアラン（*Imperata cylindrica*）の草原が広がるのみで，すでに熱帯雨林と呼べるような森林は見当たらないことである。かつて1968年に商業伐採が始まった頃，一歩サマリンダの郊外に出ればそこには果てしなく深い森が広がっていたという。それがわずかこの40年で，東カリマンタンでは，商業伐採と地力収奪的な農地開墾で豊かな森林が急速に消失したのである。しかし，森が完全に消えたわけではない。真夜中にメラック町を通過して船で夜を明かし，明け方にテリンという港町を過ぎると，朝靄の中にようやく森らしい森が姿を現す。地形は急峻な丘陵地帯が広がるようになり，ここから先は陸路でのアクセスが困難になる。景観も俄然迫力を増す。やっと熱帯雨林に来たという実感が湧いてくる。さらに船に揺られること3時間，今日でも人びとが森との共生関係を築いて生活するママハック・タボ村に到着する。焼畑による陸稲の栽培，マハカム川とその支流における漁労，狩猟と森林産物の採集，そこには長い時間をかけて森とともに育まれてきた伝統的生業が今でも残されているのである（写真5-1）。

　しかし，グローバル化と開発の波は，東カリマンタンの奥地にかろうじて残されてきた森と人びととの伝統的な暮らしをすべて飲み込む勢いで迫っている。

第Ⅱ部　グローバル時代におけるローカル・コモンズの戦略

写真 5-1　広大な慣習林に囲まれるママハック・タボ村とマハカム川

2009年　筆者撮影。

2007年に大規模アブラヤシ農園開発計画が持ち上がったのである。インドネシア政府は「農園活性化プログラム」をスタートさせ，アブラヤシ，ゴム，カカオを対象に2010年までに200万 ha の農園の拡大・更新・修復を行う計画である。内訳を見るとアブラヤシ農園が150万 ha，ゴム園が30万 ha，カカオ園が20万 ha であり，アブラヤシ農園開発に重点を置いた施策であることがわかる(DP, 2007)。アブラヤシの大規模な開発をめぐっては，熱帯林の消失や土地紛争など，環境および社会的問題を引き起こすことが報告されている（岡本ら，2002 ; Marti, 2008）。いずれの側面においても変化の「不可逆性」が最大の問題とされている。

本章では，大規模なアブラヤシ農園開発を受けたマハカム川中上流域[1]の地域住民が，今後どのような選択をしていくことが望ましいかを考える際に参照となりうる地域発展戦略のオプションを検討したい。図5-1に本章および第4章の調査地を掲載する。西クタイ県はテリン町を境に上流と下流で地形，森林，開発の進展状況が大きく異なる。すなわちテリン町以南は平地が多く，道路網が整備され，ゴム園開発，石炭開発が進んでいる。これに対してマハカム川中

第5章 「緩やかな産業化」とコモンズ

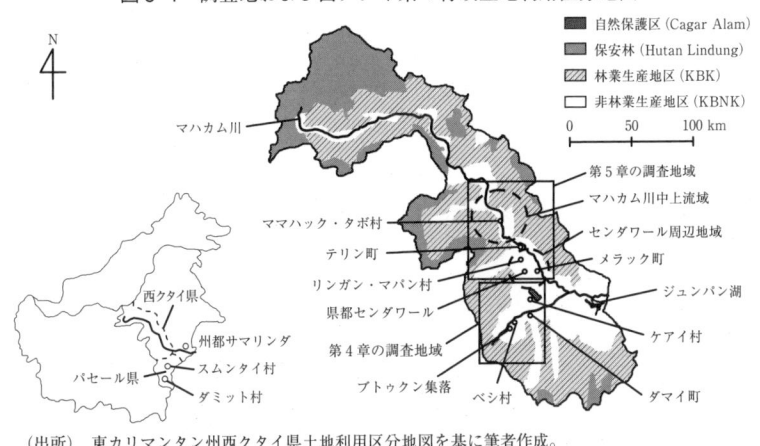

図5-1 調査地および西クタイ県の行政土地利用区分地図

凡例：
- 自然保護区（Cagar Alam）
- 保安林（Hutan Lindung）
- 林業生産地区（KBK）
- 非林業生産地区（KBNK）

地名：
- マハカム川
- ママハック・タボ村
- テリン町
- リンガン・マパン村
- 県都センダワール
- 第4章の調査地域
- ブトゥクン集落
- 第5章の調査地域
- マハカム川中上流域
- センダワール周辺地域
- メラック町
- ジュンパン湖
- ケアイ村
- ベシ村
- ダマイ町
- 西クタイ県
- 州都サマリンダ
- スムンタイ村
- パセール県
- ダミット村

（出所）東カリマンタン州西クタイ県土地利用区分地図を基に筆者作成。

上流域を含むテリン町以北は、急峻な丘陵地帯が最上流まで続くため、道路網の整備が進んでおらず、これまで一部の産業造林を除き、大規模な森林の皆伐を伴う開発を免れてきた。原生林こそ商業伐採によってマハカム川の最上流域まで後退しているが、有用樹はすべてが伐採されたわけではなく、直径50 cmから1 m以上のボルネオ鉄木（*Eusideroxylon zwageri*）やフタバガキ科の樹木が今日でも残されている。商業伐採は択伐を選択する点で、森林生態系の破壊は一定程度に抑えられ、二次林が残されるのである。一方、農園開発の進行状況については、2007年の西クタイ県のゴム園面積は3万3427 haであるが、その95%はテリン町以南にあり、テリン町から上流には伝統的で粗放なゴム園が1641 ha点在するのみである。アブラヤシ農園については5371 haがすべて西クタイ県南東のジュンパン湖周辺に存在する。ここから、マハカム川中上流域は、熱帯林の残される最後の砦の入り口にあたると同時に、今後、農園開発の最前線に立たされることが想定される地域といえる。

以下、本章ではまず、マハカム川中上流域における地域住民と森のかかわりが市場経済化とともにいかに変容したかを概観する。その上で、迫りつつあるアブラヤシ農園開発がいかなるものであるかを知るために、インドネシアにお

117

ける農園開発制度の特徴を明らかにする。さらに、アブラヤシ農園およびゴム園開発が及ぼす経済的社会的影響をすでに開発の進むパセール県と西クタイ県センダワール周辺地域の事例から明らかにする。その上で、マハカム川中上流域が取りうる地域発展戦略の選択肢を検討したい。

2 市場経済化とローカル・コモンズの変容

　マハカム川中上流域の人びとの森に依拠した生活はいつ頃どのように始まったのか。本地域のローカル・コモンズは市場経済化とともにどのように変化したのか。ママハック・タボ村を事例としてその変化を追ってみる。ママハック・タボ村は2007年現在で人口1478人、385世帯の村である。住民の75％が先住民のバハウ・ダヤック人である。村は4万8182 haもの広大な慣習地を有している。

（1）ローカル・コモンズの原風景（1893～1970年）
　ママハック・タボ村を開いたバハウ人はボルネオの先住民である。マレーシアとの国境付近のアポカヤンに住んでいたという。彼らは塩をはじめ生活必需品の獲得が困難なアポカヤンを出てマハカム川を下り、いくつもの土地を転々としながら、1893年に現在の場所に移ってきた。彼らはヒプイという王族層を頂点にラミンと呼ばれる伝統的長大家屋で共同生活を送ってきた。現在の地に村が開かれた当時は14部屋からなるラミンが一つ存在したのみで、村の人口はわずか65人程度であったという。彼らの目前には広大な原生林が広がり、人びとはそこで焼畑と狩猟採集を中心とする自給自足的な生活を送っていたのである。ただし、彼らは外部と全く遮断された生活を送っていたわけではない。ママハック・タボ村の住民は古くからラタンと樹脂（ダマール）の販売を通じて現金を獲得し、生活必需品を購入していた。人びとは早い段階から市場経済化の影響を受けていたのである。
　ここで村の慣習的土地利用区分を確認してみよう。ママハック・タボ村の慣

習地は，大きく私有地と共有地に分けることができる。私有地とはいわゆる焼畑の Tana' Luma'（タナ・ルマ），休閑林の Tana' Talun（タナ・タルン），果樹園の Tana' Lepuun（タナ・ルプウン）など，慣習的に個人の私的所有権が認められた土地である。ママハック・タボ村では，最初に原生林を拓いた人間がその土地の私的所有権を獲得することができる。その権利は子孫に相続することも可能で，譲渡や売却をしない限り永続的に所有権が認められる。ただし，休閑林における狩猟や漁労，薪炭材，ラタン，樹脂，果実などの非木材林産物の採集は，個人が日々の生活のために利用する場合，特に所有者の許可を取ることなく利用できる。一方，共有地は「慣習保全林」の Tana' Pra'（タナ・プラ），「慣習利用林」の Tana' Berahan（タナ・ブラハン）に分けることができる。「慣習保全林」は木材の伐採が規制される森であり，村長，慣習法長らを含む村の指導層の会議で許可された場合のみ木材の利用が認められる。ただし，非木材林産物の採集や狩猟は村人であれば自由に行うことが認められている。「慣習利用林」とは村人であれば特に規制がなく自由に利用できる森である（写真5-2）。木材伐採，非木材林産物の採集，狩猟など，あらゆる生産活動が認められる。私有地を増やしたい場合も「慣習利用林」が開かれる。そのほか決闘や殺人の起きた「怨念の森」の Tana' Jaka'（タナ・ジャカ）や，神隠しなど不思議な出来事が起きる「精霊の森」Tana' To'（タナ・ト）といった精霊信仰とかかわる森や土地が慣習地には点在している。そのような土地も利用が避けられる。このように，ママハック・タボ村の慣習地は「意識的な持続的利用」ではなく，「偶発的な持続的利用」，「副産物としての持続的利用」がなされるルースなコモンズとして存在してきたといえる（井上，2001，1-28頁）。

(2) 国家制度への包摂（1970〜1998年）

1970年に木材伐採企業の操業が始まると，ママハック・タボ村に急激に貨幣経済が浸透した。多くの村人が伐採企業で働き，魚や野菜を企業のキャンプに持ち込んで換金した。自家発電機や船外機が導入され，テレビなどの電化製品が普及し，人びとは近代文明の恩恵を受けるようになる。伝統的な村社会にも

写真 5-2 焼畑と「慣習利用林」の境界にて

2008年ママハック・タボ村　島上宗子氏撮影。

変化が訪れる。ラミンは1969年に取り壊され，村人は個別の家に住むようになった。ときを同じくしてローカル・コモンズにも大きな変化が訪れる。伐採事業権を取得した企業は，村の慣習的土地利用区分を無視して"合法的に"伐採を行ったのである。当時の企業は軍隊や警察に守られていたので，村人は「慣習保全林」や「慣習利用林」が蹂躙されるのを見過ごすしかなかった。ただし，村人もしたたかに行動した。ブローカーに従って違法伐採に参加し，現金収入を得たのである。もともと「意識的な持続的利用」のなかったママハック・タボ村の慣習林は事実上のオープンアクセスとなり，森林は急速に劣化していった。また，1997年から1998年にかけての大規模な森林火災によっても村の慣習林は打撃を受けた。

　ここで国家による土地利用区分を整理しておこう。前掲図5-1は政府の国土管理計画によって定められた西クタイ県の土地利用区分である。西クタイ県は総面積316万2870 ha に対して「自然保護区」が5500 ha，「保安林」が74万4038 ha，「林業生産地区」が148万1066 ha，「非林業生産地区」が93万2266 ha 指定されている。「自然保護区」，「保安林」，「林業生産地区」は国有林として利用

が厳しく制限される。一方,「非林業生産地区」は林業以外の多目的利用が認められており,都市,町,村の居住域,焼畑,果樹園,農園などが配置される。国家から土地の私的所有権が付与されるのは「非林業生産地区」のみである。また,アブラヤシをはじめ農園開発が認められるのも「非林業生産地区」のみである。

（3）木材産業の衰退と地域住民の経済的困窮（1998年～現在）

　1998年にスハルト体制が崩壊し,民主化と地方分権化の時代を迎えると,国家による抑圧的な統治に変化の兆しが見え始める。1999年の森林法は,国益に反しない限りで慣習法の存在を認めている。軍隊の力は弱まり,企業には地域住民の合意を得ることが求められるようになった。周縁化されていた地域住民の権利が改善され始めたのである。しかし,地域住民は自らの経済的権利を主張することが多く,依然として「意識的な持続的利用」は芽生えなかった。経済合理的インセンティブに突き動かされたブローカーと地域住民による違法伐採は拡大を続け,無秩序な伐採による森林の荒廃を止めることは不可能と思われる状況が続いた。この危機に歯止めをかけたのは,2004年に発足したユドヨノ政権であった。大統領の強力な指令の下,違法伐採が一斉に摘発されたことで,40年近く続いた無秩序な木材伐採の歴史がようやく終わりを迎えた。しかし,違法伐採の停止で現金収入を失った地域住民は経済的な困窮状態に置かれた。人びとはこの経済的困窮を「危機の時期」と呼び,ゴムやモルッカネム (*Paraserianthes falcataria*) の植林によって活路を見出そうとしている。このような背景で突如湧き上がったのが大規模アブラヤシ農園開発であった。

　このようにローカル・コモンズの変遷を見ると,マハカム川中上流域では,①慣習法による土地利用区分,②国家制度による土地利用区分,③生態的植生区分が重層的に存在し,ときに衝突してきたことがわかる。ここで議論をアブラヤシ農園の造成が唯一認められる「非林業生産地区」に焦点を絞ると,テリン町以北に指定される28万2119 ha の「非林業生産地区」は,その全域に"生態的"には広大な熱帯二次林が広がっている。しかし「非林業生産地区」に指

定されているために，その全域がアブラヤシ農園に転換される可能性を有している。環境保護団体や国際NGOによって指摘されるアブラヤシ農園開発の熱帯林破壊は，まさにこのような地域で起こる。では，開発は政府主導で進むのだろうか。すでに見たように「非林業生産地区」のなかには地域住民の慣習法の網がかかっている。ここで重要なのは，民主化の進展で，開発の受け入れに関する最終的な意思決定権を地域住民が握っていることである。企業は地域住民の同意がなければ農園を造成できない。では，地域住民は無制限な開発に"歯止めをかける存在"になるのか，それとも"拍車をかける存在"になるのか，それは地域住民が望む地域発展の形にかかってくる。

3 インドネシアにおける農園開発制度

(1)「農園活性化プログラム」

2007年にスタートした「農園活性化プログラム」は，アブラヤシ農園開発に重点を置いた施策といえる。ここで重要なのは，企業の参加を伴う場合と伴わない場合で二つの異なるスキームが用いられることである（図5-2a，5-2b）。この二つのスキームは1970年代からインドネシアで実施されてきたPIR (Perusahaan Inti Rakyat) 制度とUPP (Unit Pelaksana Proyek) 制度を原型としている。両制度は生産資材（苗，肥料，農薬，農具等）の提供，技術指導，土地所有権の付与，市場の確保など複数の支援を統合して提供するフルセット型の農園支援制度として実施されてきた。以下それぞれの特徴を示す。また，PIR制度およびUPP制度を補完する部分的支援 (Kegiatan Parsial) についても合わせて説明する。なお，本章では企業や政府の支援を受けずに住民が独自に造成する農園を自力栽培農園とする。

(2) PIR制度

PIR制度は，企業の協力によって，参加農家の農園の生産量の向上を図る制度である。1977年にスタートし，アブラヤシ，ゴム，ココナッツ，茶，カカオ，

第5章 「緩やかな産業化」とコモンズ

図5-2a 企業を伴う「農園活性化プログラム」の仕組み[1]
（アブラヤシ農園，ゴム農園，カカオ農園）

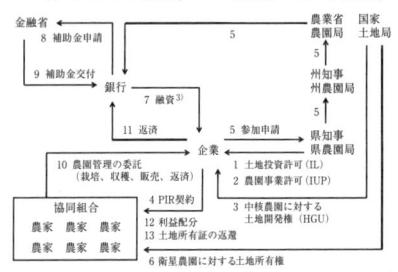

図5-2b 企業を伴わない「農園活性化プログラム」に仕組み[2]
（ゴム園，カカオ園）

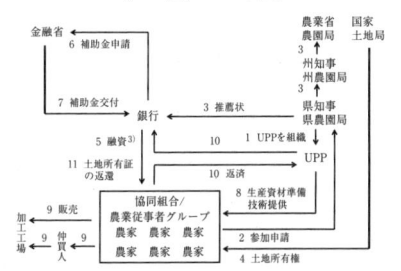

(注) 1) 図5-2a 企業は県知事より開発予定地における①土地投資許可（Izin Lokasi：IL）と②農園事業許可（Izin Usaha Perkebunan：IUP），さらに国家土地局より中核農園に対する③土地開発権（Hak Guna Usaha：HGU）を取得する。その上で，衛星農園の造成のために④協同組合を通じて参加農家とPIR契約を結び，⑤政府に「農園活性化プログラム」への参加を申請する。この際，企業は参加農家の借入金の保証人となる。⑥国家土地局は参加農家に土地所有権を付与する。費用は一時的に国家または企業が肩代わりする。参加農家は土地所有証を企業を通じて担保として銀行に提出する。⑦銀行は参加農家に融資を提供する。ただし借入金の実質的な管理は企業が行う。⑧銀行は融資に際して，金融省に補助金を申請し，⑨市場金利から10％を差し引いた利子分の補助金を受ける。⑩PIR-PSMによって参加農家は企業に衛星農園の管理を委託する。⑪企業は収穫期を迎えた段階で，参加農家へ支払う収穫物の買取額から返済金を差し引いて銀行に返済する。⑫さらに管理費用，業務手数料を差し引いた後の利益を参加農家に配分する。⑬土地所有証は返済が終了した時点で返還され，参加農家の実質的な農園の私的所有権が確立する。

2) 図5-2b ①県は任意でUPPを結成する。UPPが結成されない場合でも同様の業務は県農園局が行う。②参加農家は協同組合または農業従事者グループを組織し，県農園局に参加を申請する。③県知事は参加農家を決定し，推薦状を発行する。④国家土地局は参加農家に土地所有権を付与する。この際の費用は一時的に行政が負担する。⑤銀行は参加農家に融資を提供する。ただし融資金は実質的に県農園局またはUPPが管理する。参加農家は土地所有証を担保として銀行に提出する。⑥銀行は融資に際して，金融省に補助金を申請し，⑦市場金利から10％を差し引いた利子分の補助金を受ける。⑧県農園局またはUPPは融資金をもとに生産資材を準備する。さらに参加農家に技術指導を行う。⑨収穫期を迎えた段階で，参加農家は任意の仲買人や企業に収穫物を販売する。⑩参加農家は直接あるいは県農園局またはUPPを通じて借入金を銀行に返済する。⑪返済が終了した時点で土地所有証は銀行から返還され，参加農家の実質的な農園の私的所有権が確立する。

3) 2009年10月現在，「農園活性化プログラム」によってインドネシア全土でアブラヤシ農園は5万7364世帯に対して12万1791ha，4兆4741億5000万ルピア，ゴム園は1590世帯に対して3062ha，1102億6400万ルピア，カカオ園は1378世帯に対して2161ha，584億3800万ルピアの融資契約が結ばれている。

(出所) 2007年農園活性化プログラム手引き（DP, 2007）を基に筆者作成。

綿花，サトウキビなどの作物に適用されてきた。現在は実質的にアブラヤシ農園開発を推進するための制度となっている。アブラヤシ農園開発におけるPIR制度では，国営あるいは民営企業が中核（Inti）となる直営農園と搾油工場をもち，その周辺に通常1世帯あたり栽培面積2haの参加農家の衛星農園

123

(Plasma) が配置される。衛星農園の造成費用は銀行からの融資で賄われ，企業は参加農家に代わって農園の造成を代行する。銀行からの融資に先立っては，国家土地局から参加農家に土地の私的所有権が付与され[4]，土地所有証は銀行に借入金の担保として提出される。アブラヤシは植栽後，通常4年で収穫期を迎える。2007年までに実施された PIR-BUN (Perkebunan)，PIR-TRANS (yang dikaitkan dengan program Transmigrasi)，PIR-KKPA (Kredit Koperasi Primer untuk Anggota) では，収穫期を迎えた段階で農園は参加農家に引き渡され，それ以降は参加農家が主体となって農園を管理する。中核企業は側面支援者あるいは借入金の保証人として，①参加農家に対する技術指導，②収穫物の購入，③借入金返済の保証が義務づけられる。参加農家は返済が終了した時点で，土地所有証の返却を受け，実質的な衛星農園の所有者となる。

　PIR制度による大規模アブラヤシ農園開発が地域社会に与える影響の評価は，報告によって大きく異なる。Zenら (2006) は1990年代までに植栽された衛星農園は，いくつか例外はあるものの，2000年以降借入金の返済が終了し，概ね良好な成果を上げていると報告している。一方，NGO からは PIR 制度の諸問題が指摘されている。第一は土地の収用問題である。中核農園に対して付与される土地開発権 (Hak Guna Usaha: HGU) は，補償と引き換えに法的手続きに基づいて村が慣習的権利を手放した土地に付与される。このため，土地開発権が切れた後の土地は，国有地として国家に返還され，二度と村に戻ることはない。インドネシアでアブラヤシ農園開発を監視する NGO のサウィットウォッチ (Sawit Watch) は各地で引き起こされる地域住民と企業の土地紛争問題を報告している (Marti, 2008, pp.37-51)。第二は，中核農園と衛星農園の収穫物の質と生産量の格差である。これは中核企業の支援不足や参加農家の多様な個性によって，施肥や除草といった農園の管理に差が生まれるために生じる。そのほか，伝統的で多様な生業の消失，文化の消失，衛星農園の造成に伴う高額な借入金と返済不能者の出現，居住地から離れているなどの立地条件の悪さ，道路整備の不備や搾油工場の混雑による収穫物の買い取り遅延など，諸々の問題点が指摘されている (Marti, 2008, pp.52-84)。

これらの問題のうち，土地の収用について「農園活性化プログラム」では，従来，中核農園と衛星農園の面積比が20：80であったものが，2007年の第26号農業大臣規則で最大80：20に逆転した。より広大な土地が中核農園に割り当てられることになったのである。最終的な中核農園と衛星農園の割合は村と企業の交渉で決まるため，必ずしもこの割合がそのまま適用されるとは限らない。しかし，合意内容によっては，地域社会は慣習地の大半を企業に提供するリスクを負うことになる。さらに生産量の格差については，中核企業が衛星農園を造成期から更新期までの1サイクル（約25年間），終始一貫して管理するPIR-PSM（Pola Satu Manajemen）への移行が推進される（前掲図5-2a）。PIR-PSMは参加農家を農園の管理主体から外すことで，その多様な個性の影響を排し，生産性の最大化，効率化，均質化を図るシステムである。この場合，参加農家には二つの選択肢が用意される。一つは衛星農園の所有者として，働かずに収益配分のみを受ける道，もう一つは所有者兼労働者として企業で働き，収益配分と賃金の双方を得る道である。PIR-PSMへの移行は強制ではないが，利益の最大化を目指す企業が積極的にPIR-PSMを推進することは間違いなく，今後のPIR制度の主流になると考えられる。なお，参加農家に提供される融資は，企業に農園管理を委託するため高額になる。「農園活性化プログラム」で東カリマンタン州のアブラヤシ農園造成に設定される融資は4年間で2965万ルピア/haである。

（3）UPP制度

 UPP制度は，政府が専属のプロジェクト実行組織（＝UPP）を結成し，専属のスタッフを雇用して参加農家を支援することからその名がついている。その支援期間は農園の造成から収穫後の返済終了まで10数年の長期にわたる。1972年から2002年までに国家予算あるいは開発銀行の資金支援によって筆者の把握する限り12のプロジェクトが実施されている[5]。適用された作物はゴム，カシューナッツ，コショウ，茶，コーヒー，ココナッツ，チョウジ，カカオである。UPP制度の最大の特徴は，企業の参加を伴わないので，地域社会が土地

を提供する必要がないことである。参加農家は銀行の融資と一部政府の無償援助により生産資材の支援を受け，国家土地局から土地所有権を付与された上で，UPP の技術指導を受けながら農園を管理する。作物が育たなかった場合は，政府が借入金の返済を肩代わりするため，参加農家は農園造成の失敗によるリスクを受けずに済む。借入金返済後は土地所有証が返却され，参加農家は名実ともに農園経営者として自立する。

UPP 制度による農園開発の社会経済的な効果は良好といわれる。インドネシア政府およびアジア開発銀行によれば，参加農家の現金収入の向上，地域社会における雇用創出，女性の参加促進といった波及効果が報告されている（DP, 2000；ADB, 2002）。しかし，本制度の課題はフルセット型の支援であるため，単位面積あたりの投資額が PIR 制度と同様に高額な点である。企業を伴わない「農園活性化プログラム」において東カリマンタン州に設定されるゴム園の融資額は 6 年間で2567万ルピア/ha である。また，UPP 制度のもう一つの課題として，アブラヤシに適用されない点がある。これは劣化の早いアブラヤシの果実を搾油工場に迅速に販売するには，企業の協力が不可欠とみなされるためである。企業を伴わない UPP 制度では，必ずしも市場が確保されておらず，生産地近辺に加工工場が存在しない場合もあり，一般にゴムやカカオ等の日持ちのする作物が適している。

ただし，例外として本章のパセール県の事例では，アブラヤシに適用された UPP 制度が登場する。これは東カリマンタン州（後にパセール県に移管）のプロジェクトで，UPP が企業と売買契約を結び，参加農家の収穫物販売を側面支援することで実現可能となった。資金は銀行ではなく州と県の予算が用いられ，返済金は次の参加者への貸出金として継続的に運用される。さらに融資が苗と土地所有権の獲得費用に限定されたことで，返済の負担が軽減していた。肥料，除草剤は初年度および 2 年度のみの無償提供で，その後は参加農家が自費で購入した。このため中央農業省主導の UPP 制度とはいくつかの点で内容が異なる。本章では混乱を避けるために，UPP 制度とは中央農業省主導で実施された12のプロジェクトと企業を伴わない「農園活性化プログラム」に限る[6]。その

上でUPP制度を模倣する地方自治体の支援制度は，①企業の参加を伴わない，②プロジェクト実行組織が結成される，③融資がある，④土地所有権の付与がある，という条件を満たせば広義のUPP制度としたい。地方分権化が進むなかで，地方自治体による柔軟性の高い広義のUPP制度は，今後の地域住民に対する農園開発政策で重要な役割を果たすと考えられる。

（4）部分的支援

部分的支援は，苗，肥料，農薬，農具等の生産資材の一部を提供することで，参加農家の農園造成意欲を喚起し，農園の生産性向上を図るものである。部分的支援では，農業従事者グループが結成され，政府の農業指導員が技術指導を行う。しかし限定的な支援にとどまり，一般に融資や土地所有権の付与は伴わない。その活動の多くは農家の自助努力による。この制度は予算が限られるなかで，PIR制度とUPP制度が適用されなかった地域に用いられてきた。課題は資金不足，技術支援や情報伝達の限定性である。

4 アブラヤシ農園開発およびゴム園開発の影響

筆者は2007年から2009年にかけてアブラヤシ農園開発およびゴム園開発の社会経済的影響を把握するために，断続的にフィールドに滞在し，各村の村長，慣習法長といった指導層へのキーインフォーマント・インタビューおよび村人へのインフォーマル・インタビューを実施した。さらに質問票を用いた家計調査を実施し，各農園開発から得られる現金収入や伝統的生業からの収入など，調査世帯の現金および非現金収入を可能な限り量的に把握することを試みた。聞き取りは筆者がインドネシア語で実施した。

調査世帯は経済状況ごとに分類した。分類基準にはインドネシア統計局が発表した貧困線の1人1日0.60米ドル（BPS, 2007），世銀の定める1日1米ドル，途上国全体の貧困線の中央値とされる1日2米ドルを採用した。そして1日0.60米ドル以下の収入で暮らす世帯を「最貧困層」，1日0.60米ドル以上1.08米

ドル未満の収入で暮らす世帯を「貧困層」，1日1.08米ドル以上2.00米ドル未満の収入で暮らす世帯を「中間層」，1日2.00米ドル以上の収入で暮らす世帯を「富裕層」に分類した。

（1）マハカム川中上流域の経済状況

まず，本章で地域発展戦略を検討するマハカム川中上流域の住民の経済状況を把握する。ここでは，2007年に本地域の9村のクレジットユニオン（Credit Union: CU）と呼ばれる金融協同組合の会員から，無作為に抽出した48世帯に実施した家計調査の結果を用いる。表5-1に示すように，マハカム川中上流域では33.4％の調査世帯がインドネシアの貧困線である1日0.60米ドル以下で暮らすという極度の貧困状況に陥っていた。彼らは木材伐採企業の衰退や違法伐採の停止で現金収入を失い，代替となる現金収入を見つけられず，隣人の焼畑への「労働提供」や，「漁労」を通じてわずかな現金を得ていた（表5-2a）。この16世帯の平均年収はわずか544万ルピアである。本章執筆時の2009年現在では，1円を100ルピアで換算するとわかりやすい。これらの世帯は年間約5万4400円で生活していたのである。教育費や医療費など必要不可欠な費用の捻出に困難をきたす世帯が見られた。本地域では，米，野菜，魚，肉は村落内で自給経済が成立しているので，現金がなくても食べていくには困らない。表5-3に各産物の自給率を示す。米の自給率が全体で57％であった。米は例年であればほぼ100％自給されるが，乾季が長引いた影響で，2007年は収穫量が激減し，外部米の購入を余儀なくされていた。野菜，魚，肉の自給率はそれぞれ61％，58％，65％であった。家計調査の結果から，本地域では年収約2000万ルピアの獲得が，生活に支障をきたさない最低限の収入基準として浮かび上がった。しかしこの年収を達成する中間層や富裕層は，「政府」や「商業」など公務員や雑貨店の経営者であり，従事可能な世帯は限られる。本地域では衰退した木材産業に代わる何らかの新たな開発が必要不可欠な状況となっていた。では，仮にアブラヤシ農園開発を受け入れた場合にどのような影響があるのだろうか。

第5章 「緩やかな産業化」とコモンズ

表5-1 各地域および村における調査世帯の貧困状況

(単位：％)

貧困線（US＄）	N	最貧困 <0.60	貧困 0.60-1.08	中間 1.08-2.00	富裕 2.00<	計
マハカム川中上流域	48	33.4	20.8	33.3	12.5	100.0
ダミット村	24	0.0	25.0	41.7	33.3	100.0
スムンタイ村	20	0.0	5.0	10.0	85.0	100.0
リンガン・マパン村	20	10.0	15.0	25.0	50.0	100.0

(出所) 筆者2007-2008年および2009年世帯調査より。

表5-2a マハカム川中上流域における調査世帯の年平均現金収入

(単位：万ルピア)

	N	米	野菜	果物	漁労	狩猟	家畜	林業	ゴム	労働提供	政府	企業	職人	商業	その他	合計
最貧困	16	5	12	7	163	1	12	5	0	185	45	0	63	0	47	544
貧困	10	0	4	41	152	55	6	36	213	102	88	0	110	169	386	1,362
中間	16	11	39	54	117	38	10	35	176	136	648	153	38	424	160	2,038
富裕	6	0	0	326	156	533	103	250	406	0	1,481	450	0	764	381	4,849
全体	48	6	18	70	144	91	21	52	154	128	434	107	57	272	197	1,750

(注) 「米」は自家米の販売。「野菜」はキャッサバ、ナス、キュウリ、ピーナッツ、長インゲン、トウモロコシ、ネギ、サツマイモ、空芯菜などの販売。「果物」はバナナ、ヤシの実、ドゥリアン、パパイヤ、パインナップル、マンゴー、ランブタン、ランサットなどの販売。「漁労」は捕獲した魚の販売。「狩猟」は狩猟で捕獲したイノシシやシカの肉の販売。「家畜」は飼育したイノシシやニワトリの肉の販売。「林業」は木材伐採活動における賃金。木材の販売。ダマール（樹脂）の販売。「ゴム」はラテックスの販売。「アブラヤシ」は果実の販売。「労働提供」は隣人の焼畑作業を手伝う場合などの賃金。村内の労働交換の一形態であり、貧困者に対する収入の再分配機能も有する。「政府」は郡役人、村役人、小学校の教師など公務員またはそれに準ずる者（臨時職など）の給与。「企業」は企業労働による賃金。「職人」は大工としての賃金、籐やビーズの工芸品の製造と販売、裁縫など。「商業」は主に雑貨店の経営。ダミット村とスムンタイ村ではアブラヤシ果実の運搬／仲買を含む。他、日用品の販売、個人での電話局、燃料販売等の小規模ビジネス全般を含む。「その他」はCUからの利子収入、協同組合での労賃、ツバメの巣の販売、砂金の販売、家族からの援助や土地の販売など。

(出所) 筆者2007-2008年世帯調査より。

(2) パセール県におけるアブラヤシ農園開発

パセール県は東カリマンタン州でもっとも早くアブラヤシ農園開発が実施された県である（写真5-3）。1983年の導入から26年が経過した。2008年末のアブラヤシ農園面積は合計9万5822 haである。内訳は国営企業の中核農園が1万3440 ha、民営企業の中核農園が4万6475 ha、国営企業の衛星農園が2万4854 ha、州・県のプロジェクト（広義のUPP制度、部分的支援）による農園が9345 ha、

表5-3 各地域および村における調査世帯の米・野菜・魚・肉の年平均自給率[1]

(単位：％)

	N[2]	米	野菜	魚	肉	合計
マハカム川中上流域	47	57	61	58	65	59
ダミット村	20	55	27	28	15	34
スムンタイ村	20	6	1	11	18	8
リンガン・マパン村	19	49	24	10	31	33

(注) 1) 自給率は「自家消費された各産物を現地の価格に換算した額」／（「購入された各産物に対する年間支出」＋「自家消費された各産物を現地の価格に換算した額」）×100で計算した。
2) マハカム川中上流域の1世帯，ダミット村の4世帯，リンガン・マパン村の1世帯は，自家消費や支出に関するデータが不十分なため，自給率の分析対象から除外している。
(出所) 筆者2007-2008年および2009年世帯調査より。

住民の自力栽培農園が1708 ha である。ただし，自力栽培農園は正確な統計が取られておらず実質はもっと多いと考えられる。

筆者は2009年7月から8月にかけて，ダミット村とスムンタイ村でフィールド調査を実施した（前掲図5-1）。いずれも，先住民のパセール人が多数を占める村である。パセール人はイスラム教徒であるが，焼畑農耕民で，森林産物を採集しながら生計を立てていた点で，非イスラム系ボルネオ先住民であるダヤック人と類似点は多い。両村とも村内に国営企業の中核農園と搾油工場が存在し，連日県内外の各地からアブラヤシの果実が運び込まれるアブラヤシ農園開発の中心地である。ダミット村は2009年で人口3161人，811世帯。パセール人が75％を占める。1991年に農園の造成が始まった。村の統計では7910 ha の慣習地に国営企業の中核農園が1500 ha，住民の農園が752 ha 広がる。村の低地には1000 ha の湿地帯と550 ha の水田が広がる。森林は残されていない。一方，スムンタイ村は2009年で人口3976人，1071世帯。パセール人が42％，ジャワ人37％，その他が21％である。1983年に国営企業の農園が造成された。村の慣習地1万500 ha には，国営企業の中核農園が2800 ha，民営企業の中核農園が940 ha 広がる。村人のアブラヤシ農園は809 ha である。水田および焼畑用地が204 ha 存在する。山地には国有林が4600 ha 広がる。

第5章 「緩やかな産業化」とコモンズ

写真5-3 国営企業の大規模アブラヤシ中核農園

2009年ダミット村　筆者撮影。

　両村に共通しているのは，当初，先住民はアブラヤシ農園開発から取り残された点である。当時はスハルト体制であり，軍隊を後ろ盾に国営企業が半ば強引に村に土地の提供を迫り開発を進めた。住民は従来の焼畑や水田における稲作で米を自給し，ラタンの販売や日雇い労働で現金を得たが，経済状況は困難であったという。スムンタイ村では1993年以降，州政府の広義のUPP制度によって先住民のアブラヤシ農園が造成されたが，参加は一部の住民にとどまった。当初約束されていた衛星農園の造成は進まず，2000年に複数の村が大規模なデモを起こし，両村もそれに加わって国営企業から衛星農園を獲得した。
　家計調査の結果，[9]アブラヤシ農園を有するダミット村の16世帯は平均2.3 haを保有し，果実の販売から年間1795万ルピアを得ていた。スムンタイ村の20世帯は平均3.3 haを保有し，年間3277万ルピアを獲得していた。住民の間では2 haのアブラヤシ農園を持てば日々の生活費を賄え，4 haを持てば余裕が出て貯蓄やオートバイを購入できるというのが，概ね一致した見解である。さらにアブラヤシ農園の利点は，副業として栽培できることである。作業は毎月2回の収穫と年に2〜3回の施肥と除草だけである。このうち重労働である収穫作

業は人に依頼することも可能である。それを裏づけるように，アブラヤシ農園単独から収入を得ている世帯は両村でわずか6世帯であり，残り30世帯は他の現金収入源を有していた。表5-2bと表5-2cで高い平均年収を示すのは「企業」，「政府」，「商業」であり，その内訳はアブラヤシ農園企業での賃労働，公務員や村行政スタッフ，果実の運搬/仲買人あるいは小売店の経営等である。両村でアブラヤシ農園を有する36世帯中，貧困層はわずかに3世帯である。ここから，アブラヤシ農園開発が貧困対策に有効であることが示されている。なお，アブラヤシ農園を保有しない7世帯のうち4世帯は貧困層に存在した。これらの世帯が農園を保有できない理由は土地を有していないためである。現在主流のPIR-KKPAは，従来のPIR-BUNやPIR-TRANSとは異なり，土地は政府ではなく参加農家が準備するため，土地を持たない住民の参加は難しい。

次に表5-4から各農園制度の収支を比較する。生産量はPIR-PSM[10]がもっとも多く，次いでPIR-KKPAが続くが，広義のUPP制度（PIR-SWADAYA）と部分的支援（Proyek Peningkatan Produksi Perkebunan, P 4）による農園も高い生産量を示している。両制度では国営企業を通じて高収量品種（Tenera種）の苗が購入されていた。なお，自力栽培農園の生産量が低いのは，出所の不明な苗が用いられたことが大きい。ここで注目されるのは，広義のUPP制度と部分的支援による農園の利益が，調査時点でPIR-KKPAによる農園の利益を上回っている点である。これは借入金と搾油工場への輸送コストの違いによるところが大きい。PIR-KKPAの借入金は約3000万ルピア/haと高額であった。広義のUPP制度は500万ルピア/ha程度である。部分的支援では借入金はない。農家は自ら働くため実費を切り詰めることができる。さらに両制度の農園は，村と主要道路の周辺に集中しており，搾油工場への輸送コストが低い。PIR-KKPAの農園は，適地不足で居住地から離れた土地に存在したり，デモで遠隔地の中核農園が分割されたものであるなど，輸送コストが割高であった。そのほか，広義のUPP制度と部分的支援は，収穫物の販売先を自由に選択できる利点がある。PIR-KKPAでは必ず契約企業に販売しなければならない。参加農家の意識としては，スムンタイ村でPIR-KKPAと広義のUPP制度双方の農園を有す

第5章 「緩やかな産業化」とコモンズ

表5-2b　ダミット村における調査世帯の年平均現金収入

(単位:万ルピア)

	N	米	野菜	果物	漁労	狩猟	家畜	林業	アブラヤシ	労働提供	政府	企業	職人	商業	その他	合計
最貧困	0	0	0	0	0	0	0	0	0	0	0	0	0	0	0	0
貧困	6	66	117	3	0	0	0	0	222	0	124	666	63	0	0	1,260
中間	10	45	9	5	10	0	19	0	1,133	0	27	385	174	183	12	2,001
富裕	8	0	0	75	0	0	95	0	2,008	0	1,285	979	405	1,764	220	6,831
全体	24	35	33	28	4	0	39	0	1,197	0	471	653	208	664	78	3,410

(注)　表5-2aに同じ。
(出所)　筆者2009年世帯調査より。

表5-2c　スムンタイ村における調査世帯の年平均現金収入

(単位:万ルピア)

	N	米	野菜	果物	漁労	狩猟	家畜	林業	アブラヤシ	労働提供	政府	企業	職人	商業	その他	合計
最貧困	0	0	0	0	0	0	0	0	0	0	0	0	0	0	0	0
貧困	1	0	0	0	0	0	0	0	1,128	0	0	0	0	0	0	1,128
中間	2	0	0	0	0	0	0	0	1,822	0	0	0	0	0	0	1,822
富裕	17	15	1	14	71	0	18	0	3,653	0	222	427	261	676	71	5,429
全体	20	13	1	12	60	0	15	0	3,344	0	189	363	222	514	121	4,853

(注)　表5-2aに同じ。
(出所)　筆者2009年世帯調査より。

る7世帯のうち、4世帯が「借入金が少ない」ことから広義のUPP制度が優れているとし、3世帯が双方に利点があるとした。この際のPIR-KKPAの利点は「生産量が高いこと」と「(主要道路から農園までの)道路を作ってくれること」であった。なお、今後導入されるPIR-PSMは、費用負担が大きく、参加農家が管理主体から外されるため、どこまで企業の透明性が確保され、参加農家の利益が担保されるかが成否を分けるだろう。いずれにしても、PIR-PSMによる画一的な開発のみを進めるのはリスクが大きく、広義のUPP制度や部分的支援によって参加農家に多様な参加の選択肢を確保することが望まれる。

さて、アブラヤシ農園を受け入れたことで、両村の慣習地はどうなったのであろうか。ダミット村で19%、スムンタイ村で36%の土地が中核農園として収用されていた。ダミット村では湿地が多いことも幸いしたのだろう。土地の収

第Ⅱ部　グローバル時代におけるローカル・コモンズの戦略

表5-4　1haあたりのアブラヤシとゴムの農園形式別年間収支[1]（2008年）

作物		アブラヤシ				ゴム	
農園形式[2]	衛星農園(PIR-PSM)[3]	衛星農園(PIR-KKPA)	広義のUPP(PIR-SWADAYA)	部分的支援(P 4)	自力栽培	UPP(PRPTE/TCSSP)	自力栽培
N（世帯）	-	18	20	6	5	18	9
農園面積（ha/世帯）	-	2.2	2.3	0.8	1.9	1.4	1.9
生産量（ton/ha/年）	16.7	12.6	12.0	11.2	7.3	2.6	1.2
収入（1万Rp./ha/年）[4]	2,166	1,637	1,558	1,448	947	1,779	810
肥料	-	90	91	168	134	28	1
除草剤	-	32	42	9	35	1	5
労働者雇用[5]	-	106	114	47	105	41	3
輸送[6]	-	183	52	28	33	0	0
仲買人販売[7]	-	18	77	18	21	0	0
借入金返済	650	491	0[9]	0	0	0[10]	0
管理費用(PIR-PSM	975	-	-	-	-	-	-
の手数料(PIR-PSMの	108	-	-	-	-	-	-
費用合計（1万Rp./ha/年）	1,733	919	376	270	328	70	9
利益（1万Rp./ha）	433(1,083)[8]	718(1,209)	1,206	1,178	619	1,708	801

（注）1）アブラヤシはダミット村（16世帯）、スムンタイ村（20世帯）のデータを用いた。1世帯で複数の農園を有する世帯がある。ゴムのUPP制度はリンガン・マパン村の18世帯、ゴムの自力栽培は、本文に記載していないが、筆者が2007年から2008年にジュンパン湖周辺のルサック村（1世帯）、ブココン村（1世帯）、ブリギ村（2世帯）、タンジュン・イスイ村（1世帯）、タンジュン・ジャン村（3世帯）、ムアラ・タエ村（1世帯）で実施した調査世帯のデータを用いた。
2）農園形式のカッコ内は現地での農園形式またはプロジェクトの名称である。
3）PIR-PSMはまだ実施されていないので、生産量は中核農園と同等の生産量になると仮定し、国営企業PTPN（Perseroan Terbatas Perkebunan Nusantara）XIIIのパセール県Tajati農園の2008年の年間生産量を用いた。さらに収入の振り分けは現時点で想定されている返済30％、管理費用45％、参加農家の利益20％、企業手数料5％を採用した。この配分は企業と参加農家の交渉次第で変化する可能性がある。
4）収入は2008年の各作物の年平均販売価格を年間生産量に乗じて算出する方法で統一した。アブラヤシはパセール県の政府の定める公式の果実販売価格の年平均1,297ルピア/kg、ゴムはリンガン・マパン村における仲買人へのラテックス販売価格の年平均6,783ルピア/kgを用いた。
5）アブラヤシにおける調査世帯の労働者雇用の多くは、果実の収穫作業に対してである。相場は調査時点で15万ルピア/ton/人である。他、除草や施肥で人を雇う場合もある。ゴムにおける調査世帯の労働者雇用は除草作業に対してである。相場は調査時点で5万ルピア/日/人であった。
6）農園から搾油工場までの果実の輸送費用である。相場は距離と道の状況に依存する。ダミット村では搾油工場までの距離が10km以内で5万ルピア/ton、30～40kmで20万～30万ルピア/tonであった。雨期で道がぬかるむ場合はさらに費用が増す。特に遠隔地（村から30-40km）にあるダミット村のPIR-KKPAの農園では、主要道路までの道が未舗装のため、雨期における果実の搬出が困難となっていた。
7）アブラヤシにおける「仲買人販売」とは、収穫物を正規ルートではない仲買人に販売することで失われる利益を算出したものである。仲買人は企業の正規の価格より1kgあたり200～300ルピア安く果実を買い取る。それでも農家が仲買人に販売する理由は、その場で現金を得られるためである。国営企業の支払いは月に1度なので、緊急に現金が必要になった際に仲買人は重要となる。また一部のPIR-KKPA保持者は借入金返済を避けるために仲買人に販売することがある。なお、ゴムは、西クタイ県で唯一の販売ルートである仲買人への販売価格を採用しているため、この費用は算出しない。
8）利益のカッコ内数字は借入金の返済が終了した場合に獲得できる利益である。
9）調査時において20世帯中18世帯は借入金の返済が終了し、2世帯はこれから返済が始まる状態であった。
10）PRPTEに参加する2世帯は返済が終了していない。TCSSPの返済は、地方分権化でUPPから新設の県農園局にプロジェクトが移管された混乱で長く棚上げされ、2008年9月に始まった。調査世帯で返済を開始する世帯はまだなかった。返済総額は利子を含めて合計約700万ルピア/haである。「農園活性化プログラム」と比較して返済額が低いのは、1997年のアジア経済危機のルピア急落以前に融資がなされたためである。

（出所）筆者2007-2008年および2009年世帯調査より。

用が少なく，稲作とアブラヤシ農園が共存していた。ある隣組長は，「すべてをアブラヤシ農園にして，米を外部に依存するようなことになってはならない。アブラヤシの価格が暴落した場合のリスクが大きいからだ。稲作とアブラヤシ農園の両方が発展していく道を考えなければならない」と話していた。ダミット村では，アブラヤシ農園を有する調査世帯16世帯中12世帯が水田で米を生産し，7世帯が野菜を栽培していた。調査世帯の米の自給率が55％を示すのは特筆すべき点である（前掲表5-3）。一方，スムンタイ村では，アブラヤシ農園のモノカルチャー化が進み，米や野菜の生産はほとんど行われていない。調査世帯20世帯中，米，野菜の生産を行っていたのは，それぞれわずか2世帯であった。また，すでに利用できる土地が限られており，新たにアブラヤシ農園を造成できるのは200 ha程度とのことである。将来世代の土地をいかに確保するかが大きな課題となっていた。

（3）センダワール周辺地域におけるゴム園開発

次に，センダワール周辺地域におけるUPP制度による集約的ゴム園開発の影響を確認する。本地域では1979年から1983年にPRPTEで1208 ha，1992年から2001年にTCSSPで9179 haの合計1万387 haの集約的ゴム園が造成された。このゴム園プロジェクトが地域社会に与えた影響は第4章第3節（2）のケアイ村の事例に詳しいので参照されたい。

2008年11月，2009年3月に筆者はセンダワールに近いリンガン・マパン村で調査を行った[11]。調査地であるリンガン・マパン村の2007年の人口は953人，世帯数は236世帯である。大多数がトニョイ・ダヤック人である。この村ではPRPTEで34 ha，TCSSPで474 haの合計508 haの集約的ゴム園が造成された。それ以前の人びとの生業は，焼畑における陸稲，野菜の栽培，漁労，森での狩猟であった。現金収入源は村内外での労働提供，賃労働，ラタンの販売等であった。村人は当時を振り返り，焼畑を中心とした生活では，生活が向上しなかったと述べている。しかし，集約的ゴム園の導入で安定した現金収入を得られるようになり，食費から子どもの教育費，オートバイ・電化製品・家具等の

購入費，家屋の建築費に至るまで，支出のほとんどをゴム園からの収入で賄えるようになった。調査世帯の特徴はゴム園からの収入が現金収入全体の86％を占めることである（表5-2d）。最貧困層に存在する2世帯はUPP制度に加われなかった世帯であった。プロジェクトに加わった18世帯中15世帯は中間層以上に存在した。世帯間の収穫量の差は主に所有する農園の面積に依存した。1 haあたりの利益は，施肥や除草が少なくても一定の収穫が得られることからアブラヤシよりも高い（前掲表5-4）。また，ゴム園は毎朝2時間程度の収穫で定期的に収入が得られるので，村人は楽に定期的に収入を獲得できることを利点にあげる。日中は他の仕事に従事してもよいし，家で休んでもよいのである。村人はその生活様式の変化を肯定的にとらえていた。UPP制度によるゴム園開発は，参加農家が家計に必要な現金収入をゴム園から得られるようになった点，粗放な農法に慣れ親しんだダヤックの人びとが集約的なゴム園の造成を実現した点，そしてその生活様式の変化にうまく適応できた点で十分に成功したといえる。さらに，PIR制度と比較した場合に，企業の大規模農園を伴うことなく同等かそれ以上の現金収入を獲得できる点が大きな利点といえる。

　ただし，いくつかの問題点も確認された。仲買人による価格の独占，地方分権化の混乱による県農園局の資金回収の遅延，TCSSPにおける苗の低品質等である。だが，最大の課題は，耕作地不足とモノカルチャー化の進行である。リンガン・マパン村では，集約的ゴム園の収益性を実感した住民が次々に自力栽培のゴム園を開いており，人口密度の高い本地域では，耕作地不足が起きていた。調査対象世帯の米の自給率が49％と高い理由は，土地を保有する世帯がゴム園造成を目的に焼畑を造成しているためである（前掲表5-3）。マハカム川中上流域に適用する場合，集約的ゴム園の面積をどの程度に保つかが鍵となる。

5　「緩やかな産業化」とコモンズの再構築

　以上の結果を受けて，マハカム川中上流域はどのような地域発展戦略をとることが可能であろうか。本節ではアブラヤシ農園開発に基づく「完全な産業

第5章 「緩やかな産業化」とコモンズ

表5-2d リンガン・マパン村における調査世帯の年平均現金収入

(単位：万ルピア)

	N	米	野菜	果物	漁労	狩猟	家畜	林業	ゴム	労働提供	政府	企業	職人	商業	その他	合計
最貧困	2	0	0	0	0	0	0	0	731	0	0	0	0	0	0	731
貧困	3	0	0	0	0	0	0	0	1,732	0	0	0	0	0	0	1,732
中間	5	0	0	0	0	0	31	0	2,356	0	0	156	0	0	0	2,543
富裕	10	0	0	0	0	0	116	0	3,156	10	224	360	0	0	0	3,866
全体	20	0	0	0	0	0	66	0	2,498	5	112	219	0	0	0	2,900

(注) 表5-2aに同じ。
(出所) 筆者2009年世帯調査より。

化」とゴム園開発に基づく「緩やかな産業化」という二つのオプションを提示したい。

（1）「完全な産業化」によるアブラヤシ農園開発

　本書の編者である井上はかつて，開発の恩恵の大部分をジャワ人など産業化[12]への適応能力を持った他地域の人びとが受け，森林地域に住む先住民の人びとは開発の恩恵をあまり受けていないか，不利益を被っている現実を見て，開発対象地域の社会が適応能力を持たないままに進んだ産業化のことを「不完全な産業化」と呼んだ（井上，1994，141-142頁）。これに対してアブラヤシ農園開発に採用されるPIR制度は，地域住民の参加と経済的恩恵の享受を最大の利点として掲げており，システム的にも人びとが「土地と労働力を自由に処分すること」ができる「完全な産業化」（井上，1994，143頁）を目指すものである。パセール県のアブラヤシ農園開発は，当初地域住民を取り残した形での「不完全な産業化」として進行したが，その後の民主化を経て，地域住民も開発の経済的恩恵を受けるようになった。アブラヤシ農園開発では企業での賃労働や果実の運搬/仲買など，多様な雇用が創出されるため，その経済的波及効果は地域住民にとって非常に魅力的なものになる。ただし「農園活性化プログラム」で導入されるPIR-PSMは，参加農家を農園管理主体から外すため，単独での適用は，企業による農園管理の透明性と参加農家の適応性の面でリスクが懸念される。これに対しては，広義のUPP制度や部分的支援によって多様な参加の

137

形を提供し,参加農家の自立性と主体性を確保できれば,アブラヤシ農園開発は地域住民の適応を伴う「完全な産業化」として展開することが可能だろう。

だが,根本的な課題として,広域で急速な農園開発によって引き起こされる不可逆的な土地の収用とモノカルチャー化の進行がある。2008年9月現在の州農園局のデータによると,マハカム川中上流域で手続きを進める企業は3社存在し,仮に申請が認められれば最大約5万5000 ha のアブラヤシ農園が出現する。本地域の「非林業生産地区」は11万404 ha であるから,その半分がアブラヤシ農園に転換されることになる。造成地の多くは個人所有者のいない共有林が目標になると考えられるが,地域住民にとっては木材,非木材林産物,薪炭材の採集,狩猟の場である貴重な生計資産としての森林を失うことになる。さらに収用された土地が将来村に返還されないことを考えれば,村の指導層はアブラヤシ農園開発の受け入れに慎重な判断が求められるだろう。この場合,企業に対する土地の提供を数千 ha に抑えるなど,どれだけ慣習林を残せるかが鍵となる。土地の収用を一定範囲に収めることができれば,ダミット村における水田とアブラヤシ農園の事例に見られたように伝統的農園や森林をある程度残すことが可能になる。だが,一度産業化の中心地となった場合,その急速な開発の進展を止めることは容易ではないと予想される。

これに対して,筆者は「緩やかな産業化」による地域発展戦略を提唱している。それはどのような姿をとるだろうか。

(2)「緩やかな産業化」による地域発展の可能性

本章における「緩やかな産業化」とは企業の大規模農園を受け入れずに慣習林の収用を避け,産業化の中心地から一定の距離を置くことで,地域が可能な限り自立的で主体的な発展を図ることを大前提とする。その上で,地域住民はUPP制度(広義を含む)によって農園の集約化を図りつつ,伝統的生業や森との共生関係を維持する。2007年時点のマハカム川中上流域の総世帯数は4656世帯であり,集約的ゴム園の面積は1世帯2 ha で生活に十分な現金収入を得られることから,仮にすべての世帯が参加しても,必要な面積は9312 ha である。

これは「非林業生産地区」の1割にとどまり，モザイク状に農園を造成することでモノカルチャー化が回避され，既存の伝統的農園や慣習林を残すことが可能となる（図5-3）。現在，地域住民が造成を進める伝統的ゴム園，モルッカネム植林からは5，6年後から一定の現金収入を得ることが可能になる。既存の焼畑や果樹園も自給による地域住民の生計維持において重要な役割を果たす。集約的なゴム園とモルッカネム植林地，伝統的なゴム園，焼畑，果樹園といった在地農法に基づく農園は互いに補完しあう。このような多様性の維持は「完全な産業化」では決して実現できないことである。

　ここで流通経路（前掲図5-3）に目を向けると，センダワール周辺地域ではゴム加工工場，ジュンパン湖周辺ではアブラヤシ搾油工場が新たに建設されている。これを受けてゴムは，輸送コストの削減と競争による販売価格の向上が期待できる（経路③）。モルッカネムは既存の木材販売ルートを通じてサマリンダの市場にアクセスする（経路②）。さらにアブラヤシは，西クタイ県で道路網の整備が進んでいることから，数年後には陸路で搾油工場への24時間以内のアクセスが可能となる（経路④）。ただし，アブラヤシの「緩やかな産業化」への適用は，マハカム川中上流域が丘陵地帯でアブラヤシの栽培には必ずしも適しておらず，成長後の他の作物との混植も難しいことから，現時点では慎重な判断が必要であろう。

　課題としては，「緩やかな産業化」は現時点で人びとの経済合理的インセンティブを抑制する機能を持たないことがある。センダワール周辺地域の事例で見たように人びとが集約的農園の収益性を実感することで，際限のない農園の拡大を引き起こす可能性は十分想定される。だが，ここで筆者は"徐々に"開発を進めるという速度指標としての「緩やかな産業化」が非常に重要な意味を持つと考えている。それは，"熟慮的"かつ"可逆的"な開発を図ることが可能だからである。今日のようにグローバル化のなかで急速に自然環境破壊や社会経済的変化が進行する状況では，急がない，後に戻れる開発が意味を持つ。重要なのは，「緩やかな産業化」によって経済的困窮状態にある地域住民の収入を確保しつつ，いかに早い段階から希少化する森林に対する持続可能な利用

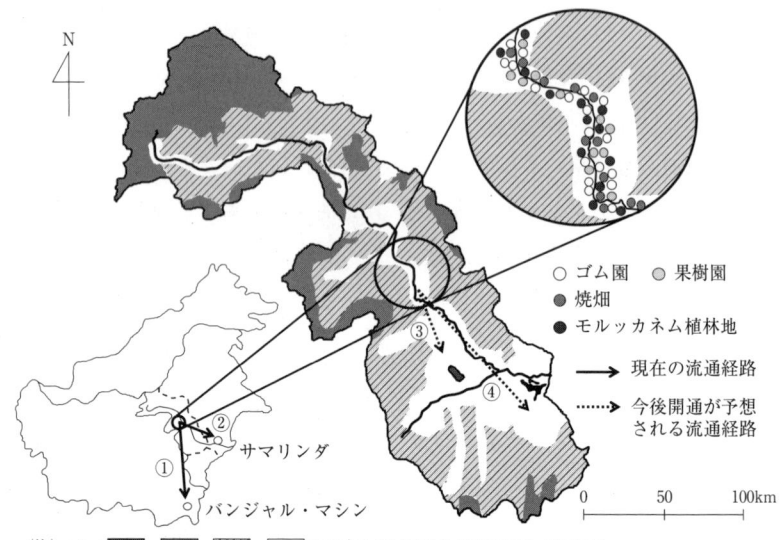

第Ⅱ部 グローバル時代におけるローカル・コモンズの戦略

図5-3 マハカム川中上流域における農園分布と流通経路予想図

(注) 1：■　■　▨　□ の示す土地区分はそれぞれ図5-1に同じ。
　　 2：①は既存のゴム加工工場への流通経路，②は既存の合板工場への流通経路，③は今後開通が予想されるゴム加工工場への流通経路，④は今後開通が予想されるアブラヤシ搾油工場への流通経路。
(出所) 東カリマンタン州西クタイ県土地利用区分地図を基に筆者作成。

管理制度を同時並行的に構築できるかであろう。それは「コモンズの再構築」（井上，1994, 143頁）につながる議論である。

（3）コモンズの再構築に向けて

　かつてマハカム川中上流域に存在したルースなローカル・コモンズは商業伐採による急速な開発のなかで，持続可能な形で機能することはできなかった。現在はアブラヤシ農園企業や石炭企業の参入が目覚ましく，村の指導者の買収工作をはじめ，ローカル・コモンズをめぐる利害関係は混迷を深めている。だが，興味深いのは，マハカム川上流域では，アブラヤシ農園開発計画がもちあがってから2年が経過したが，いまだに農園の造成が実現していないことである。これはアブラヤシ農園開発が数万haを要し，予定地が複数の村にまたが

ることから，リージョン単位での意思決定の調整機能が働いていることと無関係ではあるまい。たとえばママハック・タボ村の指導層は賛成派だが，その上流と下流には反対派の村が存在し，けん制している。バハウ人のコミュニティは，マハカム川上流域の6郡約130万haという広大な流域をカバーし，村人の間に密なネットワークが形成されている。そのようなネットワークを通じてさまざまな議論が交わされてきたことで，結果としてマハカム川上流域全体では，今日までアブラヤシ農園開発を受け入れていない可能性がある。東カリマンタンでは，グローバル化の進展の正の側面として，民主化や住民参加の思想が着実に根づきつつある。すでに見たように熱帯林開発の意思決定にもっとも強い影響を持つのは地域住民である。本章で示した「緩やかな産業化」は，小規模の集約的農園からの収入で家計を満たすことで，森林への過度な利用圧を軽減し，地域住民が熱帯林や生物多様性の保全といったグローバル・コモンズの議論にも積極的に参加することを促進する。今後は地域住民，政府・地方自治体，企業，研究者，NGOといったさまざまな利害関係者が協働によってその対立を乗り越え，人類の将来を見据えた長期的視野からローカル，リージョナル，グローバルなコモンズの再構築をいかに実現できるかが課題であろう。筆者も関係アクターの一人として積極的にこの問題にかかわっていきたい。

注

(1) マハカム川中上流域とは，西クタイ県ラハム郡，ロング・フブン郡，ロング・イラム郡の3郡を指すこととする。3郡を合わせた人口は2007年時点で1万8503人，面積は36万9066 ha，人口密度は5.01人/km^{2}である。
(2) センダワール周辺地域とは，西クタイ県リンガン・ビグン郡，バロン・トンコ郡，スコラ・ダラット郡，メラック郡の4郡を指すこととする。4郡を合わせた人口は2007年時点で5万678人，面積は16万4484 ha，人口密度は30.81人/km^{2}である。
(3) 本章で用いる「慣習地」あるいは「慣習林」は，地域の慣習法（Hukum Adat）に規定される「土地」あるいは「森」を指し，行政上の土地利用区分とは独立に存在する。
(4) 土地所有権の付与は，農家にとって大きな参加インセンティブとなる。国家に権利が保証されると同時に資産的価値が生じ，土地所有証を担保に銀行から高額の借入が

可能となるためである。土地所有権の取得費用は2008年現在，西クタイ県で土地局への手数料だけで265万6100ルピア/haである。これに税金，土地局職員の旅費，日当，宿泊費等が別途必要で，通常，一般農家は費用面で取得が困難である。PIR制度やUPP制度では，銀行による融資が提供されるまで国家や企業が一時的に費用を負担する。

(5) スペースの関係から正式名は割愛し，略称のみ記載する。P3 RSU, P3 RSB, PRPTE, SRDP, SCDP, TCSDP, TCSSP, STCPP, ISDP, UFDP, EISCDP, S3 TCDP。

(6) 企業を伴わない「農園活性化プログラム」ではUPPの設立は県の任意であり，UPPが組織されない可能性もある。しかしその場合でも，県農園局がUPPと同様の業務を担い，参加農家が受ける支援内容は変わらないので，本章では企業を伴わない「農園活性化プログラム」をUPP制度に含める。

(7) ラハム村，ロング・フブン村，マタリバック村，ルタン村，ママハック・タボ村，ダタ・ビラン・ウル村，ムアラ・カリアン村，ロング・ダリ村，クリワイ村。

(8) クレジットユニオンは貧困者から裕福な人間まで双方を受け入れていることから，本地域の住民の経済状況を一定程度代表していると仮定した。ただし，加入世帯では非加入世帯と比較して富裕層の割合が多いというバイアスが若干考えられる。

(9) ダミット村では先住民24世帯に家計調査を実施した。村長および隣組長に衛星農園を保有する11世帯，部分的支援による農園を保有する6世帯，自力栽培農園を保有する2世帯，アブラヤシ農園を保有しない7世帯を任意に抽出してもらった（2世帯は複数種類の農園を所有）。スムンタイ村では広義のUPP制度によるアブラヤシ農園を有する先住民世帯を村長や村役場スタッフに任意に抽出してもらい，無作為に20世帯（7世帯は衛星農園，3世帯は自力栽培農園も保有）に対して家計調査を行った。

(10) PIR-PSMはまだ実施されていないので推計値である。表5-4の注3)参照。

(11) リンガン・マパン村における村人を対象とするフォーマル・インフォーマルな聞き取り調査は2008年11月，2009年3月に実施した。家計調査は2009年3月，村を代表する隣組3の先住民世帯を無作為にまわり，同意を得た20世帯に対して実施した。

(12) ここでいう「産業化」とは，固定資本財が中心的地位を占め，学習効果の蓄積，分業の深化による生産効率の向上，集積立地による外部経済効果の累積などダイナミックな成長過程のこと（井上，2000）。このような「産業化」は企業によって支配されるとともに，銀行による信用創造がきわめて重要な要因となる。

(13) 本章の内容は，『林業経済』誌に投稿中の河合真之・井上真「大規模アブラヤシ農園開発に代わる『緩やかな産業化』の可能性：東カリマンタン州マハカム川中上流域を事例として」を基に執筆した。

参考文献

井上真「インドネシアにおける森林利用と経済発展」永田信・井上真・岡裕泰『森林資源の利用と再生——経済の論理と自然の論理』農山漁村文化協会，92-145頁，1994

年。
井上真「生態系の危機と地域――カリマンタン」木村靖二・長沢栄治編『地域の世界史12：地域への展望』山川出版社，53-85頁，2000年。
井上真「自然資源の共同管理制度としてのコモンズ」井上真・宮内泰介編『コモンズの社会学――森・川・海の資源共同利用を考える』新曜社，1-28頁，2001年。
岡本幸江編『アブラヤシ・プランテーション　開発の影　インドネシアとマレーシアで何が起こっているか』日本インドネシアNGOネットワーク（JANNI），2002年。
ADB (Asian Development Bank), "Project Completion Report on the Tree Crop Smallholder Sector Project (Loan 118-INO) in Indonesia July 2002."
BPS (Badan Pusat Statistik), "Tingkat Kemiskinan Di Indonesia Tahun 2007", *Berita Resmi Statistik*, No. 38/07/Th. X, 2 Juli 2007.
DP (Departmen Pertanian), "Tree Crops Smallholder Development Project (TCSDP) IBRD LOAN NO. 3464-IND", *Final Evaluation Report on TCSDP*, August 2000.
DP, "Program Revitalisasi Perkebunan (Kelapa Sawit, Karet dan Kakao)", *Pedoman Umum*, Direktorat Jenderal Perkebunan, Jakarta, 2 Maret 2007.
Marti, S., "Losing ground: the human rights impacts of oil palm plantation expansion in Indonesia", Life Mosaic, Sawit Watch Indonesia and Friends of the Earth, 2008.
Zen, Z., C. Barlow and R. Gondowarsito, "Oil palm in Indonesia socio-economic improvement: a review of option", *Oil Palm Industry Economic Journal* Vol. 6. No. 1, pp. 18-29, 2006.

第6章

政策はなぜ実施されたのか
――フィリピンの森林管理における連携――

椙本歩美

　森林政策は国家主導から住民参加型へと変化してきたが，政策と実施の乖離は中心課題として議論が続いている。地域住民による森林管理政策では，政策と地域の実態が合っていない場合，かえって住民に負担や不利益を生んでしまう。また住民だけでなく行政やNGOなどを政策決定や実施に加えて多様な意見を反映させようとしても，結局は発言力の強い者が意思決定を牛耳っているなどの事例から，参加型の見直しが進んでいる（Cook and Kothari, 2001；佐藤編，2003；ヒッキィ・モハン，2008）。解決策になるはずだった政策が，新たな問題を生んでいるのである。

　地域住民による森林管理政策と実施現場に乖離が生じる要因には，さまざまな議論がある。不確実性を伴う現場に政策が対応しきれないという見方や，逆に住民や関係者に実施する能力がないことを問題にする見方などである。このように一つの認識に収斂できないようなとき，問題の切り取り方次第で，ある利害関係者に有利な解釈を導くことができる（佐藤，2002，46頁）。たとえば「共同管理（co-management）」という言葉を用いることによって，そのなかで繰り広げられる現実の複雑性を覆い隠してしまう効果がある。問題の政治性をとらえるためには，政策自体を検討するよりも実施において政策が変容されるプロセスに注目する必要があるのだ（Berkes, 2002, p. 295）。

　本章では，地域住民による森林管理政策を，補完するための行政や自治体の連携を事例にして，連携が結局何に対する解決になったのかをフィールド調査をもとに考察する。地域住民による森林管理政策を進めるために，行政・自治体・NGOなどが連携して「環境ガバナンス」を構築しようという政府の方針や援助プロジェクトが近年見られるが，実施現場ではどのように政策が受容さ

れているのだろうか。

　この政策の実施は，二つのレベルで地域に存在しない社会関係をつくり出す試みになる。まず村レベルでは，既存の村落協議会とは別につくられた住民組織が共同管理を行う方法がとられることが多いが，共同資源管理をする慣習がもともとない場合，住民たちが新たな制度を受容していく試みになる。次により広範な行政区レベル（州や県など）では，「環境ガバナンス」の名の下に行政や自治体職員などが組織をこえて連携する新たな試みになる。この二つのレベルで起こる政策変容をつなぎ合わせて，実施現場にとっての政策の意味を再考したい。

　フィリピンでは，「コミュニティによる森林管理（Community-based Forest Management：以下CBFM）」の実効性が低い現状に対して，行政や自治体などが組織間で連携することが対策の一つになっている。これは「環境ガバナンス」の強化を通してCBFMの実効性を高めようという援助プロジェクトとしても実施されている。実施を通して，政策がどのような効果や課題を持つのか考察することは，同じような森林政策と国際援助の流れを共有しているアジア周辺諸国に重要な示唆を与えてくれる。まずはフィリピンの森林政策で森と人の位置づけがどのように変化してきたのか見てみよう。

1　誰が森林を管理するのか：住民参加と連携の接合

　かつてフィリピンは豊かな森林に覆われていた。スペイン人たちがこの島々を「発見」した16世紀は，90％が天然林であったといわれている。しかし1950年に49％まで減少し，2003年は24％に激減している（Kummer, 1992；DENR, 2003）。フィリピンで実質的に商業伐採が始まったのは，アメリカ植民統治からである。1903年の公有地法で，それまでに私有権が確立していた土地を除く山林はすべて公有地となった。政府は囲い込んだ森林に択伐天然更新法を導入して，木材輸出を進めていった。択伐法が遵守されれば，経済価値の高い樹種は天然更新によって造林されるはずだったが，実際には遵守されることが少な

く，この時期に多くの森林を失う結果になった（葉山，2003）。

第二次世界大戦後，世界的な南洋材需要の高まりによって，森林は国家の主要な輸出資源となった。1950年代から政府は木材伐採権（TLA）を企業に与え，合法的に大量の木材が伐採された。特にマルコス政権（1965～1986年）は，地方政治家たちに木材伐採権を与えることで政治体制を強化したため，森林伐採は利権と化していった（Kummer, 1992）。同時に公有地では，牛肉生産用の商業的放牧地経営のライセンスが認可された。こうして木材伐採や放牧が可能な公有地は，企業に囲い込まれていった。一方で商業伐採前から住んでいた焼畑農耕民や狩猟採集民たちは，「森林破壊者」や「不法占拠者（スクウォッター）」とみなされ排除されていった。長らくフィリピンの森林政策は，伝統的な資源利用を非合法化する一方で，科学的林業を導入して国家による資源統治を正当化していった。

しかし1970年代後半になると木材伐採権は政府に戻されていき，政府の姿勢は住民排除から住民参加へと変わっていった。1982年の「統合社会林業プログラム（ISFP）」では，最低20%の土地に植樹することを条件に25年間公有林地内の土地保有権「管理契約証書（Certificate of Stewardship Contract：以下 CSC）」が農民に承認され，「住民参加型」の森林政策が始まった。マルコス政権は末期になると，戦略的にコミュニティ開発を導入することで自らの正統性を獲得していった。またアカデミックの領域は社会林業に向けた教育再編をすることで，多くの中級官僚を生み出していった。タイでは国家の森林政策に対峙する形でコミュニティ林業が始まったが，フィリピンではコミュニティ林業が国家政策に取り入れられて官僚制を強化したのである（Contreras, 2003, pp. 97-99）。

（1）住民参加導入の背景

この流れを決定づけたのはピープルパワーで誕生したアキノ政権（1986～1992年）である。世界銀行や米国国際開発庁（USAID）はフィリピンの民主化に資金を出す際，環境保全や住民参加をコンディショナリティにした。森林は国家の主要な財源にならなくなったため，森林の危機的状況を強調することで政府は環境援助資金を獲得する戦略をとった（永野・葉山・関，2000, 30頁）。アキノ

政権やラモス政権（1992〜1998年）が環境保全に転換できたのは，マルコス政権に比べて伐採の利権を持っていなかったからだといわれている（Utting, 2000, p. 21）。その後，政府は援助機関に依存しながらコミュニティ林業プロジェクトを実施していった。1990年代には，アジア開発銀行（ADB），世界銀行（WB），ドイツ技術協力公社（GTZ），海外経済協力基金（OECF），USAID，など援助機関が拡大していく。

住民参加型の森林管理が国の政策として定着するのは，CBFM が明文化され国家戦略になったときである。政策目的は，①持続的な森林資源管理，②地域コミュニティの生活改善と社会的公正である。それまでの参加型森林管理プロジェクトは CBFM に統合され，土地利用権がすでに発行されているところは，それを追認する形で CBFM 協定が承認されていった。住民組織には25年間の土地利用権が付与される。土地の所有権は国家にあるが，住民組織メンバーは造林事業や二次林内の林産物を採取することができる。資源利用は住民組織がつくる「地域資源管理フレームワーク（Community Resource Management Framework）」や「5カ年活動計画（Five Year Work Plan）」に基づいて行われることになった。

これまでの成果は，CBFM サイトで森林面積の増加や農業技術の向上が見られ，森林減少の抑制に一定の効果を上げている。また住民組織に土地利用権が付与されたことで，住民は合法的に地域資源を利用できるようになった（Pulhin et al., 2007, pp. 879-880）。

一方で課題も山積している。住民組織メンバーが商業的伐採を行うには，環境天然資源省の許可が必要である。自治体は森林管理の監督権しか付与されていない。結局，重要な権限は環境天然資源省が握ったままで，十分な権限委譲になっていないのである。さらに CBFM の実施に関する手続きは煩雑で，実施が難しいなど制度上の課題がある。

実施レベルでは，住民組織が一部住民を排除する形で利益分配するなどの不公正や，紛争を解決できない弱いリーダーシップなどが報告されている（Dahal, 2006, pp. 386-387）。汚職や違法伐採など，行政や地方有力者がかかわる問題も

依然として残っている。

　このようにかつて森林破壊者として排除されてきた地域住民は，森林管理の担い手として政策に組み込まれることになった。CBFMは主に伐採跡地に導入されており，伐採労働者などの移住者が形成した村で森林の共同管理を行うことは，ローカル・コモンズを生成する試みだといえる。しかし現実には，商業伐採跡地における「コミュニティ」とは何なのかという議論がないままに政策が実施されている（関，2005，124-125頁）。市民団体からもそのあり方について十分に議論されないままCBFMは国の政策になっていったのである（Contreras, 2000）。

（2）連携への道のり

　アキノ政権の大きな転換は地方分権化だった。1991年に地方自治法（共和国法第7160）が制定されたのは，国内からの民主化要求だけでなく，構造調整の導入や援助機関が重視する地方分権化アジェンダへの反応でもあった[5]（片山，2001，117頁）。そのなかで森林行政の一部権限が地方自治体に移譲され，行政区内の生態系維持管理の責任を中央政府も担当するよう規定された。たとえば地域住民による森林管理政策・ISFプログラム・50 km²以内の共有林管理は自治体の役割になった。

　1998年には，環境天然資源省・内務自治省・地方自治体で連携して森林管理を行うための合同通達が出された（DENR-DILG Joint Memorandum Circular No. 98-01）。ここでは，三者が協力して町レベルの「森林地利用計画（Forest Land Use Plan）」をつくることや，国・リージョン・州・町それぞれのレベルで連携協議会を開くよう記されている[6]。さらに2003年には，連携強化と制度化が通達された（DENR-DILG Joint Memorandum Circular No. 2003-01）。自治体に分権化する優先事項は，共有林・水源涵養林・森林公園などの境界線の確定となり，実施において協定書（Memorandum of Agreement）を結ぶ際には，対象となる森林の面積に応じて担当部署が決められた[7]。このように森林管理の連携に関する細目は決められていくが，実施は進んでいないのが現状である。

そこで援助機関は，自治体や環境天然資源省の「能力強化」を通して連携を目指すプロジェクトを行っている。たとえばUSAIDの「環境ガバナンスプロジェクト（Ecological Governance Project）」では，町役場の環境天然資源課に「森林地利用計画」作成の支援をしている。ここでいう「環境ガバナンス」は，地域住民・行政・自治体・NGOなど多様な関係者が，役割を分担して協力することである。よいガバナンスの要件として透明性・説明責任・参加が，「森林地利用計画」に盛り込まれている。また国際協力機構（JICA）の「CBFMプログラム強化計画プロジェクト」（2004～2009年）では，環境天然資源省と自治体の職員が会議を開いてCBFMサイトの状況を話し合い協力し合う体制づくりが支援された。

このようにして，住民による森林の共同管理と行政・自治体の連携という二つの流れは接合された。しかしこれらの政策は，フィリピンの地域社会に暮らす関係者たちの実情に適したものなのか。まずは村レベルの共同管理が実際どのように実施されているのか見てみよう。

2　CBFMの実施と援助：キリノ州B村を事例に

事例にするのは，行政・自治体・NGO・住民組織が連携して森林管理を行っているルソン島東北部キリノ州である（図6-1）。ここを取り上げる理由は，森林管理における連携が進まないなかで，GTZが始めた連携が援助終了後も継続しているからである[8]。フィリピンの援助プロジェクトにおいて，数少ないよい事例（グッド・プラクティス）であると評する援助機関もある（WB, 2003）。しかしこの連携がCBFMというローカル・コモンズ生成の試みを補完するものだったのかどうかは検討が必要である。まずはキリノ州で森と人の関係がどのように変遷していったのかを踏まえながらCBFMの実施現場を見てみよう。

キリノ州はシエラマドレ山脈が南北に縦断する山岳地帯である[9]。1966年にヌエバ・ビスカヤ州から分離するまでは，天然林がうっそうと繁るなか先住民のブカロットやアガタが狩猟採集を行っていた[10]。キリノ州も1960年代に木材伐採

第Ⅱ部　グローバル時代におけるローカル・コモンズの戦略

図6-1　キリノ州地図

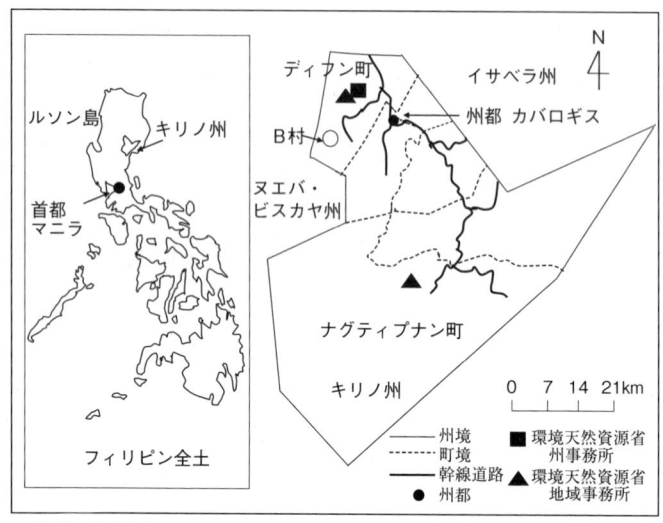

(出所)　筆者作成。

地に指定されて，伐採労働者たちの入植が始まった。木材伐採権が発行された1969年から1993年の間に森林は減少した。

しかし森林減少がより大きかったのは，伐採権がキャンセルされた後だった。伐採跡地が実質的にオープンアクセス化したことで，移住者たちは土地を開墾して定着するようになった。現在はトウモロコシとコメなど農業が州の主産業になっていて，山の斜面全体をトウモロコシが埋め尽くす景観が続く。結局，キリノ州の森林率は61％まで減少している（CFPQ, 2006）。単一作物栽培や休閑期を置かない焼畑耕作が，土壌劣化や土壌流出をひき起こしているといわれている。

これまでさまざまな援助機関やNGOが当地の森林管理を支援してきた。なかでもGTZは1988年から2003年の長期にわたって，村から行政・自治体までを対象に支援を行っている。キリノ州が選ばれたのは，①持続的に商業的な森林管理ができる森林面積を有していること，②交通アクセスや治安に問題がないこと，③文化経済的な対立がないことなどの理由であった（Beer, 1990, p. 1）。

150

商業伐採が下火に向かう1980年代後半のISFプログラムのときに，GTZは土地保有権であるCSC発行の支援や農業技術の移転を1村で始めた。その後，対象村を広げながらプロジェクトは続いていく。

キリノ州ではGTZなど援助機関の支援によってCBFM協定を取得し，その後も支援を受けている場所が多い。しかしDolomらの調査によると，合計34カ所のCBFMサイトにある49の住民組織のうち，適切に活動できているのは9組織にとどまり，ほとんどが基準に達していないという(Dolom and Dolom, 2006, p. 3)。援助機関が長期にわたって支援しているにもかかわらず，なぜ住民組織の活動は「停滞」しているのだろうか。

キリノ州ディフン町B村のCBFMを事例に見てみよう。B村はいろんな地方からの入植者の村で，GTZの援助後に住民組織が休止状態に陥るなど，他のCBFMサイトで共通して見られる特徴を有している。

B村は1999年にCBFM協定を取得し，村の面積1999 haの約7割（1363.61 ha）がCBFMサイトになった。このうち水源涵養林37.77 haは保護林になっていて，産業林257.33 haとGTZのプロジェクトによる造林14.62 haがある。その他は住民組織のメンバーが耕作地にしている。そこでは焼畑後にトウモロコシの単一栽培をする住民も多く，土壌流出が起きている傾斜地もある（写真6-1）。行政や援助機関は等高線栽培やアグロフォレストリーを勧めてきた（写真6-2）。しかし開墾は止まらず，村の森林面積は653.29 haまで減っている(11)(12)（CFPQ, 2006）。かつては近くの森から薪炭を採取したり木材を売ったりして収入を得ていたが，現在は薪を買っている住民がいるほど森林減少は進んでいる。どのように森林は減少していったのだろうか。

（1）B村の土地利用の変遷

B村の最初の入植者は，ベンゲット地域から来たカンカナイの家族だった。翌年，南イロコス州・イフガオ州・ビサヤ地域から5家族が入植した。彼らのような伐採労働者たちがB集落を形成したのである。1970年代には，近隣のC集落と合併して今日のB村になった。2007年の人口は855名（179世帯），カン

写真6-1　B村のトウモロコシ栽培

2007年4月　筆者撮影。

写真6-2　等高線栽培

2007年4月　筆者撮影。

カナイ・ビサヤ・イフガオ・カリンガ・イロコスなど民族は多様である。民族間の婚姻が進んでいるため，結婚式などの行事は，両家が受け継いできた慣習や伝統を混ぜ合わせて行っている。

木材伐採の衰退によって，住民の主生業は林業から農業に移っていった。かつての木材伐採と焼畑農耕に代わり，1980年代からはキリノ州全域でバナナ栽培が主流化した。「バナナは小さな面積でも収入がよかった。あの頃，村はまだ木々に覆われていた」と振り返るように，住民たちは比較的小さな面積の土地で収益を得ることができた。しかし1990年初頭，台風による破壊とバナナの疫病が流行する。B村もほぼ全域でバナナが枯死し，その後はバナナが生育できなくなってしまう。住民たちは新たな農作物を栽培せざるを得なくなった。1990年代半ばに企業がトウモロコシを紹介したことで傾斜地でのトウモロコシ単一栽培が始まり，土地の開墾が拡大していった。

この時期にはISFプログラムの下で一部住民に対してCSCが発行され，B村の土地利用が法的に確定した。CSCによって村の10％以外は法的に開墾できることになったので，住民たちはトウモロコシ栽培をするために開墾して

いった。1999年，B村にCBFM協定が発布されたとき，CSCをもとに土地利用が追認されたため，住民はそれまでの農地利用を続けた。

　最初に利用権が分配されてから20年経つうちに，子どもや親族に土地を分けたり，借金の担保として手放したり，住民間で利用権が売り買いされて，実質的な利用者と書類上のCSC保有者が異なっていった。また住民たちは国内外で出稼ぎをするため一時的に村を離れることがある。CSC保有者が不在の間に，新規入植者や利用権を持たない住民（非住民組織メンバー）が耕作を始めて，保有者が帰村した際には問題が生じるようになった。CBFM内の実質的な土地利用者と土地境界線が不明確になり，人びとの間で問題になっていた。

　そこで2007年にUSAIDの援助で，個人が利用しているCBFM内の土地境界線が再調査された。住民組織のリーダーは改めてメンバーに対して「個人所有権（Individual Property Right：以下IPR）」を承認することになった。[13]この調査では，利用者の間で境界線の認識に食い違いが見られるなど，半分以上の土地境界線が不明確になっており，最終的に土地利用権は，CSC保有者84名からIPR保有者122名に再分配された。1人あたりの平均土地面積は，4.3 haから2.9 haに縮小している。最小面積で比べると，0.2 haから0.051 haへ4分の1に細分化されている。

　ところで住民全員が土地利用権を平等に得られるわけではない。IPR保有者は自動的に住民組織メンバーになるが，IPRの面積には個人差があるし，IPRを得られなかった住民もいる。そもそもB村のすべての世帯が住民組織に参加しているわけではない。特に新たに移住してきた住民や，たまたま調査時B村を離れていた住民は，住民組織に加わりにくくIPRを取得しづらい。人の流動性が高いフィリピン社会では，就労機会をみつけては村を出て行くこともある。それに対してCBFMは，1カ所に住み続けることを前提にした制度といえるだろう。

（2）住民組織の活動
　住民組織の歴史は，援助と深くかかわっている（表6-1）。GTZのプロジェ

クトが始まったのは，トウモロコシ単一栽培に切り替わった頃だった。GTZ は住民の土地利用が環境破壊的であるとして，農業や林業に関する多くの研修をした。その際プロジェクトを行うときの窓口になる住民組織をB村の中心地につくった。しかし村の中心から地理的に離れた集落の住民は参加しにくかったため，そこには別の住民組織をつくることになった。こうしてB村には二つの住民組織がつくられて，一つのCBFM協定が付与されることになる。

ところで住民組織は，村の既存の意思決定機関である村落協議会と切り離された存在である。村落協議会には環境担当の役員がいるが，彼は住民組織の運営には全くかかわっていない。村の役員会議に住民組織のリーダーや役員が参加することもない。一方，住民組織の活動内容や日程は，住民組織の役員たちが話し合って決定し，後日他のメンバーに伝えられるが，情報が伝わり切らないこともある。B村にとってCBFMや住民組織は村の一部の人たちの活動なのである。

設立当時GTZスタッフの説明から，「住民なら参加しなければならない義務」であると理解したり，「メンバーなら何か利益が得られる」と期待して住民組織のメンバーになった人も多い。彼らにとっての利益とは，村にとって助けになるような援助を得ることや，森林管理活動が行われることに加えて，生活協同組合からの分配金と考える人たちもいる。B村の住民組織メンバーにとって，土地利用だけがCBFMの便益ではない。

B村の住民組織がCBFM協定を取得した1999年に，中心地にある住民組織は森林管理と生活支援の活動を分離して，生活支援に関しては生活協同組合が行うことになった。生活協同組合はB村の中心部でサリサリストアと呼ばれる雑貨店を営み，収益の一部をメンバーで分け合っている。また低利子でお金を借りることができる。CBFMサイトを運営する住民組織とは別組織なのだが，重複するメンバーも多く，住民は区別していない。そのため生活協同組合からの収益分配や低利子のローンなどを住民組織の便益と感じる人が多いのである。

では住民組織はどのような活動をしているのだろうか。始まりは，GTZのプロジェクトに住民が参加するための窓口であった。プロジェクトでは会計や

第6章　政策はなぜ実施されたのか

表6-1　森林政策とキリノ州への援助

国の森林政策／プロジェクト	キリノ州でのGTZプロジェクト	B村でのGTZプロジェクト	B村でのその他活動
1982年～ 統合社会林業プロジェクト（ISF）	1988年（対象1村） Philippine-German Dipterocarp Forest Management Project	なし （ナグティブナン町1村対象）	1984年　CSC取得
1990～1995年 コミュニティ林業プロジェクト（CFP）	1992～1994年（対象5村） Philippine-German Integrated Rainforest Management Project	造林技術移転，商品生産，住民組織化	1993年　住民組織設立 1994年　植林21 ha（個人） CCFS 土地利用権取得
1995年～現在 住民による森林管理（CBFM）	1994～2003年（対象10村） Philippine-German Community Forestry Project-Quirino（CFPQ）	住民組織化，CBFM協定取得，商品生産（ほうき，薬，菓子，ジンジャーティー等）	1996年　住民組織設立 1999年　CBFM取得 　　　　生活協働組合が住民組織から分離 2005年　UNDP 裸地修復 2006年　NGO 5カ年活動計画づくり支援 　　　　環境天然資源省 　　　　高地アグロフォレストリー11 ha 　　　　USAID IPR支援 　　　　NGO レモン栽培支援
	1998～2001年 Debt-for-Nature Swap Initiative Project	なし	

（出所）　筆者作成。

リーダーシップなどの「能力強化」研修が行われた。育苗の研修に参加したメンバーは，各自が利用する土地に苗木を持ち帰って植えており，共有林だけでなく個人が利用する土地でも造林が行われた。また生計向上のために石鹸・薬・ほうき・ジンジャーティー等の商品が作られた。商品は生活協同組合が運営するサリサリストアで販売され，女性たちの活動として盛り上がった。しかしプロジェクトが終わるとともにこれらの活動も終わり，住民組織は一時休止に陥った。

　住民組織が休止した理由は，大きく三つある。第一は，村外から来たプロジェクトの中心人物たちが，援助終了とともに新たな職を求めてB村を去っていったためである。B村で研修を受けた住民のなかにも，新たな機会を求めて村を出た人がいる。第二は，女性たちが行った商品作りでは，お金の管理に失敗したり，材料が手に入らない状況が生まれたためである。材料はメンバー

155

個人の畑で栽培しているので，ほうきなどを個人で作り続けている人もいるが，共同生産はしていない。第三は，造林事業で植えた木を収穫時期になっても伐採できず収益が得られなかったためである。環境天然資源省の禁伐令が解除されても，商業伐採の申請手続きは煩雑で，許可はなかなか下りない。木を育てても，それが収入にならないのである。結局，住民組織の活動は援助頼みになってしまう。多くの時間や資材を投入したにもかかわらず，ほとんどの活動が継続しなかったのである。

一方で援助がなくても続いている活動がある。森林パトロールは，保護林と産業林で年に1度ほど行われ，メンバーの3割が参加している。日常で違法伐採や開墾を行う村外からの「侵入者（intruder）」を住民が見つけたときには，住民組織のリーダーが相手と賠償方法などの話し合いをして解決している。しかし住民組織が侵入者を取り締まるには限界がある。パトロールだけではすべての侵入者を捕らえることはできないし，地元政治家や行政職員たちも伐採にかかわっているといわれていて厳しい取締りができない。

また1990年代から援助機関や行政が紹介して，住民組織の役員たちも推進しているアグロフォレストリーは個人レベルで少しずつ広がりを見せている。ほとんどの住民が単一栽培ではなく，複数の種類の豆や芋をCBFMサイト内で育てている。アグロフォレストリーの導入はIPRを取得するための条件になっているため，これからも広がっていくだろう（写真6-3）。しかし果樹の苗木などを買うお金がなかったり，その必要性を感じない場合，住民はアグロフォレストリーを取り入れない。地域の環境や人びとの生活に適した形で農業と林業のあり方を模索していく必要があるだろう。

（3）住民組織の活動は「停滞」しているのか

B村では違法伐採や開墾が続いているものの，保護林や産業林は維持されている。また侵入者が発見されたときには，住民組織のリーダーや役員たちが侵入者らと話し合って賠償方法を決めていて，住民組織は一定の役割を果たしている。しかし地元有力者や行政職員が違法行為にかかわっている場合，住民組

織だけで解決できる問題ではなくなり，村のリーダーや行政の力も必要になる。

さらに住民たちにとって悩ましいのは，このような森林資源が住民組織の財源にならないことだ。環境天然資源省からの伐採許可が下りるまでには長期間を要するため，伐採に適した状態まで木々が成長しても，放置されている状況が見られる。森林パトロールを行っても，住民には産業林を自由に伐採する権限はないのだ。自主財源がないために，住民組織の運営は援助や行政のプロジェクト頼みになっている。しかしプロジェクトが勧めた商品の共同生産は，リーダーシップの不在などで住民自らの活動にはつながらなかった。

写真6-3 IPR取得のための計画発表

2007年4月 筆者撮影。

したがって政策実施者である住民たちに森林管理の知識がないのではなく，彼らが対処するには限界があったり，資源利用の権限が制約されているなかで政策を実施しなければならないのだ。CBFMは村全体が共有する制度にはなっていない。

しかしながら一貫していえることは，住民たちがCBFMサイトを農地として利用していることだ。土地利用権は住民組織に入っている一部住民に認められ，子どもたちに相続したり売買される個人所有の物として扱われている。政策理念は共的管理でも，実態としては一部住民の私的管理という側面があるといえる。

CBFMや援助プロジェクト自体に限界があるのなら，住民組織が活動計画や実施手順に従っていないからといって，活動が「停滞」していると評価することはできないだろう。地域住民にとってCBFMは，もはや森林政策というよりも高地における農業政策の一環としての意味を持つのである。政策が現場

に適していないにもかかわらず，住民組織が実行している活動を理解することで，政策の意味を再考していく必要があるだろう。

3 連携はどのように実施されたのか

プロジェクト終了前にGTZは，援助後の森林管理のあり方を検討し（2001～2003年），自治体・環境天然資源省・NGO・住民組織が連携して森林管理をする「コラボレーション」体制をつくることになった。フィリピンでは一般的にこのような組織連携を，「テクニカル・ワーキング・グループ(Technical Working Group)」と呼ぶが，キリノ州では差別化して「組織横断型運営チーム（Inter Institutional Management Team)」と名づけ，関係者はIIMTと呼んでいる。

一般的に森林管理において関係者が協力する利点は，①問題を共有するなかで関係者の相互理解を生み出して利害対立を回避すること，②不確実性を伴う事象に対して効果的な解決策を導くことができることなどがいわれている（Wondolleck and Yaffee, 2000, pp. 23-35)。しかしなぜ連携は必要だったのだろうか。そして地域の関係者は森林管理の連携という新たな関係づくりをどのように実施したのだろうか。援助終了後の経緯を追って考えてみたい。

GTZは援助後の課題を，地域・町・州などあらゆるレベルで組織や個人にCBFMの実施能力が不足していることだと考えた。ここで能力とは，①計画・モニタリング・評価ができること，②財源や情報を持っていて，計画づくりや実施において責任を負えることであった（DelVecchio, 2001)。つまり援助者はCBFMの実効性が低い原因を，現地の関係者が知識や情報を持っていないことに見出したのである。解決策として住民組織・環境天然資源省・自治体が計画づくりを一緒にすることで，情報や知識が共有され，能力が向上すると説明された。またGIS（Geographic Information System)データ・苗木の提供・研修会・会議の調整など連携に必要なサービスを提供し，関係者を仲介するためのNGO（Community Forestry Project Quirino Inc.)がつくられることになった。このような連携をするために関係者間で協定書が結ばれて，GTZの支援は終

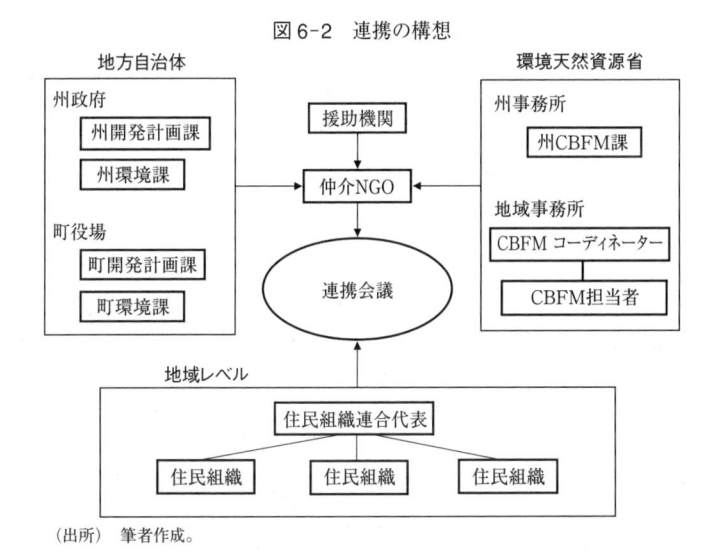

第6章 政策はなぜ実施されたのか

図6-2 連携の構想

```
地方自治体                    援助機関        環境天然資源省
 州政府                         ↓              州事務所
  州開発計画課                                   州CBFM課
  州環境課         →     仲介NGO     ←
                            ↓              地域事務所
 町役場                                      CBFMコーディネーター
  町開発計画課                                CBFM担当者
  町環境課               連携会議
                           ↑
 地域レベル
  住民組織連合代表
   住民組織  住民組織  住民組織
```

（出所）筆者作成。

了した。

　環境天然資源省からは州と地域事務所のCBFM担当者が，自治体（州政府・町役場）からは予算管理をする開発計画課と環境天然資源課の担当者がメンバーになっている（図6-2）。住民組織からは選挙で選ばれた代表者1名が，会議に参加することになった。他にNGOなどもメンバーになっている。

　しかしGTZが去った後，関係者はスムーズに連携していったわけではない。2003年から2007年の主な活動は，連携のための計画づくりと研修だった。そのための会議は年に5〜8回の頻度で開かれているが，参加者がそろわず，計画づくりだけに時間がかかった。

　2006年になると実施レベルでの連携が始まった。自治体の予算を使って農道を作ったり，土地境界線の測定や山火事の調査を環境天然資源省と自治体職員が一緒にするようになった。さらに2007年には，連携の活動計画・州の環境計画・町の森林地利用計画などが作成された。ここに至る過程で反対者が出現したのだが，その後，彼らは態度を変えることになった。なぜだろうか。

159

第Ⅱ部　グローバル時代におけるローカル・コモンズの戦略

（1）現場森林官の参加の背景

　連携に反対したのは地域事務所職員，つまり環境天然資源省の最末端にあって現場の最前線にいる森林官たちだった。州に二つある事務所のうち，州都に近いディフン町にある地域事務所の森林官は連携会議に参加したが，州都から車で2時間ほどかかるナグティプナン町にある地域事務所の森林官たちは，反対して参加しなかった。

　関係者たちは参加が進まなかった理由を大きく三つあげている。一つ目は，会議に参加する際の交通費が自己負担になっていたためである。環境天然資源省では，ほとんどの予算が人件費に充てられている。現場の森林官たちが業務をするための費用は常に不足している。組織が慢性的な財源不足にあるとき，地理的な遠さが参加を阻んでしまう。二つ目は，他の組織が森林行政にかかわることに対して森林官たちが不信感や反感を持っていたためである。「自分たちは森林官という専門家だ。自分たちだけでCBFM業務はできる」という自負があって，他者が自分たちの業務に入ってくることに嫌悪感があった。特に仲介役として新設されたNGOに対して反感が強い。「NGOの本当の目的は何なのか？」と，ナグティプナン町の地域事務所所長からNGOの存在を疑問視する発言が会議の記録に残っている。三つ目は，このような不信感を持つ上司が反対したことで部下も不参加になったためである。地域事務所は個人的なつながりが強い職場である。CBFM担当の森林官たちが反対したのは，地域事務所所長とCBFMコーディネーターが反対したためであった。組織内の人間関係が，森林官の行動に影響していた。

　このような状況に対して仲介役NGOリーダーはどのように対応したのだろうか。反対を受けながらもNGOリーダーは，関係者と個別に連絡をとって交流したり，連携の必要性を訴え続けた。彼女はディフン町長の秘書を辞めてGTZプロジェクトのスタッフになっていて，地元政治家との人脈を持っていた。彼女が州知事らを説得したこともあり，自治体の開発予算からNGOの運営費や連携会議の財源を得られるようになった。財源が確保できたことで，農道整備や土地境界線の測定など実施レベルの活動が可能になった。NGOリー

ダーは，フィリピン社会のリーダーシップに必要とされる，外部資金を導入できるような有力者との個人的関係性を持っていたといえる（Hollensteiner, 1963）。

　自治体からの資金は年間予算が決まっているわけではない。NGOリーダーは必要性に応じて，自治体の開発計画課長に要請している。決算報告もないため，資金を提供する自治体側は実際の支出まで把握していない。使う側は使途を明確にする必要がないので，余った資金をガソリン代など他の用途に充てることができる。現場の森林官たちは，自由な裁量のある財源を新たに獲得したのである。森林官にとってNGOは，対立相手から融通が利く相手へと変わり，参加への譲歩が導かれた。

　さらに「コラボレーション」に対して，海外援助機関から支援が継続していることも，反対者が賛成に回るための判断材料になった。たとえばUSAIDは，自治体を中心に支援を行っている「環境ガバナンスプロジェクト」のなかで，この連携に対しても支援をしている。またUNDPも，仲介役NGOを支援の窓口にして，住民組織や「コラボレーション」に対して支援をしている。反対者たちはこれら外部からの資金を得るという意味を見出して，参加に転じていったと考えられる。

　さらに2007年に，反対の中心であった地方事務所所長が急死して，CBFMコーディネーターも異動させられるという出来事が起きた。次に配属された所長やCBFMコーディネーターは，連携に好意的であった。このことも現場の森林官たちが参加に転じる契機になった。

（2）住民組織の不参加の背景

　では，住民組織はどのように連携したのだろうか。住民組織の代表に選ばれたA氏は当初，積極的に会議等に参加していた。しかしキリノ州の代表になったことで，A氏はリージョンや国レベルの住民組織代表も兼任するようになる。2007年になるとA氏は地方選挙に立候補するなど政治活動に打ち込むようになっていった。徐々にキリノ州の連携会議を欠席するようになり，他の住民組織リーダーやNGOリーダーはA氏と連絡が取れなくなってしまう。

第Ⅱ部　グローバル時代におけるローカル・コモンズの戦略

　彼が代表についた2003年から2007年に，住民組織リーダーの会議は3回しか開かれず，住民組織間の情報共有や協力体制はできていない。さらに住民組織を対象としたUSAIDの援助で，A氏は地元周辺にプロジェクトを優遇したり，資金報告が不十分だった。次第にA氏の代表性を疑問視する声が聞かれるようになった。しかし仲介役のNGOは，住民組織に働きかけをすることはなかった。結果として住民組織は，全体としてのまとまりもなく他組織との連携の輪に入ることもできない。行政間の連携と住民組織の間には大きな距離ができてしまった。

　しかしこのような状況になっても住民組織のリーダーたちは，行政や自治体との連携に無関心だったり，参加する必要はないと考えていた。彼らにとって「コラボレーション」は行政や自治体レベルの話だった。「自分たちには関係ない」と考えていたり，「連携したところで何も変わらない」と考えていたのである。

　住民組織のリーダーたちは何か支援が必要なときには，これまで通り現場の森林官に直接要請すればよいと考えていた。キリノ州では，それぞれのCBFMサイトに1名の森林官が担当者として指名されている。森林官は担当する住民組織の役員会議や定例会議に参加することがあり，このような場面でさまざまな情報を住民組織の役員に伝えている。役員たちも必要な支援を森林官に伝えている。森林官次第ではあるが，両者の関係が良好なところでは，情報交換や交渉が個別に行われているのだ。住民組織は連携会議に直接参加しなくても，個人間の日常的な情報交換や支援要請によって行政とつながっていたのである。新たにつくり出そうとする「コラボレーション」とは異なる地域に既存のインフォーマルな仕組みが機能している。

（3）現場における連携の意味

　組織間の連携は，援助機関が地域に見出した「政策実施能力の不足」という問題への解決策として始まった。しかし当初この問題と解決策は，現場の森林官たちと共有されず対立を生んでしまった。実施過程で森林官たちが見出した

連携の意味は，組織の権限を保持したまま新たな財源を獲得できるという組織強化への解決策だった。それを可能にしたのは，キーパーソンになったNGOリーダーの人脈と曖昧な財政管理など地域固有の要因だった。政策実施は，現場の関係者たちが見出した意味を実現していくプロセスであった。

一方で住民組織のリーダーたちは，「コラボレーション」よりも実際に機能している行政官との個人的ネットワークを頼りにしていた。リーダーたちは，代表Ａ氏がその役割を担わなくなるなどの経験から，連携の意味を見出せなかったのである。参加が難しい連携よりも，行政官との個人的な関係性という日常的な交渉の場を選んだといえる。この結果はＡ氏個人の資質が影響したところもあるが，他の住民組織リーダーたちが参加する意味を見出せなかったために，政策実施に加わろうという動きが起きなかったといえる（図6-3）。

これまでのところキリノ州では，「コラボレーション」に意味を見出した行政・自治体・NGO間の連携にとどまっている。これらの連携は既存の権限や役割を保持したままの協力関係といえる。したがって住民組織の商業伐採が制限されているという不十分な権限委譲など，CBFMの根本的な問題点を改善するための行動は起こらないだろう。住民組織の財源不足による活動の停滞という問題は，連携が強化されることで黙認され続けるかもしれない。

4　連携は何の解決になったのか

実施における政策変容のプロセスを見ることで，森林政策の意味は再考される。結局，関係者間の連携による「環境ガバナンス」の向上は，CBFMという地域の共同森林管理に対する解決策となったのだろうか。この問題を考えながら，政策変容をとらえることで見えてくる政策をとらえ直す三つの視点を提示して終わりに代えたい。

（１）政策によって見えなくなったもの：社会内部の関係性
政策変容を見る視点は，問題の解決策として用いられた「環境ガバナンス」

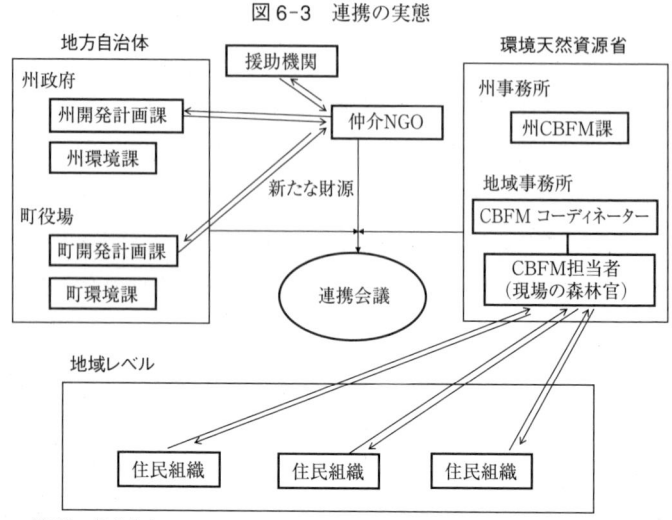

第Ⅱ部 グローバル時代におけるローカル・コモンズの戦略

図6-3 連携の実態

(出所) 筆者作成。

や「組織間の連携」が射程に置くことができない事象に目を向けることである。木材伐採を禁止したり住民の生業に対応していない政策や，十分な予算・人材を持たない行政組織など，連携を進める以前に政策が抱える課題は多くある。さらに現場における政策の意味は，地域住民内部の実態や，住民と行政間の既存の人間関係などを把握しなければ見えてこない。しかし連携をいかに構築するかという議論においては，これら社会内部の関係性は議論の対象からはずれてしまう。中央政府や援助機関は自らの存在意義を高めたり，介入行為を可能にするような問題設定と解決策を用いる。聞こえのよいフレーズが，根本的な問題や地域に既存の人間関係を見えにくくしてしまうことに注意を払う必要があるだろう。

（2）政策が実施される本当の意味：連携による新たな財源の確保

政策変容をとらえることは，政策実施のあり方を規定する現場の地域固有の要因を明らかにすることである。政策の意図とは違っても実施者が何らかの意味を見出せれば，現場と合わない政策であっても実施に向かう。たとえば行政

と自治体の連携を進めた曖昧な財政管理は，一般的なガバナンス要因では弊害とみなされるものである。しかし現場の人間にとって，連携する本当の意味だったと考えられる。一方住民組織が連携に参加しなかったのは，直接参加が難しい「コラボレーション」よりも，これまで通り行政や自治体に直接交渉して支援を要請していくほうが現実的だという住民組織リーダーの判断であった。地域における個人の関係性こそが現場の政策実施では鍵になる。表面的には新たな仕組みをつくり出しているように見えても，実際には既存の仕組みが維持されているのだ。

(3) 実施現場からの政策論：村落開発のなかのCBFM

地域社会が政策を実施する要因を理解することで，問題設定と解決策を見直し，新たな可能性を見出すことができる。最後に本事例からの展望を添えたい。キリノ州の森林管理における連携は検討すべき課題もあるが，結果として自治体から支援を得られるようになった。注目すべきはその内容である。これまで環境天然資源省が行ってきたのは，苗木の配布など森林中心の支援であったが，自治体は道路整備という生活インフラを含めた支援を行うことができる。B村のようにCBFMサイトが森林保全だけでなく農地利用されているときには，住民の生業をはじめとする村落開発全体のなかでCBFMを位置づけ直す必要が出てくる。もはや森林管理のあり方だけを議論しても不十分なのであり，議論すべきはフィリピンの高地開発や農業のあり方を含めた総合的な議論なのである。自治体の業務である村落開発の一部としてCBFMを実施することは，既存の地域社会から切り離された住民組織やCBFM制度を，地域社会に埋め戻すことにつながるのではないだろうか。

注
(1) 商業的価値の低い樹種はすべて伐採し，フタバガキ科など商業的価値の高い樹種は胸高直径40 cm以上のものをすべて伐採した（葉山，2003）。
(2) さらに商業伐採に伴って移住してきた伐採労働者や伐採跡地を求めて移住してきた

土地なし農民たちが，伐採跡地に住み着いて農地開墾や放牧を行ったことで，森林減少が続いた。

(3) たとえば，1986年に始まるADBの国家植林プログラム（NFP）では，家族，コミュニティ，NGO，地方自治体を対象に再植林契約による植林事業を行ったが，ほとんどがキャンセルになった。1988年からの請負造林計画（CRP）は，ADBとOECFから合計2億4000万ドルの融資による最大のプロジェクトだった。第一次計画（5年間）では，ユーカリ，アカシア，ヤマネの造林を合計35万8000 ha行う予定であった。中央政府指導の下，地域住民を造林労働者として植林と3年間の育林を義務づけ，活動ごとに造林費用を支払う。しかしほとんどが失敗に終わっている（永野ほか，2000）。1990年から1995年のコミュニティ林業プログラム（CFP）では，108カ所（21万4889 ha，1万9284世帯）のうち，19カ所がUSAID，76カ所がADB，2カ所がGTZの支援によるもので，フィリピン政府の資金による実施は11カ所であった（Vitug, 2000）。

(4) CBFMプログラムでは，先住民と低地からの入植者の社会で区別して土地利用権を付与している。①CADC（Certificate of Ancestral Domain Claim，慣習的領地保有権証書）は，先住民社会を対象に発行される土地利用権で，従来から住民が行っていた慣習的な権利を追認している。②CBFMA（Community-based Forest Management Agreement，コミュニティによる森林管理協定）は，入植者社会を対象に発行される土地利用権で，人びとは森林資源の管理・利用に関して十分な知識や経験を有していないことが想定される。

(5) 1980年代後半から，国際援助機関の重要なアジェンダのなかに「地方分権化」があった。フィリピンは，地方分権化を先取りする国であり，援助機関の試験場でもあった。地方自治法の成立過程には，アメリカ政府が強い影響力を持っていた。片山によると，同法成立後の援助額の増額や，どのような援助組織を使って分権化支援を行うかについて，周到に話し合われた形跡があるという（片山, 2001, 117頁）。

(6) フィリピンの国土は三つのブロックに大別され，さらに17の地方（リージョン，Region）に分けられる。それぞれのリージョンには，合わせて81の州（Province）がある。州は市（City）と町（Municipality）からなり，市と町は最小行政単位の村（バランガイ，Barangay）からなる。

(7) 中央から末端事務所の順に，環境天然資源省長官は3万ha以上，次官は1万5000 haから3万ha，リージョン事務所所長は5000 haから1万5000 ha，州事務所所長は1万haから5000 ha，コミュニティ事務所所長は1000 haまでの森林面積を担当している。

(8) 世界銀行はキリノ州をグッド・プラクティスと評している（World Bank, 2003）。具体例として，環境天然資源省と地方自治体が協力して森林保護計画を作成したり，もっとも違法伐採が多い地域を監視する計画を立てている点などをあげている。援助

プロジェクト後には，活動が停滞してしまうCBFMサイトがあるなかで，キリノ州は援助後も連携が継続している点が評価されている。またフィリピンで開催されたシンポジウム『フィリピンのCBFM10年総括（Ten-year review of Community-based Forest Management in the Philippines: A forum for reflection and dialogue 20-22 April 2006)』でも，CBFM実施の連携の事例として紹介されている。

(9) 1975年の改正森林法によって，傾斜角18%以上の土地はすべて公有地と定義された（大統領令705号，第15章）。この規定により，州面積30万6000 haのうち，およそ8割（25万5000 ha）は森林（公有地）に区分され，その他の2割が譲渡可能地域に区分されている。

(10) 北部（現ディフン町周辺）の平地には，イサベラ州の都市サンチャゴに住むメスティーソ一族の放牧地があり，すでに早い段階で森林が伐採された場所もある。

(11) 等高線栽培とは，傾斜地に等高線状に畝を作って作物を栽培すること。縦に畝を作ると雨水などで土壌浸食や養分流出が起こるのでそれを防ぐために行う。

(12) うち二次林は90.87 haで，ほとんどが副限界林である。

(13) 1998年の省令（DAO 98-45）により，CBFMサイト内で個人に土地所有権を付与する基準が決められた。IPRの最大面積は5 haで，水源涵養林や保護林は対象にならない。住民組織がIPRを発行し，制度の細目づくりや権利の差し止めなど取締りを行う。たとえばB村の住民組織では，IPRが発行されたところでのアグロフォレストリー・等高線栽培・植林活動は認められているが，天然林の商業伐採・川沿いの木材伐採・除草剤と農薬の過剰な使用は禁止されている。違反した場合は，罰金・財産没収・IPRのキャンセルの罰則がある。また農作物からの収益の一部を住民組織に納めて，住民組織の活動資金にすることが計画されている。

参考文献

片山裕「フィリピンにおける地方分権について」『地方行政と地方分権』国際協力事業団，2001年。

佐藤寛編『参加型開発の再検討』アジア経済研究所，2003年。

佐藤仁「『問題』を切り取る視点——環境問題とフレーミングの政治学」石弘之編『環境学の技法』東京大学出版会，2002年。

関良基『複雑適応系における熱帯林の再生——違法伐採から持続可能な林業へ』御茶の水書房，2005年。

永野善子・葉山アツコ・関良基『フィリピンの環境とコミュニティ——砂糖生産と伐採の現場から』明石書店，2000年。

葉山アツコ「フィリピンにおける森林管理の100年——地域住民の位置づけをめぐって」大阪経済大学『経済史研究』Vol.7, 2003年。

ヒッキイ，S.・モハン，G.編／真崎克彦監訳『変容する参加型開発——「専制」を超

えて』明石書店, 2008年。(Hickey, S. and G. Mohan, *Participation—From Tyranny to Transformation?*, Zed Books)

Beer, John, *Community Forestry and Agroforestry Techniques for the Asaclat Pilot Project Quirino, Philippines*, Philippine—German Dipterocarp Forest Management Project Technical Report, No. 6, 1990.

Berkes, Fikret, "Cross-Scale Institutional Linkages: Perspectives from the Bottom Up", *The Drama of the Commons*, National Academy Press, 2002.

Community Forestry Project Quirino Inc. (CFPQ), *SPOT 2006 Satellite Image*, CFPQ, 2006.

Contreras, A. P., *The Kingdom and the Republic: Forest Governance in Thailand and the Philippines*, Ateneo de Manila University Press, 2003.

Cooke, B. and U. Kothari ed., *Participation-The New Tyranny?*, Zed Books, 2001.

Dahal, G. R. and D. Capistrano, "Forest Governance and Institutional Structure", *International Forestry Review*, Vol. 8 (4), 2006.

DelVecchio, Arthur, *A Consultative Process for Capacity Development: Guidelines for Action and Collaboration*, Philippine-German Community Forestry Project-Quirino, 2001.

Department of Environment and Natural Resources (DENR), *Philippine Forestry Statistics 2003*, DENR Forest Management Bureau, 2003.

Dolom, P. C. and B. L. Dolom, "Closing the Gap between Concept and Practice of CBFM", *Ten-year Review of Community-based Forest Management in the Philippines*, IIRR, 2006.

Hollensteiner, Mary, *The Dynamics of Power in a Philippine Municipality*, Community Development Research Council, University of The Philippines, 1963.

Kummer, M. D., *Deforestation in the Postwar Philippines*, The University of Chicago Press, 1992.

Pulhin, J. M., M. Inoue and T. Enters, "Three Decades of Community-based Forest Management in the Philippines", *International Forestry Review*, Vol. 9 (4), 2007.

Utting, Peter ed., *Forest Policy and Politics in the Philippines*, Ateneo de Manila University Press, 2000.

Wondolleck, J. M. and L. Y. Steven, *Making Collaboration Work*, Island Press, 2000.

World Bank, *Governance of Natural Resources in the Philippines: Lessons from the Past, Directions for the Future*, Rural Development and Natural Resources Sector Unit, 2003.

Vitug, M. D., "Forest Policy and National Politics", Forest Policy and Politics in the Philippines: The Dynamics of Participatory Conservation, Ateneo de Manila

University Press, 2000.

第7章

「共的で協的」な野生動物保全を求めて
――ケニアの「コミュニティ主体の保全」から考える――

目黒紀夫

1 ローカル・コモンズ論の視点から見るアフリカ野生動物保全

(1) グローバル時代における「コミュニティ主体の保全」

　自然資源管理・環境保全の国際的な議論において，1990年代には地域コミュニティが注目を集めるようになった。そこには地元住民の生活や権利を無視した従来のガバメント型アプローチへの批判と反省が込められており，地元住民の参加やエンパワーメントの重視が打ち出されていた。ディヴィッド・ウェスタン（David Western）とミカエル・ライト（Michael Wright）は，1993年にアメリカ合衆国，ヴァージニアで開かれた国際会議の成果を『自然なつながり』として出版するなかで，従来の「トップ・ダウンで中央政府主導の保全政策を引っくり返す」ための「新しい保全パラダイム」として「コミュニティ主体の保全（community-based conservation）」を提起した（Western and Wright, 1994, pp. 7, 10）。

　「コミュニティ主体の保全」は世界中のさまざまな事例を踏まえて構想され，現在までに事例と理論の両面において多くの研究が蓄積されてきた。ローカル・コモンズ論では，たとえば，フィクレット・ベルケス（Fikret Berkes）が「コミュニティ主体の保全の再考」や「グローバル化した世界におけるコミュニティ主体の保全」を論じてきた（Berkes, 2004；2007）。ベルケスの論点の一つは，「コミュニティ主体」ということで地元コミュニティに過度に着目しその可能性ばかりを検討するのではなく，ローカルからグローバルなスケールにまたがる多様な利害関係者間のガバナンス・制度間のリンケージとして，地元

を相対化する形で「コミュニティ主体の保全」を再構築すべきだというものである[1]。

グローバル化が進行する今日では，自然資源管理・環境保全に関与するアクターはローカル/ナショナル/リージョナル/グローバルの複数のスケールにまたがる。問題の第一は，そこでクロス・スケールなかかわりが存在するときに，管理/保全対象に見出す価値がアクターにより異なるという点である。また，複雑適応系である自然環境は将来予測が困難であり，さまざまな知識を活用して順応的に管理をしていく必要があるが，その管理にかかわる利害関係者は異なる目的意識を抱いている。こうした現状認識の上でベルケスは，熟議を通じて互いの知識を交換し議論し，自らの価値観を再考しながら順応的管理に向けた合意形成を図る「多元（主義）的アプローチ（pluralistic approach）」が，これからの環境ガバナンスにおいて重要だと述べている（Berkes, 2007, p. 15193）。

（2）アフリカ野生動物保全論における新自由主義的「コミュニティ主体の保全」

ローカル・コモンズ論が多様なアクター間のガバナンスを志向するのに対し，アフリカ野生動物保全の議論では，南部アフリカの事例をもとに新自由主義を支持する意見が強い。1990年代であれば，ウェスタンは地元コミュニティが市場を介して外部社会とつながっている実情を議論の前提としつつも，自由な交易が常に保全を促進するわけではないと注意を促していた（Western, 1994 b, p. 554）。国際自然保護連合「南部アフリカ持続可能な利用専門家グループ」の議長ブライアン・チャイルド（Brian Child）が編者を務めた『変革期の公園』では，新自由主義に基づく「コミュニティ主体の保全」が提起されている。ブライアン・ジョーンズ（Brian Jones）とマーシャル・マーフリー（Marshall Murphree）は，「突出して経済的・生態的に成功した」ジンバブエとナミビアに共通する政策として，持続的利用，経済的道具主義，権限委譲，集合的所有権をあげ，それらを踏まえた「コミュニティ主体の保全」の核として「価格―所有権―補完性原則パラダイム（price-proprietorship-subsidiarity paradigm）」を提示した。市場において資源「価格」が適切に認められ，資源「所有」者が自由に

それを利用（収益・処分も含む）できるときに資源管理は適切に行われるものであり，そうした場合には「補完性原則」に基づき政府の介入は可能な限り抑えられるべきだとされる（Jones and Murphree, 2004, pp. 64-66）。

同書の最終章でチャイルドは，南部アフリカで「成功」したアダム・スミス流「見えざる手」（市場における私的利益の追求から野生動物保全を達成）を用いた保全アプローチは，南部アフリカ以外，野生動物以外にも応用可能だと述べている（Child, 2004, pp. 249-253）。2009年にはヘレン・スッチ（Helen Suich）らの編著で，『野生動物保全の進化と革新』が出版された（チャイルドは第二編者）。そこでも新自由主義が保全（「コミュニティ主体の保全」）を論じる基本的な前提とされており，南部アフリカの私有地の経験をベースとするアプローチの共有地への応用可能性や，国立公園という中央政府主導の保護区管理の是非が議論されている（Suich et al., 2009）。

（3）「共的で協的」な野生動物保全の可能性

本章の事例であるケニアは，南部アフリカ諸国にくらべて地元への権限委譲が不充分だとして批判されてきた（Child, 2009, p. 137; Western, 2009, p. 88）。しかし，南部アフリカの「成功」の根拠は個体数の増加や経済的利益の多寡であり，ローカル・コモンズ論が重視する文化的・社会的な側面，保全が地元社会・住民生活にどのような影響を与えたかなどは充分には検討されずにきた。

野生動物を対象とする「コミュニティ主体の保全」の議論において，地元への便益還元や権限委譲と結びつけられてきた主な野生動物の利用法は観光業（消費的なスポーツ・ハンティングまたは非消費的なビューイング・ツーリズム）である。それは植民地支配のもとで，白人がアフリカの「野生」を楽しむために持ち込んだ余暇活動であり，歴史的にアフリカ各地で地元コミュニティの生活を圧迫してきた（Gibson, 1999; Western and Wright, 1994）。現在では，「コミュニティ主体の保全」が国際的に広く支持され，住民排除に代わって住民参加が叫ばれている。しかし，先進国の人間を顧客とする観光業から得られる経済的利益は資源保有国（その多くはいわゆる発展途上国）にとって非常に大きく，今で

も地元コミュニティを抑圧して推進されている実態がある（岩井，2001；安田，2008）。そこでは，市場を通じた経済的収入や「持続可能性」といった科学的な観点が追求されるなかで，住民の慣習的行為や伝統的知識が保全に貢献する可能性は無視されてきた。

新自由主義的アプローチでは野生動物に対する私的所有権の設定（中央から地元への委譲）が鍵とみなされてきた。しかし，広大な生息地を必要とする野生動物の所有権を個人（またはごく少数の人間）に帰属させることが常に可能なのかは疑問である。たとえば，『野生動物保全の進化と革新』で紹介されるナミビアのプライベートなゲーム・ランチの面積は650〜3870 km^{2}である（Barnes and Jones, 2009, p. 120）。一方，本章で取り上げるケニア南部のアンボセリ生態系は総面積6000 km^{2}以上である。代表的な観光資源のアフリカゾウはその大部分を利用しているが，アンボセリ国立公園（392 km^2）以外の土地は私・共有地であり，そこには約10万人の住民が住んでいる。[2] 過去30年ほどのあいだに増加し続けたゾウの個体数は約1500頭で，環境収容力を超えている危険性が指摘されるほどの数となった。しかし，地元の人口に比べるとゾウの数は圧倒的に少なく，その所有権や便益の分配は一定の人間集団を前提とせざるを得ない。そして，「コミュニティ主体の保全」の現場には一定の文化的規範・社会ルール・帰属意識を共有する人間集団，いわゆる「コミュニティ」が現実に存在している。それが「伝統的」かどうかは措くとしても，そこには，新自由主義が想定するような個人主義を制限・抑止する共的な縛りが存在することは，ローカル・コモンズ論が明らかにしてきた（Western, 1994 a）。

以下では，ケニア南部の野生動物保全（「コミュニティ主体の保全」）の事例を対象に，外部者が持ち込む保全と地元の生活実践がどのようにせめぎ合ってきたのかを検討する。そこではローカル・コモンズ論の視点として序章で示された，「コモンズ」すなわち「共的（communal）で協的（collaborative）な世界」（菅・三俣・井上，2010，3頁）という観点を踏まえ，新自由主義ではカバーしづらい地元コミュニティの「共的」な側面と，グローバル化した今日にあって無視できない地元―外部の「協的」な関係に着目する。

（4）研究の方法

本章の内容は筆者自身が行った現地調査と先行研究から得た情報とからなる。第4節、第5節は筆者自身が2005年以来、アンボセリ地域で断続的に行った現地調査に基づく。また、第2節の（2）にも調査結果が一部ながら反映されている。現地調査では調査助手（現地案内兼通訳）を雇用し、聞き取り調査および参与観察を行った。インフォーマントとの会話では普段は英語とスワヒリ語を用いたが、必要に応じて調査助手にマサイ語の通訳をしてもらった。地元の歴史や野生動物との関係はコミュニティ・リーダー（現在および過去）とリーダーから推薦された年長者に聞き取りを行い、住民生活の重大な変化である共有地分割・農耕化については、前述のリーダー・年長者に加えて、地元で先駆的に農業に着手した住民にも聞き取りを行った。「コミュニティ主体の保全」の取り組みについては、地元側の代表者として外部者との交渉を重ねた人物に加えて、外部組織の（元）職員からも情報を得た。また、調査期間中に開催された住民と外部者の集会に参加し、利害関係者間の話し合い・合意形成が実際にどのように行われるのかを観察した。

2 ケニア南部、マサイ・ランドへの野生動物保全の導入

（1）ケニアの野生動物保全の歴史

東アフリカの赤道直下に位置するケニアは1895年にイギリスの保護領となった。1907年に野生動物を所管する最初の政府組織として猟獣局が設置された。狩猟管理が基本的な任務だが、白人のスポーツ・ハンティングが認められる一方で、地元住民の慣習的な狩猟は違法とされた（Gibson, 1999；中村, 2002）。1945年に国立公園局が設置され、アメリカ発の国立公園制度が導入された。これ以降は国立公園・リザーブを国立公園局が、その他の土地（に住む野生動物）を猟獣局が管轄した。人間活動を排除し自然を人の手のつかない形で保護しようとする国立公園局と、狩猟ライセンスのほか象牙の販売などから活動資金を稼いでいた猟獣局では、野生動物に対するアプローチが大きく異なり、当初から関

係は良好ではなかった（Gibson, 1999；中村, 2002）。ただし，そこにおける野生動物保全とは，白人が「野生」動物を消費的であれ非消費的であれ，利用し楽しむために，地元住民の生活・権利を無視・抑圧する活動という点では変わりはなかった。

ケニアは1963年に独立するが，植民地時代の法制度が引き継がれ，地元住民の意向が無視される構造に変化はなかった。1970，80年代には野生動物製品（象牙・犀角）の国際価格の高騰からゾウやサイの密猟が激化し，それらの保全は国際的な関心事となった。ケニアでは1976年に猟獣局と国立公園局を統合して野生動物保全管理局が設置され，翌年には狩猟が全面的に禁止された。しかし，保全管理局には保全政策を実行するために必要な予算が割り振られず，加えて，密猟に関与する政治家の妨害工作を受けたことで実効的な密猟取締りは行われなかった。保全管理局は1990年に半官半民の野生動物公社へと組織替えされるが，その設置期間にケニアのゾウ個体数の85％，サイでは97％が失われたとされる（Gibson, 1999；KWS, 1990）。野生動物公社設立の背景には，密猟取締りで成果を上げられないケニアに対する国際的な非難があった。しかし，著名な人類学者であり野生動物保全に熱心なことでも有名だったリチャード・リーキー（Richard Leakey）が初代長官に就任すると，多額の国際援助が提供された。リーキーのもと，保護区の管理体制が改善され，彼と二代目長官ディヴィッド・ウェスタン（David Western）のもとで，国立公園入園料の地元コミュニティへの還元や共有地上での観光開発などの「コミュニティ主体の保全」が推進された（KWS, 1990；1996）。独立後も，長らく野生動物保全は地元住民の声を無視して進められており，狩猟の全面禁止や野生動物公社設立など，重要な政策転換の裏には国際的な圧力が存在していた。結局，ケニアの野生動物保全の歴史は，基本的に外発的・国際的な強い影響のもとに形作られてきたといえる。

（2）マサイの生活と野生動物

アンボセリ国立公園（392 km²）はケニア南部，リフト・ヴァレー州ロイトキ

トク県（6356.3 km²）に位置する，ゾウをはじめとする多様な野生動物とキリマンジャロ山（タンザニア）の眺めで有名な観光地である（図7-1）。アンボセリ生態系とは，ロイトキトク県を中核とする地域であるが（研究者によってタンザニア側の土地も含まれる），1年は2回の雨季（主に4～5月と10～12月）とそのあいだの乾季に分けられる。年間降水量は年較差があるが国立公園周辺では平均346.5 mmである（Altmann et al., 2002）。農耕は国境沿いや，その地下水が湧出した川や沼の周囲で1930年代から拡大してきたが，県の大部分の土地利用は今も牧畜である（Campbell, 1993 ; Okello and D'Amour, 2008）。

住民の大部分を占めるのは牧畜を伝統的生業とするマサイ（Maasai，以下「住民」はマサイを指す）である。マサイはウシを中心にヤギ・ヒツジを飼養しており，その年の降水量と降雨場所に応じて家畜とともに居住地を変えていた（写真7-1）。土地はセクション（*Iloshon* (pl.)）単位で利用・管理され，個人がそれを所有するという考えはなかった（Campbell, 1993）。ロイトキトク県はもともとロイトキトク・セクションのテリトリーであり，放牧は通常はこの領域内で行われる。降雨に恵まれた雨季には水・牧草へのアクセスに適した場所に家畜および家族・親戚で集住することが多いが，乾季であれば家畜群は種類や性別，生育度合いなどで分割される。家畜群は牧夫とともに移動するが，乾季であれば数日おきに居留地を変えながら数カ月にわたって放牧地を転々とすることも珍しくない。

マサイ社会には年齢階梯制があり，約14年ごとに新たな年齢組（age-sets）が組織される（Spencer, 2004）。狩猟は割礼を終えた戦士（*il-muran* (pl.)）の階梯に該当する男性が担う行為であるが，それはすなわち，ライオンやサイ，バッファロー，ゾウなど人や家畜に危害を及ぼす野生動物を殺すことである。戦士は狩猟のほかに，戦争やレイディング（家畜の強奪）も行うが，狩猟のなかでもライオン狩り（*ol-amayu*）が成功した暁には，祝宴が開かれ一番槍を入れた戦士にはその名誉を称える特別な名前が与えられた。

住民にとって狩猟の目的は危険な野生動物を殺すことである。家畜が野生動物に殺されたときには，即座に狩猟隊が組織され報復の狩猟を開始するほか，

第7章 「共的で協的」な野生動物保全を求めて

図7-1 ロイトキトク県

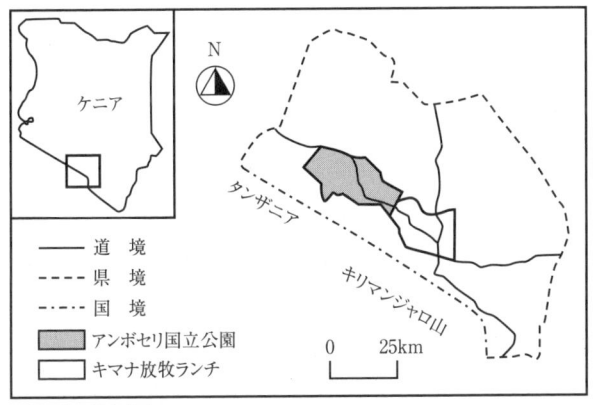

道 境
県 境
国 境
アンボセリ国立公園
キマナ放牧ランチ

(出所) 筆者作成。

写真7-1 子どもによるウシの放牧風景

2006年10月25日 筆者撮影。

危険な種類であれば狩猟以外のときであっても見つけしだいに殺していた。ただし，狩猟を行わない住民は野生動物の危険を避けようとしており，居住地や放牧ルートを決める際には獣害のリスクの低い選択肢が選ばれていた。つまり，マサイと野生動物は同じ土地上の資源を利用してきたが，狩猟・獣害という武

力行使を介することで,互いに一定の緊張関係のもとで移動し合い距離をとりながら共存してきた。なお,マサイは野生動物の皮や毛を装身具などに利用するが,肉を食べるのは例外的であり大旱魃の際などに限られる。

(3) アンボセリにおける野生動物保全

1906年に現在のロイトキトク県を含む2万7700 km²の広大な土地が南部猟獣リザーブに指定され,1948年には現在の国立公園を中心とした3260 km²が国立リザーブとなった(Rutten, 2004)。リザーブ時代には住民の内部における居住・資源利用が制限を受けつつも認められた。国立公園制度の導入(1945年)に際して,アンボセリに国立公園を建設する案が検討されたが,このときはその土地から排斥される住民の反発を恐れて見送られた。住民の保全への協力を得るため,1961年には国立リザーブの管轄が地方政府に移管された(KWS, 1996; Western, 1994a)。アンボセリが観光地として有名になるにつれて,国立公園の建設が国際的に望まれるようになった。そこでは,住民の過放牧による環境破壊という言説が具体的な根拠を欠くままに広まり,結局,1974年に地元の反対を押し切って国立公園が設置された。住民は多数の野生動物を狩り殺して抗議した(Western, 1994a)。1970年代後半には,国立公園建設の補償として水場の建設や金銭の支払いなどが開始されたが,1980年代前半に国際援助が撤退すると放棄された。1990年に野生動物公社が設立されると公園収入の還元が全国に先駆けて実施され,1996年には地元コミュニティの共有地上に野生動物サンクチュアリが建設された(Rutten, 2004)。現在では,住民の私有地上に観光施設・保護区を建設する計画が国際NGOや民間企業により進められている。

アンボセリは,ケニアのなかでも中央政府レベルの保全政策の転換の影響を強く受けてきた地域である。以下では,そうした保全活動・プロジェクトのなかから,①のちの野生動物公社長官ディヴィッド・ウェスタンが1960年代に開始し,「コミュニティ主体の保全」のバック・グラウンドとなった「アンボセリ開発計画」,②1990年代に野生動物公社が「コミュニティ主体の保全」として主導したコミュニティ・サンクチュアリ,③2000年代に国際NGOがサンク

チュアリの結果を受けて開始したコリドー計画の三つを取り上げ，地元住民が外発的な保全政策にいかに対応・対抗してきたのかを見ていく。

3 1960～1980年代：「コミュニティ主体の保全」の雛形

(1)「要塞型保全」ではない保全の模索[3]

　ディヴィッド・ウェスタンは1967年にアンボセリにおいて野生動物や地元住民の生態の研究を開始した。間もなく，彼は国立リザーブ（当時）は野生動物の生息地の一部に過ぎずリザーブ外の生息地も保護すべきであること，しかし，周辺に暮らす地元住民は野生動物の便益を全く受け取っておらず保全に対して非常に否定的なことに気づく。折しも，1968年に政府はアンボセリへの国立公園の建設計画を発表したが，ウェスタンは，国立公園は生態系の一部に過ぎないだけでなく，生息地全体の保護のために協力すべき地元住民から土地を奪うことで逆にその反発を煽り，野生動物の保全を困難にするだけだと考えた。ここからウェスタンは，生態系保全と地域開発を両立させるようなアンボセリの管理計画を，住民との対話の上に構想し始める。

　そうして1973年に完成したのが「アンボセリ開発計画」（以下「開発計画」）である。そこでは観光施設の建設や観光収入の地元還元といった経済開発に加えて，生物多様性保全のために重要な沼地とその周囲の森林（地域生態系の約6％）を保護区とする代わりに，その他の土地に対する住民の権利を保障することが提案されていた。権利と便益を確保することで住民の協力を得て，国立公園局だけでは不可能な生息地全体の保全を実現することがねらいであった。

　植民地支配のもとで始まったアフリカの野生動物保全は，住民を保全の障害とみなし自然から隔離する「要塞型保全 (fortress conservation)」であった (Adams and Hulme, 2001, p.10)。ウェスタンが「開発計画」で目指したのは地元住民と野生動物の「自然なつながり (natural connections)」の保護であり，それはすなわち，人間から隔絶した「野生」の保存ではなく，人間―自然のかかわり全体としての生態系を保全することだった。「開発計画」は生息地保護に対する

生態学者としての知識に加えて，地元住民の日常生活や野生動物との共存の歴史に対する深い理解と共感の上に作成されていた。結局，地元の反対にもかかわらず国立公園は1974年に建設されるが，ウェスタンの働きかけにより1970年代後半から「開発計画」に基づく地元への現金支払いや観光開発，インフラ整備が実行された。

（2）「開発計画」における地元コミュニティの役割

　ウェスタンは1969年に「開発計画」の下書きを地元住民に提示するが，賛同を得られなかった。彼は保全面で重要な小面積の土地利用を放棄する代わりに，その他の広大な土地に対する住民の権利と，補償としての地域開発を獲得する戦略をとっていた。だが，政府に土地を奪われた過去を持つ住民は，保護区建設を口実に政府がさらに土地を強奪することを恐れていた。最終的にウェスタンは地元コミュニティの「開発計画」への支持を獲得するが，それは地元国会議員の影響力に頼った結果であり，議員は自身の政治的利益への追求から保全への立場を二転三転させウェスタンを翻弄することになった。「開発計画」の社会経済的側面は，ナイロビ大学開発研究所の専門家の協力のもとで作成された。そうして完成した「開発計画」についてウェスタンは，「公正で論理的なので住民を説得できる」と自信を持っていた。しかし，実際にそれが住民に受け入れられたのは地元の権力者の影響力のおかげであり，その影響力も保全とは異なる動機に基づいて行使されていた。

　政府に強い不信感を抱いていた地域住民は，国立公園が建設されると野生動物を殺すなどしたが，「開発計画」に沿った補償が実現すると，密猟取締りへの協力を約束し保全に対する態度を大きく転換させた。ウェスタンは，住民の協力があったからこそ，ケニア全土でゾウの個体数が減少するなかでアンボセリでは逆に増加したのだと説明している（Western, 1994 a, p. 38）。国立公園の建設により土地を失うことを強く恐れていた住民が，公園外への水場建設や野生動物由来の便益の還元によって保全に協力的姿勢を示したことからは，一定の便益還元により野生動物保全が住民にとって許容可能な開発行為となりうるこ

とがわかる。

　後年，ウェスタンは「コミュニティ主体の保全」を定式化する際に「ローカルなイニシアティブと技能が保全の推進力とならなければならない」(Western, 1994 b, p.553) と述べている。とはいえ,「開発計画」の作成と実現に大きく貢献したのは，地元住民や政府・国際機関の人間などと交流を持ち，多様な利害関係者のあいだの橋渡しを担ったウェスタンであった。コミュニティはウェスタンが地元の実情を理解することを助けたが，それ以外の点で「保全の推進力」として積極的な役割は果たしたとは言い難い。1970年代後半に開始された地域開発が，国際援助の停滞した1980年代後半に放棄されたことからも，コミュニティは外からの援助を受け取るだけの受動的立場にとどまっていたことがわかる。

4　1990〜2000年代：国際援助のもとでのコミュニティ・サンクチュアリ

(1) コミュニティ・サンクチュアリという試み

　1990年に設置された野生動物公社は,「コミュニティ主体の保全」の取り組みとして，1996年にアンボセリ国立公園の東に隣接するキマナ放牧ランチ (251 km^2) の北東部にコミュニティ・サンクチュアリを建設した。サンクチュアリ (60 km^2) は観光施設を備えた野生動物保護区であり，キマナ沼を中心とする地元コミュニティの共有地上に建設された。沼地は国立公園外における野生動物の水場だが，周辺における農地の拡大とともに野生動物のアクセスが困難になっていた。コミュニティはサンクチュアリから観光収入を得る代わりに，生息地保護のため，その敷地内における土地・資源利用を制限されることとなった。

　サンクチュアリ建設の話は1992年に野生動物公社から地元コミュニティに提案された。1995年にコミュニティが計画に合意すると，野生動物公社および米国国際開発庁，欧州連合，世界銀行などの援助でメイン・ゲート，道路，電気

柵などのインフラ建設,マネジャーやゲーム・スカウトへの訓練などが行われ,翌年にオープンした。野生動物公社は1996年から「コミュニティ主体の保全」を全国的に展開するためのプログラム「公園を超えた公園」を開始していたが,このときの長官こそ「開発計画」を作成したディヴィッド・ウェスタンであった (KWS, 1996)。イニシアティブの点で外発的なサンクチュアリだが,アンボセリという有名地における「コミュニティ主体の保全」の先駆例である上に,地元住民が自らサンクチュアリを経営し,保全と開発の両面にわたって具体的な住民参加を果たしていた点から注目を集めた (Mburu et al., 2003; Rutten, 2004)。

初年度にサンクチュアリは800人強の観光客を獲得したが (Watson, 1999),当時サンクチュアリを支援していた野生動物公社の元職員によれば,年々,来場者数は減少したという。コミュニティは1999年にサンクチュアリの経営を外部の観光会社に委ねることを決定し,2000年から外資系の観光会社に10年間の期限で経営権をリースした。土地は引き続きコミュニティの共有地であるが,2000年以降は会社が派遣するマネジャーが経営のトップとなり,地元住民が経営に関与することは基本的になくなった。

（2）2つの経営主体の比較

住民経営時代のサンクチュアリは1998年まで国際援助を受けていた (Watson, 1999)。入場料（外国人1人20米ドル）と入場者数（800人強）から推計されるオープン初年度のサンクチュアリの粗収入は最大で約1万6000米ドル程度である。会社経営では,コミュニティは毎月の土地使用料と宿泊客1人ごとにかかるビジター・フィーの総計として,年間約11万3000米ドルを受け取っている(Meguro, 2009)。後者の金額の約3分の1を土地使用料が占めており,計算上は観光客が来なくとも会社に貸し出すだけで自ら経営を行う以上の収入を得られることになる。

この収入面の差は利用者数の差によるところが大きいが,その理由としては,住民経営時代のサンクチュアリが観光施設としては設備が非常に乏しかった点

があげられる。アンボセリを訪れる観光客は数泊しながらサファリ用の自動車に乗り野生動物を観賞する。敷地内に複数のロッジを持ちパッケージ・ツアーの目的地として確立されていた国立公園に対して，当時のサンクチュアリは宿泊施設も自前の輸送手段も持たず，観光客にとっては訪れにくい場所だった。経営権を取得した会社は宿泊施設を建設し飛行場も建設した。これにより，サンクチュアリは観光客が期待する観光サービスを提供できる場所として，国立公園と同様の観光目的地となった。

施設面の差はコミュニティと会社のあいだの資本力の差を示すが，両者の宣伝活動の差は観光業というビジネスに対する理解力の差を意味している。会社はホーム・ページを通じてサンクチュアリを全世界に向け宣伝している。一方，コミュニティが外部援助のもとで行ったのは，道路沿いへの看板設置や野生動物公社の出版物における宣伝など国内どまりの内容だった。住民経営を監督した地元出身のマネジャーは，当時の経営状況に問題があったとは考えていなかったが，会社に経営権がリースされた事実からしても，野生動物から望むだけの便益を獲得する能力を，コミュニティは欠いていたといえる。

（3）野生動物の便益を用いた地域開発

住民経営を中止し会社に経営を委ねることで，コミュニティはより多くの収入を得るようになった。収入は奨学金，医療費の補助に加えて共有地の私的分割に使われ，この共有地分割により住民は農業開発を通じた地域発展を実現させた。キマナ放牧ランチの土地は制度上，政府に登録された843人のメンバーの共有地である。しかし，牧畜を生業とするマサイ社会にあっては放牧ランチ間の相互移動・利用は普通のことであり，農耕民が共有地上に農地を開墾することも可能であった。農耕民は国境沿いで遅くとも1930年代から農業を行っていたが，川や沼が存在するキマナでは1960，70年代の大旱魃をきっかけに農耕を行うマサイが増加し，1980年代には本格的な灌漑整備も始まった（Campbell, 1993；Rutten, 2004）。そして，共有地における農地の拡大に伴い土地をめぐる争いが増え，多くの住民が共有地分割により私的所有権を確立することを望む

ようになった。

　共有地分割には専門家による土地の計測や地図作成，政府による権利証書の発行が必要である。1990年代であれば，コミュニティはそれらの費用を捻出できずにいたが，2000年からは毎年一定額の収入を会社経営のサンクチュアリから得られるようになり実行が可能となった。放牧ランチのメンバーは0.8 ha の農地と24 ha の放牧地を獲得したが，これまでの調査において農地の分割を否定的に評価する住民はおらず，農業を現に行っている若者や女性に加えて，過去に農業の経験がなく現在も自ら従事する気を持たない年長者であっても，地域発展の要件として牧畜以上に農業を重視していた。

（4）そして保全は進展したのか？

　アンボセリ地域は20世紀を通じてケニアを代表する観光地として観光業が発展してきた。現在では，地域において観光業の可能性は広く認められており，キマナの周辺コミュニティではサンクチュアリ同様の施設を共有地上に建設し，その観光収入で共有地分割を実行するという計画が複数進行している。住民経営の挫折がありつつも，サンクチュアリは地域開発の面で地元の高い評価を獲得したわけだが，保全面の結果は良好とは言い難い。

　キマナ沼という水場の保護もその重要な目的だが，野生動物公社など外部者の意図としては，サンクチュアリは国立公園も含めた周囲の土地との連携の上に生態系（野生動物の生息地）全体を保全するためのものだった（KWS, 1996）。便益の地元還元も，野生動物の価値・便益を住民がより直接的に実感することで，保全への住民の支持と協力を得るためのものだった。しかし，住民は野生動物を保護区のなかで保全し，観光客に見せて金を稼ぐことを支持はするが，農作物被害を理由に野生動物が保護区外に出てくることには反対である（写真7-2）。具体的な被害額の推計は，農作物の生育段階や植え付けの密度，雨量などで変わるためきわめて困難だが，ゾウは夜間に群れで農地を襲い，一晩ですべての農作物を破壊することもあれば，見張りの人間を殺すこともある（写真7-3）。観光資源かつ絶滅危惧種として重要な保全対象であるゾウを住民は

第7章 「共的で協的」な野生動物保全を求めて

写真 7-2　集落すぐ近くのシマウマ

2008年3月2日　筆者撮影。

写真 7-3　ゾウ被害を受けたトウモロコシ畑

2008年8月29日　筆者撮影。

最大の害獣として敵視している。

　共有地分割を機に農業を新たに開始する住民も現れ地元における農業熱は高まったが，農地はキマナ沼などの野生動物にとっての水場周辺に分布しており，

それは水をめぐる住民とゾウの軋轢を高めている。結局，サンクチュアリが共有地分割を実現したことは外部者が意図した保全を進展させるどころか逆行する結果をもたらした。

5 2000年代後半：国際NGOが提案するコリドー建設に対する住民の対応

（1）移動路上へのコリドーの建設

　共有地分割による農業の拡大は野生動物との軋轢を高めているが，地元住民がもっとも問題視するゾウはケニアに限らず農作物被害を通じて住民とのあいだで大きな問題を引き起こしている種である（Gadd, 2005）。農地の拡大は住民と野生動物のあいだの水をめぐるコンフリクトにつながったが，放牧地も私有地に分割されたことで生息地全体で開発圧力が高まった。この状況に対し，2007年には国際NGOが国立公園とサンクチュアリのあいだのゾウの移動路にあたる私有地（放牧地として分割済み）をまとめてコリドーを新たに建設する計画を持ち込んだ。

　最初にNGOは土地所有者組合という形で地元住民の組織化を行った。NGOは当初から，有益な土地利用として観光開発を提案していた。組合の結成後にはコリドーの管理・観光開発についての話し合いが開始され，NGOが紹介する観光会社と取り交わす契約内容について議論が重ねられた。住民はNGOの提案に特に反対することもなく話し合いを重ねていたが，2008年9月，NGOがコリドー建設の契約書へのサインを行う前の最後の確認の機会と考えていた集会において，初めて計画への強い反発を示した。この日は住民の激しい非難により何らの合意も形成されないままに話し合いが打ち切られた。後日，両者のトップが話し合い問題は解決し契約も成立した。しかし，契約後には，NGO以外の外部者に，その契約に反するコリドー敷地内での開発を認める住民が現れ，問題となった。

　なお，契約に基づきメンバーは観光会社から3万ケニア・シリング（約400米

ドル）の土地使用料を年2回に分けて受け取るほか，乾季の敷地内での放牧や観光施設での優先雇用を約束されている。ただし，具体的な放牧期間や雇用人数と，獣害対策（補償金の支払いまたは電気柵の建設）の有無については契約後に改めて話し合うことになっていた。

（2）契約目前における住民の反発とNGOの再反論

　2008年9月に開かれた話し合いでは，NGOは契約書へのサインを前に，観光会社が住民に支払う土地使用料について住民の理解を最終確認するつもりだった。話し合いが始まると，まず住民側は，NGOが提示した土地使用料の金額に合意してから1年以上が経つのに，いまだに住民に金が支払われていない点を非難した。次いで，その支払いは年1度にまとめて行われるべきで，NGOが提案する年2回は認められないと主張した。NGO職員は前者については即座に謝罪したが，後者に関しては，以前に年2回の支払いで合意したはずであり，結論を出す前にオフィスに戻って確認する必要があると答えた。住民は，ただちに土地使用料の全額が払われないのであれば，NGOとの計画を放棄すると迫った。しかし，職員は自分に支払いの回数を決める権限はないとして，それ以上の交渉や約束を拒否して帰ろうとした。住民は地元の意見を聞かずに帰ろうとする職員を取り囲み，英語で「交渉をする気はないのか！（No negotiation！）」などと叫び強く非難した。

　翌10月にNGO側の最高責任者であるプロジェクト・マネジャーと住民グループのリーダーである委員たちとのあいだで話し合いが行われた。席上でマネジャーは支払いが遅れている点を謝罪したが，土地使用料の支払い回数については，年2回ですでに合意済みであり契約書のドラフトにも記載されている点を指摘した。ドラフトは以前に作成され住民たちにも渡されていた。契約を目前にした段階でそれに反することを主張する住民側に対してマネジャーは，「この問題でわれわれが嘘つき呼ばわりされるのは心外だ」として，ドラフトで明示されている過去の合意内容をメンバーに周知できていない委員たちを逆に非難した。この指摘に委員たちは反論できず，この日の残りはドラフトの内

容を再確認するにとどまった。この3週間後に契約書へのサインが行われ，土地使用料1万5000ケニア・シリングがその数日後に観光会社から住民の銀行口座に支払われた。

(3) 住民にとっての契約書へのサインの意味

　住民が9月の集会でNGOに強く反発したのは，当日欠席していた住民グループ委員長の指示だった。その理由を委員長は，コリドーを作れば収入が得られると再三いっておきながら，住民の同意後も金を支払わないNGOを焦らせるためだったと説明した。しかし，契約書のドラフトも完成し最終確認としてNGOは来ていたわけであり，この段階の反発は契約書へのサインおよび土地使用料の支払いを遅らせるだけだった。10月のマネジャーとの話し合いでも，委員たちはドラフトの記載事項についてマネジャーに質問しては「同じ説明のくり返しだ」と非難されていた。地元側は，取り結ぶ契約の細かい内容や契約完了に向けてあと何が必要かなどを理解しないままに，早期の現金支払いを要求していた。

　NGOは委員に対して，以前から契約内容を全メンバーにきちんと理解させることを求めていた。しかし，NGOが準備した契約書のドラフトはメンバーの大半が読めない英語で書かれていた。委員長も英語は読めず，結局，契約書へのサイン当日になって初めて，獣害対策としての電気柵の建設が契約に含まれていないことを知りマネジャーに確認していた。また，委員以外のメンバーのなかには家畜被害への補償金が支払われると信じている者もおり，完全な理解を得られないままに契約書は取り交わされていた。

　契約書へのサイン後，メンバー2人がコリドー内の自らの土地への開発行為を別の外部者に認める二重契約の問題が発生した。1件は観光開発を望む外国人によるロッジ建設，もう1件は工事会社による道路工事用の鉱物採掘であった。一つ目は住民グループの委員長が当事者だが，彼およびもう1件の当事者は自分たちの行動がコリドーの契約に反するという自覚を持たなかった。むしろ，なぜ，自分が所有する土地の利用について，権利所有者でない他人の指図

を受けなければならないのかを理解できずにいた。問題は契約内容の理解不足というよりも，土地の私的所有権を誤って絶対視していた点にある。つまり，法的な契約行為が実際には交わされたのだが，それにより私有権が制限されるという事実が理解されていなかったのである。

(4) コリドーを通じた野生動物保全の可能性

　土地使用料を実際に受け取ったメンバーはコリドーを肯定的に評価していた。契約書の内容を完全に理解しているかは疑わしいが，コリドーが野生動物のための土地であり農業や放牧が制限されることはすでに地元の集会でNGOによりくり返し説明されてきた。契約後には4人のメンバーがゲーム・スカウトに雇用され，密猟者の見回りなど具体的な保全活動が開始されるようになると，メンバーの保全に対する意識は多少なりとも高まってきた。だが，メンバーが以前から要求してきた獣害対策（電気柵の建設，被害への補償金）は何も具体的な取り組みが予定されておらず，生息地保護を追求するNGOは野生動物がコリドーの外に出てくることを阻止するつもりもない。メンバーは何度となく被害対策を求めており，対策なしに被害が増加した場合には，住民の態度が悪化する恐れはある。

　そもそも，マネジャーは多くの住民がコリドーに参加する動機は野生動物保全ではなく経済的利益だととらえていた。彼女はそれを重大な問題だと考えていなかったが，二重契約の問題は，そうした経済的動機と土地所有者としての過剰な（誤った）権利意識が重なった結果だといえる。「保全」も「権利」も地元外から持ち込まれた概念である。その意味する内容について住民と外部者のあいだで共通理解を持つことは，無用な軋轢を避けて，野生動物保全に向けて協力関係を構築・維持していくためにも重要である。

第Ⅱ部　グローバル時代におけるローカル・コモンズの戦略

6　アンボセリの野生動物保全が向かう先

(1) 便益の影で見落とされてきたもの

　ウェスタンは「コミュニティ主体の保全」の「本質的な要素」として，エンパワーメント，参加，自覚，教育を挙げた (Western, 1994 b, p. 507)。アンボセリの事例で，これらの要素が無視されてきたわけではないが，「開発計画」が受け入れられたのは政治的利益を動機とする政治家の圧力のおかげであり，サンクチュアリは住民経営が挫折した結果として地域発展を実現したものの，それは保全と矛盾する側面を抱えていた。また，コリドーでは契約の具体的内容の理解が不充分なままに，住民は土地使用料を求めて契約書にサインをしていた。これらの場合に外部者の保全イニシアティブが地元の支持を得たのは，「本質的な要素」の結果というよりも経済的便益への期待が主な動機であった。

　保全から生じた目に見える便益を提供することで住民の協力が得られると「コミュニティ主体の保全」は想定をしていた。(Western and Wright, 1994)。野生動物の価値が広く認識されたアンボセリ地域では，今まさに私・共有地において観光開発が拡大している。しかし，共有地分割を通じた農業開発が住民の野生動物への敵意を強めたように，保全の目的意識を欠いたままに観光開発が進むことで，保全に逆行する開発行為がさらに拡大する危険性を備えている。ウェスタンとライトは，社会に対する責任や保全の実行能力なしに地元の権利を認めることは，より破壊的な行為につながる危険性があると指摘していたが，それは地元への便益還元にも同様に当てはまる (Western and Wright, 1994)。「コミュニティ主体の保全」は，従来のガバメント型の政策のもとでコミュニティが負わされてきた不正義を解消することを目指すが，その前提には，地元住民/コミュニティの土地が事実として野生動物の生息地として保全に寄与してきたという理解がある。便益還元はそうした土地利用に対するいわば報償であって，土地利用を転換するための開発資金の援助ではないのだが，この点がキマナの場合には地元コミュニティに理解されていなかった。

(2) 変わりゆくコミュニティと獣害

「開発計画」もサンクチュアリも,外部者との協力のもとで便益獲得に成功した。だが,受益に伴い密猟取締りへの協力を約束した「開発計画」の場合にくらべて,サンクチュアリを通じた地域発展のあとでは,住民の野生動物への反発はむしろ強まった。この違いの最大の理由は,牧畜から農業へ生業の柱が変化したことである。獣害は農作物や人間に限らず家畜に関しても存在するが,牧畜を生業とした時代であれば,戦士が害獣を殺す一方で普段の生活のなかで野生動物との接触を避けることで獣害を防ぐことができた。農業（定住農耕）の場合は,農地に侵入しようとする害獣を阻止するために直接に対峙する必要があるが,政府の狩猟禁止政策により住民は害獣を殺すことができなくなった。また,生業の転換により害獣が肉食獣からゾウに変わった。ゾウは巨大で賢く夜間に群れで農地を襲うが,住民にゾウを止める有効な手立てはなく,止めようとして逆に人間が殺される場合さえある。「農業を始めて野生動物は敵になった」と住民がいうとき,それは住民生活の基本である生業の変化に伴い,伝統的にコミュニティが備えてきた獣害対策が有効ではなくなり,住民―野生動物の関係が大きく変質したことを意味している。

住民は野生動物公社や国際NGOなどの外部アクターに対して,くり返し電気柵の建設を要求してきた。それは,現在のコミュニティにはゾウに対抗する有効な手段がないからである。実際には,1990年代に電気柵は外部援助としてキマナに建設されていたが,建設後に電気柵の管理責任がコミュニティに移ると,現在までにその管理体制は崩壊した。狩猟という従来の獣害対策が伝統的な社会構造や知識の上に成立し効果を発揮していたのに対して,電気柵は地元に存在しない知識・技術のかたまりであり専門知識を持たない住民にとって管理は容易ではなかった。「コミュニティ主体の保全」を進めるために獣害対策は必須だが,問題は,獣害という人間―野生動物関係が全く異質のものに変化しているときに,どのようにして住民が理解し参加できるような対策活動を実施していくのかという点にある。

（3）地元住民と野生動物の「つながり」

ウェスタンは最近の論考で「コミュニティ主体の保全」を「地域主体の保全 (locally-based conservation)」へ改めることを提案している (Western, 2009, p. 85)。彼によれば，伝統的コミュニティには，成員間の強い紐帯と人間活動—自然環境のあいだの明確なフィードバックという「自然なつながり」が存在し，自然破壊的な行為を住民が行った場合には，その負の影響が即座に現れるとともに，住民間では共有する価値観に基づき環境破壊的な行為を禁止・処罰することが容易であった。しかし，そうした関係は市場経済の拡大・グローバル化のなかで失われ，今日では保全の基盤として期待できない。だからこそ，保全の主体もコミュニティではなく地元の有志とすべきだというのである。

たしかに，住民と野生動物のかかわり方は20世紀前半と現在では大きく様変わりした。獣害の内容の変化は先に述べたが，事態は野生動物の便益に関しても同様である。伝統的に住民は狩猟によって野生動物を殺し，その肉は食べずとも，皮や角，羽，鬣（たてがみ）などを利用していた。狩猟を行うのは戦士であるが，それはコミュニティの全男性が成長のなかで通過する人生の一段階であり，そこにおいて戦士は野生動物と身体的なかかわりを持つことになった。一方，現在の観光業においては，住民と野生動物が直接的に接触する機会はほとんどない。そして，住民にとっての便益とは観光客がサファリ・ツアーという観光サービスに対して支払う現金だが，観光客が野生動物を見ることで感じる喜びを住民が実感として理解しているとは考え難い。かつて住民は，便益も費用（被害）も直接的・具体的に野生動物から得ていた。それが，グローバルな保全運動の影響により，現在では身体的な関係性は消失した。そこにおいて住民は自ら便益獲得と被害対策の両面を担うことができないからこそ，外部者が実行することを求めているのである。

ウェスタンのいう「自然なつながり」は，もともとローカル・レベルを想定していた。しかし，グローバル時代の今日，外部者の介入を無視することは難しく，住民自身もそうした外部者との協力を求めており，「つながり」はグローバルないしクロス・スケールな視点から検討される必要がある。そこにお

ける課題は，目標とする保全の意味や野生動物由来の便益と保全活動の関連について関係者間で共通理解をつくることである。

7 「共的で協的な地域主体の保全」の可能性

　地元住民が外部者との協力関係を構築するためには，地元側の要求を外部者に主張し交渉を行う存在が必要である。コリドーに関して二重契約問題を引き起こした地元グループの委員長が放牧ランチの元委員長だということは，伝統的リーダーが今日の状況に必ずしも充分に対応できないことを示している。しかし，共有地分割を経て農業が多くの世帯の生業の柱となりつつあるなかでも，伝統的な牧畜は頭数を減らしつつも維持されており，そこでは断りなしに他人の土地を移動・利用するという慣習的な土地利用が続けられている。ベルケスは「コミュニティ主体の保全」を再考するなかで，異なるスケールのアクター間に存在する「多様な目標」を考慮する必要性を指摘したが，グローバル化が今まさに進むアンボセリの場合は，「多様な目標」のせめぎ合いは地元内部にも存在する。そこにおいて合意を紡ぎ出すには，外部社会の論理と同時に，地元コミュニティの生活論理を理解していることが必要である。その意味で，現在のコミュニティにおける課題は，いかにして外部者が求める野生動物保全の内容を理解しつつ地元住民が納得できるような形で合意形成を図るかという点である。そこにおいて重要なのは，方法論的個人主義に立って個人の意思決定の動機として市場価値を優先する新自由主義ではなく，地元の文化や歴史，社会といった共的な側面と同時に，野生動物保全を担う意志を持つ外部者と地元との協的な関係の両方を見るローカル・コモンズ論の視点を通じて，「共的で協的な地域主体の保全」を検討することであろう。

注
(1)　ウェスタンとライトの考える「コミュニティ主体の保全」には，ベルケスが批判するローカル偏重の意味はなかった。彼らは現存する地元コミュニティを持続的な資源

管理を行う知識・能力をもった「伝統的コミュニティ」と同一視することの危険性，外部社会の影響を考慮に入れる重要性を明確に指摘していた（Western and Wright, 1994, p. 10）。
(2) アンボセリ生態系の中心をなすロイトキトク県（6356.3 km^2。2007年にリフト・ヴァレー州カジアド県から分離）の人口は1999年の国勢調査時で約9万5000人である。
(3) 本節の記述は特にことわりのない限り Western（1994 a ; 2002 ; 2009）に基づく。
(4) 共有地分割で得た私有地を観光会社に貸し出す住民も現れている。これは野生動物の便益の地元還元という点ではプラスに評価できるが，それらの大半は観光業のみで保全活動は行っていない。したがって，保全面での具体的な貢献があるとは言い難い。
(5) 国際NGOは2008年10月に最初のグループ（メンバー50人）と，2009年1月に第二のグループ（メンバー100人）と契約を行った。2009年8月の時点では，メンバー100人からなる第三のグループと話し合いを進めるかたわら，残りの土地所有者約100人の組織化を進めている状況である。以下本文で最初に契約を結んだオスプコ・グループを事例として紹介するが，2グループが結んだ契約書の内容は基本的に同じである。

参考文献

岩井雪乃「住民の狩猟と自然保護政策の乖離──セレンゲティにおけるイコマと野生動物のかかわり」『環境社会学研究』第7巻，2001年11月。

菅豊・三俣学・井上真「グローバル時代のなかのローカル・コモンズ論」三俣学・菅豊・井上真編著『ローカル・コモンズの可能性──自治と環境の新たな関係』ミネルヴァ書房，2010年。

中村千秋『アフリカで象と暮らす』筑摩書房，2002年。

安田章人「狩るものとしての『野生』：アフリカにおけるスポーツハンティングが内包する問題──カメルーン・ベヌエ国立公園地域を事例に」『環境社会学研究』第14巻，2008年11月。

Adams, W. and D. Hulme, "Conservation and Community : Changing Narratives, Policies and Practices in African Conservation", Hulme, D. and M. Muphree eds., *African Wildlife & Livelihoods : The Promise and Performance of Community Conservation,* James Currey, 2001.

Altmann, J., S. C. Alberts, S. A. Altmann and S. B. Roy, "Dramatic Change in Local Climate Patterns in the AmboseliBasin", *African Journal of Ecology*, Vol. 40, August 2002.

Barnes, J. and B. Jones, "Game Ranching in Namibia", Suich, H., B. Child and A. Spenceley eds., *Evolution & Innovation in Wildlife Conservation : Parks and Game Ranches to Transfrontier Conservation Areas*, Earthscan, 2009.

Berkes, F., "Rethinking Community-based Conservation", *Conservation Biology*,

Vol. 18 No. 3, June 2004.

Berkes, F., "Community-based Conservation in a Globalized World," *PNAS* (*Proceedings of the National Academy of Sciences*), Vol. 104 No. 39, September 2007.

Campbell, D. J., "Land as Ours, Land as Mine: Economic, Political and Ecological Marginalization in Kajiado District", Spear, T. and R. Waller eds., *Being Maasai: Ethnicity and Identity in East Africa*, James Currey, 1993.

Child, B., "Parks in Transition: Biodiversity, Development and the Bottom Line", Child, B. ed., *Parks in Transition: Biodiversity, Rural Development and the Bottom Line*, Earthscan, 2004.

Child, B., "Game Ranching in Zimbabwe", Suich, H., B. Child and A. Spenceley eds., *Evolution & Innovation in Wildlife Conservation: Parks and Game Ranches to Transfrontier Conservation Areas*, Earthscan, 2009.

Gadd, M., "Conservation outside of Parks: Attitudes of Local People in Laikipia, Kenya", *Environmental Conservation*, Vol. 32 No. 1, March 2005.

Gibson, C. C., *Politicians and Poachers: The Political Economy of Wildlife Policy in Africa*, Cambridge University Press, 1999.

Jones, B. T. B. and M. W. Murphree, "Community-based Natural Resource Management as a Conservation Mechanism: Lessons and Directions", Child, B. ed., *Parks in Transition: Biodiversity, Rural Development and the Bottom Line*, Earthscan, 2004.

Kenya Wildlife Service (KWS), *A Policy Framework and Development Programme 1991-1996*, KWS, 1990.

KWS, *National Parks of Kenya 1946-1996: 50 years of Challenge and Achievement Parks beyond Parks*, KWS, 1996.

Meguro, T., "Change in Local Subsistence with Wildlife Benefit: From the Case of the Kimana Sanctuary in Southern Kenya", Meguro, T. ed., *Re-conceptualization of Wildlife Conservation: Towards Resonation between Subsistence and Wildlife*, ACTS Press, 2009.

Mburu, J., R. Birner and M. Zeller, "Relative Importance and Determinants of Landowners' Transaction Costs in Collaborative Wildlife Management in Kenya: An Empirical Analysis", *Ecological Economics*, Vol. 45, April 2003.

Nyeki, D. M., *Wildlife Conservation and Tourism in Kenya*, Jacaranda Designs Ltd, 1992.

Okello, M. M. and D. E. D'Amour, "Agricultural Expansion within Kimana Electric Fences and Implications for Natural Resource Conservation around Amboseli National Park, Kenya", *Journal of Arid Environments*, Vol. 72, December 2008.

第Ⅱ部 グローバル時代におけるローカル・コモンズの戦略

Rutten, M., "Partnerships in Community-Based Ecotourism Projects : Experiences from the Maasai Region, Kenya", *ASC working paper 57/2004*, African Studies Centre, 2004.

Spencer, P., *The Maasai of Matapato (new edition)*, Routledge, 2004.

Suich, H., B. Child and A. Spenceley eds., *Evolution & Innovation in Wildlife Conservation : Parks and Game Ranches to Transfrontier Conservation Areas*, Earthscan, 2009.

Watson, A., *Conservation of Biodiversity Resource Areas (COBRA) Project : Kenya (1992-1998)*, Development Alternatives Incorporated, 1999.

Western, D., "Ecosystem Conservation and Rural Development : The Case of Amboseli", Western, D. and R. M. Wright eds., *Natural Connections : Perspectives in Community-Based Conservation*, Island Press, 1994 a.

Western, D., "Vision of the Future : The New Focus of Conservation", Western, D. and R. M. Wright eds., *Natural Connections : Perspectives in Community-Based Conservation*, Island Press, 1994 b.

Western, D., *In the Dust of Wildlife Kilimanjaro* (paperback edition), Island Press, 2002.

Western, D., "Rethinking Wildlife : Bridging the Conservation Divide", Meguro, T. ed., *Re-conceptualization of Wildlife Conservation : Towards Resonation between Subsistence and Wildlife*, ACTS Press, 2009.

Western, D. and R. M. Wright, "The Background to Community-based Conservation", Western, D. and R. M. Wright eds., *Natural Connections : Perspectives in Community-based Conservation*, Island Press, 1994.

終　章

実践指針としてのコモンズ論
―― 協治と抵抗の補完戦略 ――

三俣　学・菅　　豊・井上　真

1　コモンズ論の今

(1) コモンズ論への誤認

　コモンズ論ないしコモンズ研究を批判する人たちのなかには，「感情的・心情的な違和感をもつ」ものが少なからずある（井上, 2008, 210頁）。これまでの人類史上で遭遇してきたなかでも，きわめて大きくまた深刻な問題の一つである資源・環境問題の解決に向け，叡智を結集した対応が迫られるなか，このような先入観や感情的な違和感をもって建設的議論が進まない現状がコモンズ論をめぐって存在しているとすれば，それはたいへん残念なことである。とともに，そこに存在するディスコミュニケーションや誤認を勇気と気力をもって解いて行こうとする前向きな姿勢こそが，私たちには必要なのかもしれない。そこで，まずコモンズ研究に否定的な人たち（「反コモンズ論者」「嫌コモンズ論者」）の抱くコモンズ研究・コモンズ論に対するイメージやその根拠について，彼らの立場に立ったつもりになって，私たちなりに考えてみよう。

　論者によってその主張内容やスタンスは随分と異なる点があるものの，コモンズ研究では，資源環境問題を含めた現代社会の諸問題に対する解決の糸口を「小地域の自治力」の創造や再生のなかに積極的に見出そうとしてきた。その点についての見解は概ね一致しているのではないかと思われる。それは，近代以降，歴史的には否定的な評価を受け続け，もっぱら抹殺されていく方向に運命づけられてきた「小集落における自給」，「農林水産の生業」「共有・共用」，「在地の慣習・慣行」，「地域の伝統文化」などを，「時代の諸課題を突破する可

能性を秘めたもの」として，再評価・再編成していく道筋を模索しようとした試みでもあった。

　以上，手短に述べたコモンズ研究の方向を全く逆の方向に，かつ，少々スパイスを施しつつ考えれば，「反コモンズ論者」や「嫌コモンズ論者」の抱くコモンズ論へのイメージを素描できるかもしれない。つまり，「自給自足の古い小集落」，「重農主義的な世界」，「共有・共用の利を説くコミュニタリアニズム」くらいになるであろうか。さらに，これらそれぞれに向けられてきた従来からの批判を考慮に入れて文章化を試みるなら，「コモンズ研究者ないしコモンズ論者は'古い伝統主義に拘泥'し，'閉鎖的'にして市民社会的リベラルな思想に欠如した前近代的世界への回帰を説こうとするノスタルジストたち」くらいになるだろうか。加えて，コモンズ研究が，自給（域内自給）の重要性に注目してきたこと，官僚機構によるゆがみ・弊害にたえず警鐘を鳴らしてきた点を加味すれば，そこに「反市場主義者」「反自由貿易論者」「反体制論者」などのイメージが付与されるかもしれない。[1]

　私たちは，「このようなイメージが完全に間違ったものゆえ全面的に是正してくれ」などというつもりはない。ただ，本書を通じて，コモンズ論に否定的な見方（偏見・誤解）を持つ人たちに対し，また，この本によって初めてコモンズに触れる読者に対し，少しでも理解してもらえれば，と思うことがある。それは，私たちが「個人に強く束縛・服従を求める小集落こそがユートピアであり，外部から押し寄せる一切のインパクトを内部結束の力で突っぱね，孤高を極めていくことこそが，持続可能な社会に向けての唯一の道筋である」だとか，「コモンズの世界を守るために，市場経済や国家と対抗し続け，自立度・自給度の高い小社会の方向をただ邁進するべきだ」などという偏狭かつ非生産的な思想に立脚してコモンズ論を展開しているのではない，ということである。

　相対的に見て理不尽な形で，逆境に追い込まれがちな地域の人たちの立場に可能な限り立ち――ないしはそうできなくとも，その立場に立とうとし――自分たちが学んできたことを少しでも役立てたいという熱い気持ちを内に秘め，一方ではたえず現場で起きている一つ一つの事象を理性の目でとらえる姿勢を

終　章　実践指針としてのコモンズ論

私たちは持つように心がけてきた。ごく一例を挙げるならば，編著者の一人・菅は，新潟県の大川におけるサケ漁の事例から精緻に漁村研究を進めつつ，コモンズとしての漁村の役割や意義を評価する一方，コモンズがムラとして認知しない，容認しない人びとを積極的に排除してきた事実も同時に存在してきた点について，「コモンズに'平等性'や'公正性'という価値を過剰に期待してはならない」（菅，2006，64頁）とし，コモンズの「負の側面」を冷静に分析している[2]。

　本書の各章では，コモンズ論がこれまでたえず着眼点を据えてきた各地域の自然環境・慣習・技術・文化にもしっかりと着眼点が置かれていることを感じてもらえたであろう。と同時に，本書で取り上げた各地域は，地域外からの強い影響を受けていること，また，その影響に対し，コモンズはただなす術なく佇んでいるのではなく，むしろそれらに積極的に対応・抵抗しようと懸命に模索している。その「現場の真実」にぜひとも目を向けてもらいたい。序章において「どのような小さな国家であれ，またより小さな地域であれ，そして，もっと小さな僻陬のコミュニティであれ，すでにこの不可逆的なグローバリゼーションの渦に，巻き込まれており，これと完全に無縁ではありえない」と示した私たちの基本認識が，本書の各章における具体的記述から生き生きと感じ取れたのではないだろうか。

　さらには，本書で取り扱った事例対象やそのスケールにも目を向けてほしい。これまでのコモンズ論でしばしば取り上げられてきた閉鎖的なローカル・コモンズは勿論，構成員の移動性が高く凝集性の低いフィリピン村落における外部主導の共有林制度，万人のアクセスを許す北欧の万人権の制度，在地を無視した外部者のもたらした野生生物の保護政策がもたらす弊害，乱開発の防波堤・地域の新しい資源としての可能性を持つ里道などが議論の対象として論じられている。読者の皆さんが，本書で取り上げた事例研究に触れることで，先に見たようなコモンズ論に対する先入観や誤解，違和感を一部なりとも払拭できたことを編者らは期待したい。

（2）コモンズ論の独自性

　先の説明から，コモンズ論に対する誤解や先入観が払拭されたかもしれないが，と同時に，次のような疑問を持つ人たちも出てくるかもしれない。つまり，「この次元にあってはもう，コモンズ論はもはや環境ガバナンス論とほぼ同じではないのか，だとすれば，コモンズ論はガバナンス論に包摂され，その独自性はもはや消えてしまったのではないか」という疑問である。

　前者については，たしかにそのような傾向は見て取れるだろう。コモンズ論は遅かれ早かれ，ガバナンス論・社会関係資本（Social Capital）論との融合・切磋琢磨の過程を経て，現在のような資源管理論として鍛え上げられていくことは，すでに予想できた（三俣・嶋田・大野，2006）。相対的に見てコモンズ内部の分析を重点的に進めてきたコモンズ論ではあるが，その議論の展開過程では，たえず「外部環境がコモンズに与える影響」に目を配り，それらを分析や考察の対象に積極的に取り入れてきたことにその理由がある。

　後者についてはどうだろう。これは「否」である。少なくとも，本書で展開したコモンズ研究においては完全に「否」と応えることができる。では，コモンズ研究の独自性はどこに求められるのか。それは，経済社会を見る視点の重心が，あくまで地域の具体的な生活世界のなかにあるという点に存在する。もう少し具体的にいえば，各地域の環境資源とその上に広がる自治的な生活世界にあるといえよう。その点にこそコモンズ論の最大の特徴があり，主だった論者によるコモンズの定義にもそのことが現れている。

　編者の一人・井上の協治でいう「開かれた地元主義」と多様なアクターによる「かかわり主義」の理念においても，常に地元住民がその主人公として据えられている[3]。コモンズ研究は，資源利用・管理制度の自治的協働システムの分析を核としながら，外部のアクターとの連携や協業がいかにして効率的，厚生的に保たれるかを分析していくというスタンス，言い換えれば，各地域の内側（現場）に立って，コモンズに対する外部インパクトを見つめ，あるべき協業（ガバナンス）の道筋を展望していこうとする姿勢を持っている[4]。このような現場重視の姿勢を保ちつつ，環境ガバナンス論や社会関係資本論との議論を深め，

地域における「真の福利（well-being）」を高めていこうとするところに，現在のコモンズ論の意義や独自性が存在するといえるだろう。

コモンズ内部の研究の進展，と同時に，コモンズと外部環境（外部主体）をどうガバナンスしていくかというコモンズ研究の変遷にあって，より重要性を帯びてくるものの一つに「公共性」の概念がある。

2 コモンズから醸成される公共性概念

（1）コモンズ論から見る公共性論

社会学者・稲葉振一郎（2008）が「公共性論の入門書」と位置づけている政治学者・齋藤純一の『公共性』（2000）では，原義的な意味での公共性は，誰もがアクセスしうる空間（オープンであること，閉域を持たないこと）であり，また，価値の複数性を条件とし，共通の世界にそれぞれの仕方で関心を抱く人びとの間に生成する言説の空間である。また，稲葉（2008）は，「'社会システム' と '生活世界' の分離が自覚された上での，その克服—現実的な克服というよりは，克服という課題が理念として確立されること，その上でその理念が単なる空虚なお題目にとどまらず，現実に人びとの生を導くものになっているということ」(49頁)をして公共性と定義し，この理念や感覚を共有する人びとから成る社会領域を公共圏と位置づけている。

このように，公共性や公共圏という言葉は，その原義的な定義をその語源（ドイツ語の "Öffentlich keit"）に従って厳格に与えることができる一方，公共心，公共の利益，公共空間，公共的理由，など非常に多様な概念規定や解釈を許す言葉でもある（安彦・谷本編，2004）。つまり，公共性という言葉は，論者によってはその内容を異にする，言い換えれば，固定的ではなくそれぞれの時代・社会状況の下で生まれる「言説」を反映し，その意味内容を変化させうる言葉でもある。それは，「公共」と「私」の境界がたえず揺れ動く性質を持っており，「何を '個人的なもの'，'私的なもの' として定義するかによって反射的に定義される」（齋藤，2000，12頁）ためである。安彦・谷本編（2004）は，

公共性の概念の遷移の例として，子育て，介護，児童虐待，ドメスティック・ヴァイオレンス（DV：家庭内暴力）などを挙げ，かつてはきわめて私的問題とされてきたこれらの諸問題が，今日，社会的な支援や介入を必要とするきわめて公共的性格を有した問題へと転じている現況を挙げているが，環境問題もまたその一つといえよう。環境保全時代にあって求められる環境政策のありようを問うてきた経済学者・宮本憲一（1998）は，公共性の基準の遷移と現代に求められるその構成内容について次のように述べている。

「現実の公共政策では，国家権力の公共性と憲法の理念による公共性とが相争っているのではないでしょうか。ハーバーマス（J. Habermas）は公共性は歴史的に変化してゆくとして，市民的公共性から社会福祉国家的公共性へ転換していく状況を述べています。伝統的な公共性論でも国益の擁護だけでなく，基本的人権の擁護はあったのですが，（中略）それは私的所有権の擁護でありました。公共性の最も高いものは，軍事（国防）や司法とされていました。これに対して，現代的な公共性論が主張する基本的人権は，自由権としての所有権もありますが，それ以外に社会権といわれている生命と健康の保持，思想の自由などの人格の尊厳に基づく生活権，労働権，アメニティ権や環境権などがその内容となっています」（宮本，1998, 81頁）。

なるほど，環境時代にあって，宮本のいう，社会権・生活権・労働権・アメニティ権や環境権を含む新しい公共性概念の再定位には説得力がある。しかし，私たちは，「もう一つの公共性概念」を地域の生活の場，とりわけ山野海川に足場を持つ「コモンズの世界」からとらえ直してみたいのである。そのコモンズという語をあえて日本語で表現するとすれば，社会学者・鳥越皓之，経済学者・室田武，林政学者・筒井迪夫などが論じてきた「共」ないしは「共的世界」のことである。「公共」から独立させた「共」は，実態面において，官（行政）という意味での「公」に必ずしも収斂・包摂されない領域である。それは，まさしく「公共」と「私」の境界上にあり，それは厳格な一本の線というよりはむしろ，ある一定の幅と広がりを持った帯状のように思われる。本来，「公共」という一つの言葉として成り立つこの「共」であるがゆえに，「公的な

終　章　実践指針としてのコモンズ論

ことがら」に強い親和性を持つ反面，より小さな生活圏にも密接につながっているため「私的なことがら」にもまた非常に近しい性質を持っている。具体的には，その一つの典型として，日本の近世村落を単位とする入会がある。第1章冒頭で見た「入会公権論・入会私権論」の長い論争からも理解できるように，一方では「公」の方向へと，他方では「私」の方向へと，激しい綱引きが行われてきた。とりわけ，農山村民の生命線であった入会林野を強引に奪取した明治政府による官民区分政策（入会林野の国有林化）は，まさしく「官の独占物としての公共性」（＝権力）をむき出しにしたものであった。このような歴史を知る私たちは，公共性という概念が，「公益」や「公共の福祉」という国家の論理や体制の論理をもって，個人の権利を制限したり抑圧したりする際に正当性を与える「要警戒の言葉」（稲葉，2008）であったこと，そして今なお，そういう性質を有し続けていることを十分に理解している。他方，先に論じた「官の独占物としての公共性」（＝権力）に対し，民法上の規定によって入会権を私権として構成することで，農山村民たちに強い権利を付与し，農山村における彼らの生活の安寧を守ろうとした法社会学らを中心とする研究者たちの業績や運動の数々もまた，私たちはよく理解しているつもりである。ではなぜ今，私たちは，コモンズの公共性を議論しようとするのか。

（2）コモンズの公共性

環境資源を重層的にガバナンスしていく必要性（たとえば，松下編，2007）が，大きな「時代の課題」の一つになっている現在，入会とそれに服する環境資源だけでなく，さまざまな形態下で管理される環境資源のガバナンスの方向性を決する際，「公共性」という道標は重要な一つの根拠になる。

私たちは，「官の独占物の公共性」から「自然環境管理・保全の公共性」への転換を逆手にとり，それをコモンズの正当性の根拠の一つにして，①現存している数多くの入会ないし入会的な団体（慣習利用・管理を軸とするもの）の存在自身を確たるものとし，②コモンズの有する権利に正当性を与え，③その所有形態を問わず，私的領域を超えて顕在化する自然環境問題をより広い社会的

203

文脈に置くことでそれら諸問題への「かかわり」(支援・協業)を可能にする道筋をここで考えたいのである。

コモンズがその機能を発揮するには，その存在自身の正当性を獲得することがきわめて重要である。これは当該住民の利用ばかりでなく，それに服する山野海川にとってもきわめて重要になる。いうまでもなく，その正当性の最大の根拠となりうるのは，近現代社会にあっては，私的所有権であることに相違ない。すでに論じたように，明治以降うまく国・公有を逃れた入会地や入会林野については，民法の入会権に関する規定でその存立の正当性が担保されている。しかし，第1章で見たような特殊な経緯で，今を生きる入会林野のなかには「名目公有・実質入会」の財産区が数多く存在する。不運にも，第1章の稲武地区のような形で，大都市に合併されたことにより，名目にすぎない公有が強調され，実質入会（＝慣習的利用と管理）は切り捨てられるようなケースが起こっている。かかる事態に対し，入会を入会ならしめている慣習が，同地域の自然環境管理・保全の公共性に資するものであることを明らかにすることを通じて，住民の慣習的な利用と管理に正当性を与えることは一つの有効な手段となる。

他方，コモンズとしての入会林野のなかには，「地域共同の力」が発揮されずに完全に放置されて問題化する人工林だけでなく，開発に道を開く処分を行ってしまうようなケースもある。このようなケースでは，「自然環境管理・保全の公共性」をして，狭く限定された入会集団だけではなく，その枠組みを超えた協業・連携を模索するような議論や実践を検討する必要も出てくる。では，コモンズという小社会のなかに，果たして公共性と呼びうる，あるいはそれに通じるものが見出せるのか，ということになってくる。そのようなことを考えてきた先達は少なくない。

たとえば，哲学者・内山節は，村内部の社会関係に着眼点を据え，小さな村のなかには，公共の概念が村の共同の仕事やかかわりのなかで存在していると考えている（内山，2005）。他方，林政学者・半田良一（2009）もまた，内山とは違う着眼から小さな村に公共性の発露を認めている。すなわち，半田はコモ

ンズの存在意義は「'内外における私益追求の風潮に対抗して,地域住民総体の共通利益,すなわち当該社会における公共的価値(=公共性),の実現を目指して運動する地縁集団(ないし制度)'として機能する点」に認められるとし,それをさらに敷衍させ,「現代の市民社会運動はその実現を目的にしている。けれども元来公共性の内実は,個別のコモンズ及びあまり広くない周囲の社会,の内部における諸関係により規定されてきた」(半田,2009,22頁)と論じている。

誰もがアクセスしうる空間であり,オープンで閉域を持たないということが,「原義的な公共性」の定義である(齋藤,2000)とすれば,なぜ,私たちはコモンズというかなり狭く小さな空間(閉域)のなかに,「公共性」と呼びうるようなものを見出そうとするのか。次に,その根拠を具体的に考える必要が出てくる。

(3) コモンズの公共性の淵源としての慣習と環境資源

本節では,本書の特に第Ⅰ部から見えてくる「コモンズの公共性」を素描することにある。一見すると,第Ⅰ部の全三章の事例研究は,入会林野,里道,北欧の万人権と,その分析対象も国内外に及び,事例対象もオープン・コモンズとクローズド・コモンズと多様であり,共通点を探ることすら難しいようにも見える。しかし,この三章のみならず,本書での事例研究に見る一つの重要な共通点として,「慣習」の存在をあげることができる。

この存在こそが,ローカル・コモンズの持つ公共性を形作っていると考える第一の淵源である。慣習は,各地域によって異なる歴史的・生態的・経済的条件の下で育まれ,生活様式を規定するものとして機能してきた。特に山野海川を暮らしの本拠とするような地域における慣習は,明文化されているか否かを問わず,地域固有の環境資源の持続性を保証する範囲で,コモンズの各成員による利用や管理を律するとともに,生活作法,ふるまい,実践の様式を形作る根拠となる。[8]そこに体現してくる公共性とは,オープンエンドなつかみどころのない,すなわち,互いに異質な価値を持ち誰もがアクセスしうる空間という

意味での公共性とは異なる。暮らしの実態に根ざすローカル・コモンズという閉域において，個々人は環境資源を利用・管理する上で果たすべき役割・義務を負い，またそれを他のコモンズのメンバーとともに履行するという形で体現されてくる公共性である。たとえば，入会林野の場合，筒井（2004）は入会林野が荒廃せず持続的に機能した理由を「'公益のために私益を制限する'という管理規制法」，すわなち，山法（やまほう）や村法等の慣習（ないし慣習法）の存在に見出した。筒井は，その管理規制法の内容を構成する「'山の口明け規定' '採取量制限規定' '採取する場所の制限規定' '割山の配分規定' などの規定は，公益規制を明確に規定」（筒井，2004，8頁）したものであり，そこに「公益優先の思想」を見て取ることができると論じている。言い換えれば，ローカル・コモンズという閉域における公共性は，その成員個々の私益を極大化する方向（合理的経済人としての個々人の自由則すなわち"私利私欲"を最大限に認める市場的原理）にではなく，エコロジーの教えるある一定の利用制限を受忍しあうことによって，コモンズ全体の私益（＝公共性）として立ち現れてくるものであるといえよう。コモンズの構成員個々人の私的世界と村全体の公共性とのバランスが保たれて初めて，コモンズは持続可能であったわけである。

　ローカル・コモンズの公共性の淵源を形成する第二は，ローカル・コモンズとして慣習に従って自治的に利用・管理されてきた「環境資源そのものの持つ性質」にある。それは，環境保全の視点から，公共性を帯びたものとしてとらえられる現代社会の情勢を反映している。山野海川の資源面からの性質・特徴に関する議論は，その論者を挙げれば枚挙に暇がない。ここではそれらの紹介が目的ではないので割愛するが，環境資源は，その所有・運用形態の如何を問わず，すぐれて外部効果（external effect）を持つ。ある環境資源の利用や管理を体系づける所有形態や運用形態は，それと隣接する別の主体の環境管理に影響を及ぼすことが多い。それは環境資源の持つ連続性・流動性などに起因する。たとえば，小さな集落でコモンズとして良好に管理される入会林野は，流域社会全体の公共益に資する。また小さな漁場の良好な管理は，沿岸の生態系だけではなく，サケ・マス類等の遡上性回遊魚などの往来を通じた栄養塩の陸地還

元など多大な恩恵を流域社会にもたらす（室田，2001）。

以下では，上述したローカル・コモンズの公共性の発露としてとらえた慣習と自然環境の二つを軸としながら，本書における事例研究に即しつつ考えてみたい。

（4）入会林野・里道・万人権の教えること

第1章の旧稲武町を構成する13地区の財産区は面的広がりから見れば，それほど広大な面積ではない。にもかかわらず，13財産区はそれぞれが独自の歴史を歩み，またかなり異なる林野利用慣行をそれぞれに築き上げ，持続的にその利用と管理体系を形作ってきた。そこでは，協働で林野を利用・保全するための共同性はもとより，公平性を基準とした富の配分システム（平準化）が構築されてきた。また環境資源の外部効果という観点に立てば，豊田市中心部の都市域に清浄な大気や豊富で清涼な飲料水の供給を果たしており，その存在や諸営為は完全に「私的なもの」ではなく，流域全体の公共性に資する面を持つ。[9]
しかし，市町村合併のたびに拡大する「公」の地理的空間。その拡大された「公」（＝新市町村）における公共性（新市町との一体性）を求められる同地区の13財産区は，長年にわたって構築してきた慣習的資源管理システムを喪失する危機に瀕している。

第2章の従来的な地域住民によって利用・管理されてきた歴史を持つ場合の多い里道もまた，その利用や管理を規定していたのは，地域の慣習であった。地域住民の記憶も忘却のかなたとなり，荒地になっていくような里道であっても，地域社会に対する深刻な外部からのインパクト（乱開発等）によって，再びその存在が当事者たちに確認・共有（コモンズの再生）され，乱開発防止の砦となって機能している実態が泉論文で明らかになった。里道が入会権に服しているものと認定される場合，自然資源の乱開発という私権の行使に私権としての入会権が真っ向から対抗し，社会的規制をかける手段となって機能している。

他方，第3章で取り上げた自然環境の恵みを万人が享受する権利を認める北欧の万人権は，ある意味でより原義的意味に近い公共空間の典型にも見える。

しかし，この章での含意もやはり環境資源の公共性，それを支える慣習の存在とその変容過程にあることを確認したい。それぞれの地域で，環境資源を万人に開かれた形（万人権という形）で提供してきた北欧諸国では，近年その法制化が進められてきた。その裏には，各地域で醸成されてきた慣習を踏まえない外部者による環境享受の乱用（作法を無視した利用）があった。たしかに，環境資源は万人が享受すべき天与の恵みでもある。とはいえ，それはその地域のエコロジーが教える再生産の範囲における利用，加えて責任ある管理が担保される仕組みが存在して初めて可能になる。元来，それを一番把握してきたのは，そこを慣習的に利用してきた地域住民である。本論では触れられなかったが，万人権を調査する過程でもっとも印象的であったのは，フィンランドでは私有地上で万人権を行使する際，利用者が前もって土地所有者宅を訪れ，相談した上でキャンプ等を行っている，という情報であった。あくまで地域の慣習の尊重の上に成り立つのが環境資源の公共性を保証する万人権なのである。

　以上，第Ⅰ部の事例を中心に考察を進めた。コモンズの公共性を問い直そうという本書の試みには，それぞれの現場が抱えている問題の解決の道を，公共性の観点からとらえ直すことによって，開いていこうとするより実践的かつ政策的なねらいがある。次節では，第Ⅱ部の事例研究に基づきつつ，さまざまな経済社会の変化のなかで21世紀を生きるローカル・コモンズの諸様相について考察を進めていこう。

3　未来を拓く共同的資源管理論に向けて：協治戦略と抵抗戦略

（1）「いきすぎ」を受け止め，その是正を図るコモンズ

　これまで，広範にわたる分野で活発に議論されてきたコモンズ論は，概して環境資源の持続的利用や管理を可能にするコモンズ（組織）内部の規範や制度分析を主眼にした研究が多かった（Berkes, 2002）。と同時に，コモンズの外部にある主体や外的環境がコモンズに与える影響に関する研究，たとえば，伝統的コモンズに地縁を超えたさまざまな主体がかかわることへの影響，グローバ

終　章　実践指針としてのコモンズ論

リゼーションがコモンズに与える影響，巨大な資金を有する世銀など国際機関によるコミュニティ開発プロジェクトがコモンズに与える影響に関する分析の重要性が認識され，多様なアクターによる協業を基本とする環境資源の共同管理 (co-management) の重要性が説かれるようになってきた (Young, 2002 ; Berkes, 2002 など)。その過程では，特にコモンズ (環境資源の持つ意味・共同管理制度) の変容過程を動的にとらえていくことの重要性が，真のコモンズ理解を進める上でも，実際の環境政策を描いていく上でも重要であるという認識が示されてきた (菅, 2006)。

　本書の編者のうち井上は，これら一連の議論を踏まえ「協治」という独自の概念提起を試みた。協治とは，「中央政府，地方自治体，住民，企業，NGO，地球市民などさまざまな主体 (利害関係者) が協働 (コラボレーション) して資源管理を行う仕組み」(2004, 140 頁) である。本書第 II 部「グローバル時代におけるローカル・コモンズの戦略」の諸論文には，この環境資源の協治に向けてドラマのような人間模様が，環境資源の持つ意味や価値の変容過程とともに，ダイナミックに描き出されている。協治の実現ないしはそこに向けての移行過程では，「開かれた地元主義」と「かかわり主義」/「応関原則」の無限の可能性や意義を知るとともに，その実現には多くの移行過程における練磨の過程が見え隠れしている。その練磨のなかでも，序章で指摘した種々の「いきすぎ」が，もっとも鮮烈な形でコモンズに変容を迫って立ち現れてくる。第 II 部のみにかかわらず，本書の各章では，それらいきすぎた形となって立ち現れる外部インパクトを受け止め，ときには互いに離反しながらも，共同の目的遂行のための調整を図り，暮らしの領域を「したたか」に守り続けるローカル・コモンズの姿が見て取れたはずである。ここで私たちにとってなすべき重要な考察の第一は，外部インパクトの「いきすぎ」とそれがもたらすローカル・コモンズへの影響，さらにはそれらに対するローカル・コモンズの採る戦略の具体的内容を検討することである。

（2）「いきすぎ」の具体像

本書から見えてきた「いきすぎ」の具体像は，概ね次の二点である。

第一番目の「いきすぎ」は，グローバル時代に超高速で浸透する商品経済システムが余儀なくする地域の生業様式・自然環境の改変である。開発業者と地元住民との間の相克がひとたびバランスを欠けば，ある特定資源の商品化が極端な形で進むだけでなく，地域社会もその足元にある環境資源も荒廃を免れない。この状況がすでに深刻化して進む集落の存在をインドネシアの事例研究を展開した第4章の寺内論文，第5章の河合論文によって知ることができる。伝統的焼畑を中心とする生業に加え，商品作物としてのラタン・ゴム・アブラヤシ生産活動をどのような形で進めることが，同地における環境面・生活面での持続性を担保することにつながるのか。この問いに対し，寺内は資源それぞれの特性面に着眼しながら，村人の抱く価値基準（収益性・自律性・融通性）に立脚した戦略の必要性を論じ，「焼畑民だけでは対処できない大資本によってもたらされる問題をグローバル時代特有の問題と位置づけるなら，国境を越えた多様なアクターが協働してこの問題解決に取り組むというグローバル時代ならではの対抗戦略が必要」であるとし，国境を越えた協治の必要性を論じている。他方，河合は，自然改変度・企業依存度の高い「中核—衛星農園によるアブラヤシ農園開発」を拒否し，慣習林を維持することを大前提とし，商品化を部分的に受け入れつつ，従来的な生業のありようを保証する「緩やかな産業化」を提案する。ある面においては次項に見る抵抗戦略を採用し，ある面では市場への対応戦略を構想するハイブリッド型戦略の提示といえよう。

この両章に見る「いきすぎ」については，自由貿易による諸弊害を明らかにしその是正をエコロジー経済学的視点から提唱してきたH. Dalyの指摘に通じるものがある。彼によれば，自由貿易にある一定の歯止めをかけ，国内産業や地域の環境を守りうる重要なアクターは政府（関税政策など）である。しかし，在地の生態系や生活様式に関する的確な知識を有するリーダー（彼を中心とするコモンズ）によってもこの「いきすぎ」は緩和される可能性がある。アブラヤシ農園の割合の低いダイミット村において河合は，「すべてをアブラヤシ農

終　章　実践指針としてのコモンズ論

園にして，米を外部に依存するようなことになってはならない。(中略)稲作とアブラヤシ農園の両方が発展していく道を考えなければならない」という隣組組長の言を聞き取っている。本文には，必ずしも明示的には記述されていないが，彼のリーダーシップが，村人のアブラヤシ生産への強い誘引を抑制する働きを担ったことがこの文脈から推察できる。彼のようなキーパーソンがどのような背景で生まれ，リーダーとしてどのように選出されてきたのか。これまでの資源管理論においは制度供給問題が一つの重要な論点になってきた(Baland and Platteau, 1996)が，集合行為を成立させるリーダーの属性をより深く分析していく際に，現場重視のコモンズ研究はより重要になる。

　第二番目の「いきすぎ」は，在地の慣習や文化を無視した一方的な価値観ないし思想の押しつけ，である。この点を見事に描き出したのは，一見すると，コモンズ論では扱いにくいテーマにも見える第7章の目黒論文である。目黒は，在来文化を深いレベルで理解しない外部者が政策を描き実施していくことは，結果として，彼らの意図し続けてきた「野生生物の保全や保護」という目的達成を不可能にするばかりか，地域内部に深い軋轢を永遠にわたって生じさせる結果に終わることを教えている。

　ガバナンスという言葉は，ガバメントの反省から生まれてきた新しい概念である。その理念を実践へと導かねばならない理由は，序章でも述べたように「環境問題は，ローカルという現場でもっとも先鋭的に，そして生々しく顕在化するものである」からである。その地に住む人びとの生活様式や思考や文化を埒外にして，環境ガバナンスは成立しえない。ここに，コモンズの内側に立って政策全体を担い手の視点から見つめなくてはならない大きな理由がある。

　その環境ガバナンスを進める際，とりわけ協治の構築という点から，大きな示唆を与えたのは，第6章の椙本論文である。同論文はCBFMという「聞こえのよい」環境政策の導入，言い換えれば，コモンズの生成・構築がいかに難しいかを，各ステークホルダーへの丹念な聞き取り調査から明らかにしている。特にコモンズの内部分析だけでなく，コモンズに直接的・間接的に影響を及ぼす外部インパクトを分析する過程（つまりガバナンス論的展開）において，特に

留意しておくべき問題の核心部を同論文は導出している。それは，コモンズに関連する外部アクター分析の比重が増すにつれ，最小単位のステークホルダーであるコモンズの具体像（資源・制度の両方）が捨象されてしまう傾向がある，という点である。特に，CBFMのように，国際機関やNGOが主導（外部主導型）して新しいコモンズを創出する際には，在地の人びととの生業・生活様式・文化・思考・在来のネットワークを政策の根幹に据えていくことが重要になる（関，2005）。それをまず理解した上での政策デザインの必要性を同論文から学ぶことができたのではないだろうか。椙本が到達した結論の一つをもっとも端的に表す「地域における個人の関係性こそが現場の政策実施では鍵になる」という言は，コモンズ論の視点から環境ガバナンスを考える上で，大きな示唆を与えるだろう。

（3）コモンズ研究のフロンティア：協治と抵抗の補完戦略[12]

　私たちにとって進めるべき重要な考察の第二は，協治実現を完全に阻むような事例についての分析である。これは，コモンズに対応不能な状況を生み出す外部主体のいきすぎと言い換えてもよいだろう。協治の理念においては，国家，開発業者，NPO・NGO，それぞれコモンズにかかわる各主体は，当該環境資源の持続的利用や管理に向け，協調的・協業的行動をとる，という基本的な条件（以下「前提条件」）が満たされなければならない。

　しかし，現実には協治による天然資源の管理運営が望ましいものの，その実現が困難ないしは不可能な事態が散見されてきた。なかには協治に向かう移行（試行錯誤）の過程と理解できるようなケースがある一方，協治とは無縁なかかわりの方（外圧）でコモンズに迫り来る主体も看取できる。そのようなケースでは，外部主体が先述した「前提条件」を満たさず，コモンズに対応不能な外部インパクト（外圧）となって現れることがしばしばある。つまり，コモンズ（資源・組織）の共同利用や管理を志向する外部の主体ではなく，それとは正反対にコモンズの崩壊や衰退を意図する外部の主体が存在するケースである（野村，2008；三輪，2007；三俣ほか編，2008；三俣・齋藤，2009）[13]。

終　章　実践指針としてのコモンズ論

　このように協治戦略をとりえない場合には，協治への移行戦略を他方に見据えながらも，コモンズが自らの共有・共用資源を共同で守るための戦略を打ち立てる必要性がある。この戦略を暫定的に抵抗戦略と呼んでおこう。[14]

　その戦略下では，①コモンズ（資源・制度）を崩壊・衰弱させる明確な意図を持つ外部者に対しては，資源の共同管理の「前提条件」を破壊する行為（かかわり）を断念させ，当該地域から完全なる撤退を求める運動を展開し，法的解決に出るなどが必要となる。第2章で泉が紹介した鎌倉の里道の事例がこれにあてはまる。鎌倉市の「奇策」作戦と住民運動の連動は，具体的な抵抗戦略を考える上でたいへん示唆に富む。

　他方，②「前提条件」を破壊する明確な意図の見えにくい，あるいは明確な意図を持ってはいない外部者に対しては，協治移行の可能性を見極める過渡的段階を踏む戦略が立てられうる。しかし，その甲斐もむなしい場合（協治移行が望めない場合）には，①と同じ戦略となる。本書第1章の稲武13財産区の事例は，②にあたるといえよう。世界に冠たる工業都市から環境先進都市に向かって進み出すことを高らかに表明した豊田市の自然環境の保全・管理に対する真の見識と理解が試されている。

　コモンズ論の可能性。それは協治戦略と抵抗戦略の両戦略が，どこまで相互に補完しあいながら，現実の環境問題に適応可能・実践可能であるかを見極めることにあろう。本書はその扉を開く重要な第一歩である。そのことを編者は今，改めて実感している。

注
(1)　たしかに，初期のコモンズ論者，国内でいうと多辺田政弘などのエントロピー学派のコモンズ研究者は，ひとまず，市場と国家を対抗軸として描くことを通じて，官と市場の暴走の制御装置としてのコモンズの重要性を明確にしようとした。しかし，それは当時まだコモンズの概念すら知る人が少ないなか，明瞭に理解しやすい形で論を展開するために採られた戦略だったと思われる。彼らのうち誰一人として，市場と国家の役割を否定する方向でコモンズを礼賛し，コモンズが万能であるなどという主張を展開した者はいない。
(2)　菅はさらに，「現在，各地に残っている日本のコモンズには，単純にそこに近代以

213

前の共同体結合の豊かさを求めるべきではない。また，それに純粋不変の日本的コモンズをイメージすべきではない。」(菅，2006，168頁) と論じ，コモンズを内部から，動的かつ多面的に見ることの重要性を指摘してきた。海外のコモンズ研究者も同様の姿勢を持ってコモンズの再評価と課題の抽出を行ってきた (Ostrom et al., 2002)。

(3) ときとして外部者による全面的なローカル・コモンズ（環境資源）の運営をよしとする議論と混同される嫌いがあるが，かかわり主義の根底（前提）には，地元主義があることを強調しておきたい。また，井上 (2009) では「かかわり主義」を展開した「応関原則」を提示している。

(4) 国内外を問わず，コモンズ研究が環境資源に着目する大きな理由は，環境資源が持続性 (sustainability) を規定する条件である，という認識を共有しているためである。とはいえ，現在のコモンズ論では，知的財産等，景観，街づくりを対象とするものも見られるようになっている。

(5) 「公共」と「私」の違いと同様，否，時としてそれ以上に「公」と「共」には，同居を許さない絶対的な異質性がある。このことを早い段階で指摘したのが，経済学者・室田武である。彼は山野海川の持続的な利用や管理方法を物質循環の視点から考え深めるなかで，「本来『共』的に治めるのが最も柔軟性に富むものを，『公』的な管理に委ねることで，『公』のうちに『共』の要素も含まれているから安心しなさい，という宣伝が大々的に展開されたわけである。しかし，今日はっきりしているのは，『公』は『私』の組織化にほかならないということ，『公共性』に『共』の要素はほとんど含まれていないということ，しばしば『公共性』はむきだしの権力そのものを意味すること，等々である。先に述べたように，近代化の諸過程は，『公』と『私』の世界の拡大強化によって，『共』の世界を圧殺する過程であった。」(室田，1979，192-193頁) と論じている。つまり，「共」が「公共」のなかに埋め戻される方向での環境ガバナンスがありえるとすれば，そこに真の意味での公共領域の創出が実現される，という解釈が成り立つ。

(6) ③は，たとえば，自然豊かなコモンズの囲い込みが続いた英国において，所有権の有無を問わず，万人に，自然のなかを歩き，自然を愛でる権利を認めた英国のパブリックフットパス，日本の入浜権運動などを念頭に置いている。

(7) とはいえ，この議論については「私的所有権の制限や停止」などが議論にあがってくることが想定されるゆえ，慎重な議論の展開が必要となる。この点については，特に青嶋 (2006) を参照されたい。とはいえ，このような私的所有権を制限ないし停止することによる「社会的福利の増大」に関する議論が，近年，分野を超えて進んできている（鈴木，2009；菅，2009）。

(8) その慣習は，地域ごとに異なる諸条件をことごとく反映されているがゆえ，民法の規定に見る二つの入会権，すなわち共有の性質を有する入会権（第263条），共有の性質を有さない入会権（第294条）ともに，「各地方の慣習に基づく」という原則を適用

終　章　実践指針としてのコモンズ論

しているのである。
(9) とはいえ，この主張が財産区＝公有＝慣習的利用の停止という論理と全く通ずるものではないことを強調しておく。財産区を江戸時代の旧村（近世村落）が各々の慣習に従い，総有的（二項対立しか持ち合わせない法律に即していうならば，民法上の入会権に基づき「私的」）に利用・管理することの正当性は，依然として13地区にあることを付記しておく。
(10) 高名な古典派経済学者の D. リカードの生産比較優位説に基づく自由貿易論に対し，エコロジー経済学を先導する H. Daly は，弱い国から強い国への資本の一方的な移動，モノカルチャー化の創出に加え，自由貿易の費用をより包括的に議論している。それらの費用とは，(A)輸送コスト，(B)対外依存度増大によるコスト（地域が独自の生活様式を決定する自治能力・決定権の弱体化である。いったん特化が進むと「貿易しない自由」が剝奪され，基本的物資の自給率低下は厳しい外交交渉で弱い立場に追い込まれる），(C)環境（労働）基準を低下させるという費用の外部化競争が進む，などを挙げている。また，地球生態系の環境収容力との比較における経済の最適規模の観点からも自由貿易の問題点を指摘している。自由貿易は，需要があればどこでも直ちに自然資本を利用できるようにするが，その結果，世界的に資源利用量を増加させ，環境劣化と資源枯渇のペースを速める。地球生態系の最適規模を超えて人間経済が拡大する場合には，便益を上回る費用が発生するため「反経済的」なものとなる。このようにマクロ的にも自由貿易には問題が大きいと指摘している（Daly, 1996, pp. 145-167）。
(11) 同様の示唆は，多様な利害関係者を橋渡しする人間の果たす役割の大きさを指摘した第7章の目黒論文や第6章椙本論文のNGOリーダーにも見出しうる。より重要と思われるのは，外部者のリーダーシップではなく，コモンズ内部における在地の知識とネットワークと仲間からの信頼を有するリーダーであろう。
(12) この節の議論は，三俣・齋藤（2010），三輪・三俣（2010予定稿）によるところが多い。
(13) このような外圧には，(A)制度としてのコモンズの消滅をねらう外圧，(B)資源としてのコモンズの消滅をねらう外圧，(C)制度・資源双方のコモンズの消滅をねらう外圧など，複数のパターンが考えられうるが，これら外圧をかける主体には，当該コモンズ（制度）とともに協働して，当該コモンズ（資源）を保全・管理していくという発想は微塵もない。また，これら外圧となって関与する主体とコモンズの間には，著しい「権力・資本の非対称性」が存在していることが特徴的である。
(14) 編者のうち三俣は「コモンズ（資源・制度）を(1)崩壊・衰弱させる明確な意図を持つコモンズ外部者，ないしは，(2)結果として「前提条件」を崩すことを導くコモンズ外部者に対し，さまざまな主体のエンパワーメントを得つつ，コモンズの成員が自らの正当性を明示することで，それら外部者に抵抗し，コモンズ（資源・制度）を守る戦略」（三俣・齋藤，2010）と定義する。

参考文献

青嶋敏「法律学から見た'コモンズ論'の課題」『中日本入会林野研究会会報』2006年、31-33頁。

井上真『コモンズの思想を求めて——カリマンタンの森で考える』岩波書店、2004年。

井上真『コモンズ論の挑戦』新曜社、2008年。

井上真「自然資源'協治'の設計指針——ローカルからグローバルへ」室田武編著『グローバル時代のローカル・コモンズ』ミネルヴァ書房、2009年、3-25頁。

稲葉振一郎『公共性論』NTT出版、2008年。

内山節『'里'という思想』新潮社、2005年。

齋藤純一『思考のフロンティア 公共性』岩波書店、2000年。

菅豊『川は誰のものか——人と環境の民俗学』吉川弘文館、2006年。

菅豊「中国の伝統的コモンズの現代的含意」室田武編著『グローバル時代のローカル・コモンズ』ミネルヴァ書房、2009年、215-236頁。

鈴木龍也「日本の入会権の構造——イギリスの入会権の比較の視点から」室田武編著『グローバル時代のローカル・コモンズ』ミネルヴァ書房、2009年、52-76頁。

関良基『複雑適応系における熱帯林の再生——違法伐採から持続可能な林業へ』お茶の水書房、2005年。

多辺田政弘『コモンズの経済学』学陽書房、1990年。

筒井迪夫「里山水源林に対する日本林政の方向（その1）」『水利科学』（財団法人水利科学研究所）、No.275（第47巻6号）、2004年、1-15頁。

野村泰弘「神社地の帰属と入会権」『総合政策論叢』（島根県立大学）第14号、2008年、43-75頁。

半田良一「書評：'井上真編著 コモンズ論の挑戦：新たな資源管理を求めて'」『林業経済』2009年、16-23頁。

松下和夫編『環境ガバナンス論』京都大学学術出版会、2007年。

三俣学・嶋田大作・大野智彦「資源管理問題へのコモンズ論・ガバナンス論・社会関係資本論からの接近」『商大論集』第57巻、第3号、兵庫県立大学経済経営研究所、2006年、19-62頁。

三俣学・齋藤暖生「環境資源管理の協治戦略と抵抗戦略に関する一試論——行政の硬直的対応下にある豊田市稲武13財産区の事例から」『商大論集』（兵庫県立大学経済学部）、2010年予定稿。

三俣学・森元早苗・室田武編『コモンズ研究のフロンティア』東京大学出版会、2008年。

宮本憲一『公共政策のすすめ——現代的公共性とは何か』有斐閣、1998年。

三輪大介「入会慣行の環境保全機能——鹿児島県大島郡瀬戸内町網野子集落入会地における係争事案の調査から——」『科学研究費補助金・特定領域研究【持続可能な発展の重層的環境ガバナンス】ディスカッションペーパー』No.J 07-03、2007年。

三輪大介・三俣学「コモンズを守り活かす戦略に関する一考察——近年の法学的コモンズ研究の興隆に寄せて」『商大論集』(兵庫県立大学経済学部), 2010年予定稿。
室田武『エネルギーとエントロピーの経済学——石油文明からの飛翔』東洋経済新報社, 1979年。
室田武『物質循環のエコロジー』晃洋書房, 2001年。
安彦一恵・谷本光男編『公共性の哲学を学ぶ人のために』世界思想社, 2004年。
Baland, J. and J. Platteau, *Halting Degradation of Natural Resources. Is There a Role for Rural Communities?*, Oxford, England.: Clarendon Press, 1996.
Berkes, F., "Cross-Scale Institutional Linkages: Perspectives from the Bottom Up", Ostrom et al. eds., *The Drama of the Commons*, Washington, DC: NATIONAL ACADEMY PRESS, 2002, pp. 293-321.
Daly, H. and J. Cobb, Jr., *For the Common Good: Redefining the Economy toward Community, the Environment, and a Sustainable Future*, Boston: Beacon Press, 1989.
Daly, H. E., *Beyond Growth: The Economics of Sustainable Development*, Beacon Press, 1996. (新田功他訳『持続可能な発展の経済学』みすず書房, 2005年)
Ostrom et al. eds., *The Drama of the Commons*, Washington, DC: NATIONAL ACADEMY PRESS, 2002.
Young, R. O., "Institutional Interplay: The Environmental Consequences of Cross-Scale Interactions", Ostrom et al. eds., *The Drama of the Commons*, Washington, DC: NATIONAL ACADEMY PRESS, 2002, pp. 259-291.

資 料 編

○概説　コモンズ論の系譜
○日本のコモンズ論の系譜図
○海外のコモンズ論の系譜表
○日本の山野海川に関する年表
○リーディングリスト

概説　コモンズ論の系譜

　現在のコモンズ研究は，広範にわたる学問分野で進展している。コモンズという言葉から「環境資源そのもの」という限定をはずせば，もはや次の図表にはおさまりきらないほど多くのトピックについてのコモンズ研究が存在する。その意味において，次の日本のコモンズ論の系譜図と北米を中心とするコモンズ論の系譜表は，非常に広範にわたるコモンズ研究の一部をとらえたものに過ぎない。コモンズ論の本来的議論の射程である「環境資源の共的管理制度」という点からいっても，その全体像すべてをとらえられているわけではない。これらの図表の意図はあくまで「日本のコモンズ論と北米を中心に展開されてきたコモンズ論それぞれの系譜を鳥瞰すること」にある。それゆえ，ある面では必ずしも適切ではない類型化が見られたり，また別の面においては掲載するべき点について取りこぼしが見られたりするかもしれない。その点をまず断っておき，コモンズ論の展開を概説していこう。

（1）日本国内におけるコモンズ論の展開

　結論を先取りしていえば，日本のコモンズ研究は，民俗学・歴史学・農学などの研究によって明らかにされてきた入会制度のなかに，現代的意義を積極的に見出したエントロピー学派のコモンズ論からの流れとギャレット・ハーディンの「コモンズの悲劇」論文（それにつながるルォイド論文なども含む）以降，北米のコモンズ研究に影響を受ける形で展開してきたコモンズ論の流れに分けることができる。とはいえ，この両源流は数多くの支脈を形成し，相互に影響を与え合い融合した形で，今日の議論に到達している。まず，国内のコモンズ論の源流であるエントロピー学派のコモンズ論から見てみよう。同学派でなされた議論のエッセンスは，多辺田政弘による『コモンズの経済学』のなかに凝縮

されている。エントロピー学派のコモンズ論は，地球の更新システムが廃熱や廃物を地球系外へと運び去る水と大気の一連の循環およびエコシステム内での諸循環に支えられていることを確認した上で，その基本的な循環系に乗る形で成立し，かつ，共有や協業を基本とする地域共同体（コモンズ）の農的営みを再評価するものであった。その後，本格的なコモンズ研究が再興されるのは，1990年代中旬ころからである。コモンズを自然資本の担い手として位置づける宇沢は，北米のコモンズ論の成果も貪欲に取り込んで，社会的共通資本という宇沢独自の概念の定立を進めた（経済学との関連で付言すれば，2000年以降，コモンズの持続性を担保するにあたって社会関係資本の果たす役割についての研究〔諸富〕や市場経済とコモンズの研究〔間宮〕なども進められている）。

　このコモンズ論再興の1990年代，特にその牽引役を精力的につとめたのは，生態人類学者，環境社会学者，林政学者，民俗学者らであった。伝統的入会の現代的意義を見つめ直すコモンズの再評価をはじめ，コモンズの生み出される生成条件やその変容過程を分析するコモンズ生成論（家中，菅），相対的に見て弱い立場に追いやられる傾向にあるコモンズの存立・存続に正当性を見出すレジティマシー論（宮内），コモンズの社会規範を形作る重層的所有観（嘉田・鳥越），人間の作り出す制度面ばかりに着眼する従来型のコモンズ論ではなく，生物多様性や自然と人間の相互作用環を精緻に吟味した「エコ・コモンズ」などの議論（秋道）が次々と展開されていった。一方，コモンズの管理について，より実践的な議論も展開していく。コモンズ内部規範の弱いルースなコモンズと強いタイトなコモンズの分類を行った井上は，地縁や立場を超えた多様な主体が協働する環境資源の共同管理すなわち「協治」論を展開する。これは英国のオープンスペース化したコモンズやフットパスの研究を進めた平松の自然共用制とも強い親和性を持つ。さらに環境資源の過少利用問題の典型といってもよい人工林管理問題においても，地縁を超えた主体による資源管理の必要性（三井による「新しい入会」）が説かれ，山本らによる森林ボランティア論へとつながりを見せるに至っている。他方，乱開発や理不尽な行政の介入などからコモンズを守る抵抗戦略の議論（室田・三俣）も進展しはじめた。また，とりわ

け2000年以降，入会権に関する膨大な研究蓄積を有する法社会学においても，「コモンズ」という言葉を通じた入会の再評価が進んできた。コモンズをどう現代社会において活かしていく方法がありうるのか，という問題について，法学面からその制度設計や戦略を検討する段階に入っている（鈴木「私権の社会的コントロール」）。

（2）北米を中心とするコモンズ論の展開

　北米を中心とするコモンズ研究は，コモンズを「悲劇を招く悪しき制度」と捉えたハーディン論文，それを支持する形で進んだ「環境資源の国公有化・私有化の議論」，それらと真っ向から対立する形でコモンズによる資源管理や保全の仕組みを明らかにしようとする研究が展開された。結論を先取りしていうと，今日のコモンズ論につながる大きな潮流を形成したのは，ハーディン論文とその礼賛者らによる研究を批判的にとらえ，第三の可能性すなわちコモンズの可能性を展望しようとした論者たちであった。悲劇に陥るのは管理不在のオープンアクセスであること，共用資源は使用者が当該資源に対して所有権を設定すれば保全される可能性がより強くなること，コモンズの悲劇は私有化によるのでもなく，また政府による一元的管理によるのでもなく，コモンズ自らによって回避されうること，そのためにはいくつかの満たされるべき条件が存在すること，などが理論研究と実証研究の両面から，また分野横断的な研究から，一つ一つ明らかにされてきたのである。

　このようなハーディン論文の批判的検討を通じた研究の進展の結果，1980年代になると，コモンズの可能性を示唆する著作が次々に登場するようになる。その先駆的書物としては，世界各国から続々と報告されるCPRs（Common pool-resources，排除性が低く，控除性が高い資源）の共同的管理に関する豊富な事例を所収したマッケイとアチェソンによる『The Question of the Commons』である。また，ベルケスの『Common Property Resources』では，各地域の民俗知や生態知を持つ住民により環境資源の管理に成功してきた世界各地のコモンズ一覧が紹介されるほど膨大な事例研究の整理が進められた。

資　料　編

　他方，オストロムやマッキーンらは，膨大な数に及ぶコモンズの事例研究を学際性の高いワークショップの開催を通じて整理を続け，成果が上がるたびに，コモンズが長期にわたって共同管理に成功するための条件（Design Principles, 設計原理）を提示してきた。その設計原理の有効性は，漁業の自治組織の研究を進めてきたシュレーガーやインドのパンチャヤートのコミュニティフォレストに関し詳細な研究を行ったアグラワルらをはじめとする膨大な研究蓄積によって裏づけられていく一方，克服されるべき諸課題についても明示されてきた。

　また1992年にオストロムが設立し，ミシガン大学のアグラワルがその研究所長を引き継いだ IFRI（International Forestry Resources and Institutions）では，11カ国において継続実施されている森林コモンズに関する詳細なデータベース化が進められている。以上まででは，環境資源の管理にかかわる北米中心のコモンズ研究の展開を概観してきたが，ここで付言しておくべきこととして，特に海外ではコモンズ理論の応用が，インターネット上の情報，知的財産，文化資源などへと拡張している動向がある。この点について関心がある方は，表とリーディングリストを参照・活用されたい。

（3）国内と北米のコモンズ研究の共通性

　以上のように進んできた国内外のコモンズ研究は，相対的に見ると，共同体の内部に着目した分析（管理ルールや制度構築）が多かった。それらを踏まえ近年のコモンズ論は，地域住民を核にしつつも，その内部にだけではなく，共同体の外部の人や組織とのかかわりをも含む共同管理（協治）に期待を寄せる傾向が強まっている。このような動向を「コモンズ研究の環境ガバナンス研究化」といってよいかもしれない。共同体とその外部との関係性に着目することの重要性は，オストロムが共同体による資源管理のための要件として，随時，提示してきた設計原理の第7番目「（外部の権力や組織からの介入に無力ではなく）コモンズを組織する権利に主体性が保たれていること」や第8番目の「入れ子状」の理論に直接・間接的に深い関係性を持つ。同原理7や8は，コモン

ズ論が社会関係資本論やガバナンス論と接点を強く持ちはじめた現在のコモンズ論の一つの流れをつくる契機となった。

　以上で見てきたように，多様な広がり（研究の背景・研究手法・研究規模・研究対象などにおける差異）をもって進んできた国内外のコモンズ研究ではあるものの，次のような点に，少なからず共通性があり，コモンズ研究の一つの特徴となっているように思われる。

　①コモンズというとき，それは単に排除性が低く，控除性が高い環境資源そのものを指すのではなく，それを共同・協働で管理する諸制度を意味する場合が多い点

　②「官」や「個」への過剰な期待は，ときとして大きく裏切られるという認識を出発点として，地域住民の自治力のなかに資源管理を含む現代の諸問題の解決に向けての可能性を見出そうとする点

　とりわけ，①は特徴的である。環境資源だけでなく，また人間社会の制度だけでもなく，その両者を総体としてとらえ，その間の相互作用のありように識者の多くが目を向けるのは，(1)環境資源の管理や保全が人間社会の「持続性」を規定する重要要件であり，(2)人間ないし人間の経済社会が自然環境との相互作用によって規定されるがゆえに，(3)その双方をともに考察の対象に据える必要がある，という認識の広がりを示すものといえよう。「はしがき」でも見たとおり，コモンズ研究が環境問題一般に通ずる問題を包含しており，それゆえ，環境問題を社会科学の側面から進めていく上での「実験台（test bed）」となる可能性をもっているというオストロムらの主張が，この点によく現れていると思われる。

　　　　　　　　　　　　　　　　　　　　　　　　（三俣　学）

日本のコモンズ論の系譜図

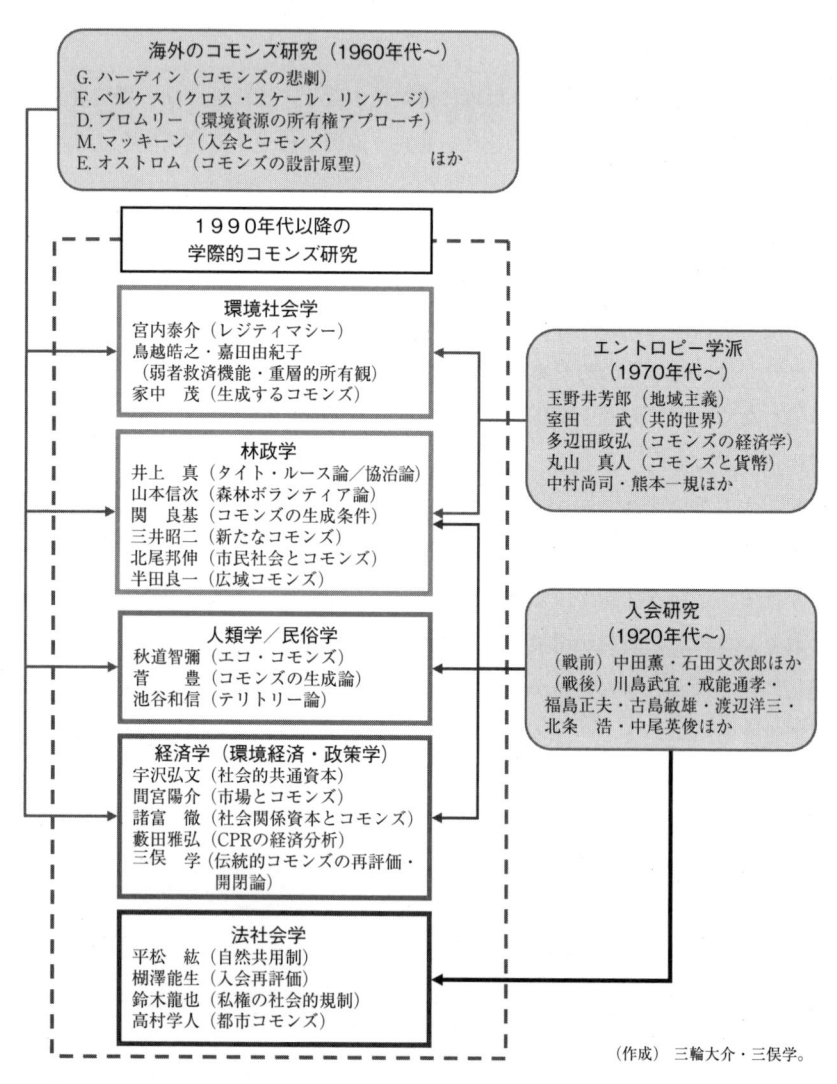

海外のコモンズ研究（1960年代～）
- G. ハーディン（コモンズの悲劇）
- F. ベルケス（クロス・スケール・リンケージ）
- D. ブロムリー（環境資源の所有権アプローチ）
- M. マッキーン（入会とコモンズ）
- E. オストロム（コモンズの設計原聖）

ほか

1990年代以降の学際的コモンズ研究

環境社会学
- 宮内泰介（レジティマシー）
- 鳥越皓之・嘉田由紀子（弱者救済機能・重層的所有観）
- 家中 茂（生成するコモンズ）

林政学
- 井上 真（タイト・ルース論／協治論）
- 山本信次（森林ボランティア論）
- 関 良基（コモンズの生成条件）
- 三井昭二（新たなコモンズ）
- 北尾邦伸（市民社会とコモンズ）
- 半田良一（広域コモンズ）

人類学／民俗学
- 秋道智彌（エコ・コモンズ）
- 菅 豊（コモンズの生成論）
- 池谷和信（テリトリー論）

経済学（環境経済・政策学）
- 宇沢弘文（社会的共通資本）
- 間宮陽介（市場とコモンズ）
- 諸富 徹（社会関係資本とコモンズ）
- 藪田雅弘（CPRの経済分析）
- 三俣 学（伝統的コモンズの再評価・開閉論）

法社会学
- 平松 紘（自然共用制）
- 椎澤能生（入会再評価）
- 鈴木龍也（私権の社会的規制）
- 高村学人（都市コモンズ）

エントロピー学派（1970年代～）
- 玉野井芳郎（地域主義）
- 室田 武（共的世界）
- 多辺田政弘（コモンズの経済学）
- 丸山 真人（コモンズと貨幣）
- 中村尚司・熊本一規ほか

入会研究（1920年代～）
- （戦前）中田薫・石田文次郎ほか
- （戦後）川島武宜・戒能通孝・福島正夫・古島敏雄・渡辺洋三・北条 浩・中尾英俊ほか

（作成）三輪大介・三俣学。

海外のコモンズ論の系譜表

北米を中心とするコモンズ研究から得られた知見の展開	主要論者とその主張内容 （Ⅰ）理論に基づく演繹的主張　（Ⅱ）実証による帰納的主張　（Ⅲ）理論と実証の双方の議論を組み合わせた主張	
オープンアクセスは，悲劇の結末に陥りやすい	（Ⅰ）ウィリアム・フォスター・ルォイド（William Forster Lloyd），ジョン・R・コモンズ（John R. Commons），ギャレット・ハーディン（Garrett Hardin）は，一様にコモンズではなく，オープンアクセスに問題があることを認識できなかった。このうち，個々人に対して私的所有権を細分化して付与する，もしくは，政府による規制によって資源の過剰利用を禁ずることを通じ，悲劇を回避することを提示したのはハーディンのみである。	
集合財の供給は，「ただ乗り問題」があるゆえ困難である	（Ⅰ）ハロルド・デムセッツ（Harold Demsetz） アルメン・アルシアン（Armen Alchian） ジェームズ・ブキャナン（James Buchanan）	この主張を唱える論者は，明白なる権利と義務を伴う共用資源システムのことを"communal property"と呼ぶのだが，彼らは依然として，悲劇を招来する非所有に対して"common property"という言葉を用い続けている。このオープンアクセスを共有とみなす不可思議な語彙は，とりわけ漁業研究において頻繁に使用され続けている。
共用される資源は，使用者が当該資源に対して所有権を設定すれば，保全につながる可能性を持つ	（Ⅱ）スコット・ゴードン（H. Scott Gordon） ハロルド・デムセッツ（Harold Demsetz） アルメン・アルシアン（Armen Alchian） アンソニー・スコット（Anthony Scott）	
小さい集団とその成員に副産物をもたらす集団は，集合行為問題をいっそう解決しやすい	（Ⅲ）マンサー・オルソン（Mancur Olson）は，集合行為問題を解決するには，（大規模集団ではなく）小さな集団，開始時の動員に要する初期費用を個人的に負担できる政治力を持った事業家を有する集団，選択的誘因（組合の会員に対してのみの保険，労働組合の組合員にのみ反映される賃金上昇の利益，学会員のみが享受できる専門誌購読の会費，公共放送に寄付した人のみに与えられる特製のマグカップなど）をもつ集団に利があることを理論化した。	
コモンズの悲劇とただ乗り問題を解消する協力の過程は，繰り返しゲームによって，徐々に発展しうることが，ゲーム理論によって明らかにされた	（Ⅰ）ロバート・アクセルロッド（Robert Axelrod）は，条件付戦略ゲーム（しっぺ返し，ただし最初は協調的行動）が安定的協力をもたらすことを明らかにした。 ラッセル・ハーディン（Russell Hardin）は，反復プレーにおける条件つき協力による契約を期待する。また，さまざまな利益を共有する潜在的集団内における利害の非対称性は，協力が囚人のジレンマとならない行動をする人たちの部分集合を生み出し，またこの部分集合は動的に変化する傾向を持つと指摘した。	

資　料　編

		マイケル・テイラー（Michael Taylor）は，反復プレーにおける条件つき協力を期待した。また，ハイブリッドゲームと集団内における利益の非対称性が意味するのは，特別なゲーム（繰り返しゲーム）における下位集団は，囚人のジレンマではなくチキンゲームや安心ゲームを行うこと，さらには，協力問題を解決する方向へと向かう傾向が強まるということである，と指摘する。また集合財を供給する政府の規制は，実際，下位のレベルでの自発的供給や自己統治を阻害してしまうことを指摘した。
	(Ⅲ)	エリノア・オストロム（Elinor Ostrom）は，集団は「剣無し」で協約を実施することができると論じる。
共用資源に対し所有権を付与することで，コモンズの悲劇を解決することができ，またそれらの所有権制度には，資源システムの共用的な所有も含まれる	(Ⅱ)	フィニー（David Feeny）・ベルケス（Fikret Berkes）・マッケイ（Bonnie J. McCay）・アチェソン（James M. Acheson）らのいわゆる「22年後」論文 カール・ダルマン（Carl Dahlman）は，中世英国の開放耕地制は，共同所有者のリスクを分散する効率的な共同所有制であったとする。ハーディンが想起したコモンズはオープンアクセスであり，中世から続く英国のコモンズの実態とはかけ離れたものであった。入会集団の共有地（民法第263条の共有の性格を有する入会権）が多い日本の入会に対し，英国のコモンズはほとんどすべてが地役入会（日本の民法第294条の共有の性格を有さない入会権）であるという点には少々注意が必要である。 テッリー・アンダーソンとピーター・ヒル（Terry Anderson and Peter Hill）：境界を画定しそれを遵守するための利用可能な諸技術に要する費用よりも，当該資源が価値を有する場合にのみ，資源に対する所有権が発生する。 ダニエル・ブロムリー（Daniel Bromley）の議論につながるアナポリス会議とその他：明確で，特定的で，安全になりうる共有財産権，共用権を生み出すことによって，人びとは共用資源をうまく管理できる。
	(Ⅲ)	ダニエル・ブロムリー（Daniel Bromley）：資源に対する人びとの主張は，より多くの他の人（最終的には政府）がその主張を正当なものと認識するにつれ，やがて権利へと進化する。 ゲイリー・リベキャップ（Gary Libecap）：元来的には請求しえない天然資源システム上に人びとが作り出す所有権形態は，所有権の生成のごく初期段階においては，政治的要因やインセンティブ（中には悪いものもある）に依存し，それらのインセンティブの構造ゆえ，長期にわたって耐えうる取り決めではなく，第二解を生み出しうる。
コモンズの悲劇は，資源に対するすべての権利を分割し個人に割り当てる方法でなく，また政府による奪取による方法でもなく，境界状態を明瞭化し，資源利用	(Ⅱ)	ロナルド・オーカーソン（Ronald Oakerson）のコモンズ研究の手法の枠組み（IDA: Institutional Analysis Development）提示 ロバート・ウェード（Robert Wade） アルーン・アグラワル（Arun Agrawal） バランド（Jean-Marie Baland）・プラトウ（Jean-Philippe Platteau）は，環境資源管理の戦略としてコモンズに効率性があることを指摘し，長期持続性を有するコモンズの設計原理としてリーダーシップの重要性を喚起した。

228

海外のコモンズ論の系譜表

を相互に管理できる諸ルールを作ること，さらにその履行やモニタリングを付与することによって，解決できる		エリノア・オストロム（Elinor Ostrom）は，コモンズをガバナンスする際，成功するための設計原理として8条件を提示した。 マーガレット・マッキーン（Margaret McKean）：投票権，資源に対する権利，共同体により売却が行われた後に生じる収穫（収益）の分配に対する権利は，それぞれ異なってコモンズ中で配分されうる。すなわち，投票権については平等に配分されるが，コモンズ以外の産物の分配を繰り返し行う形態で，ストックとフローに対する権利配分は不平等であることが多い。これらの配分ルールは，裕福なものと貧者の双方が，コモンズを掘り崩して台無しにしてしまうのではなく，彼ら自身がコモンズへの貢献を維持し続けるのに十分満足のいく状態を保っていけるように設計されていると思われる。平等な分配は，収穫に向けてのインセンティブを弱めてしまう持続性の限界点で使われる。 マーガレット・マッキーン（Margaret McKean）：分割して個人に分けるのではなく，共同的に管理される資源は，個別の企業のもつ正当性と類似性をもっている。というのは，調整的な管理と外部性（分割して個人有化する場合と比較して）の内部化による効率性の上昇による利が，実施費用や交渉ルールに要する取引費用，それ以外にも残存するコモンズ内部の集合行為の問題から生ずる損失を上回る，という点にある。
私たちは，財と所有（制度）を区別しなくてはならない。私たちが資源に付与することのできる所有権の束に存する多様な意味の広がりもまた区別しなくてはならない	（Ⅰ）	エリノア・オストロム（Elinor Ostrom）：資源や財の元来の性質および人間の創造するルールは区別されるべきものである。コモン・プール資源ないしはコモン・プール財は控除性を有し，また排除性を持たない。それゆえに供給上の問題（純公共財の如く）になりやすく，枯渇問題（純粋公共財とは異なり）にもなりやすい。共有体制は，制度を社会的に生み出したものである。必ずしもすべてのCPRsが所有権を付与されてはおらず，また共有体制のすべてがCPRs上に存在するわけではない（私的財の上にもまた形成されうるものである）。 エデェラ・シュレーガー（Edella Schlager）は，ある資源に対する権利というのは，それを見つけだし，資源として引き出し，管理し，あるいは破壊・保全する権利などで構成されうるものであると論じている。これらの権利はさまざまな主体に帰属する可能性を持ち，また，これらの権利それぞれは，移転（売却）可能なものもあれば，そうでないものもある。 マーガレット・マッキーン（Margaret McKean）：「公的」と「私的」とは三つの異なる言葉から成り立っている。つまり所有主体のアイデンティティ（政府は公的所有主体，非政府は私的所有主体），所有権の排除性（私的な権利は排除的で，公的権利は浸透性〈porous〉を有するもの），そして所有者によってなされる表象的な主張（私的な権利は唯一の所有者によって保持される。公的な権利はより大きな主体ゆえにとらえどころのない「公」への信託によって保たれている）である。
集合行為と共有制は，健全なる社会関係資本の基礎を創造することができれば，その機能を向上させることができる	（Ⅲ）	ロバート・パットナム（Robert Putnam）：人的資本が，個人によって排他的に得られ，また保有される知識である一方，社会関係資本は集団を互いに結びつけることのできる，信頼を含め，知識や強い信条を共同で一緒に使うものである。社会関係資本を分厚く有する集団は，集合財をつくりだし，社会関係資本の蓄積が少ない集団よりも，より大きな社会的効率性を手中に収める。

229

資 料 編

自由なる民主主義は,共有資源体制に対する受容と敵意のなかで,変化する	(Ⅲ) ハノク・ダガン (Hanoch Dagan) とマイケル・ヘッラー (Michael Heller):自由に基づく民主主義と強固な共有制度の組み合わせの下で成立するリベラルコモンズは,法制度が共有財産の分割を運命づけるようなことをしないかぎり,実現可能である。リベラルコモンズは,資源の過剰利用(ハーディンの悲劇),過少利用(ヘッラーの「アンチコモンズ」)のいずれをも回避しうるものになりうる(ヘッラー)。
共有制度の持続性を強め,また所得を増やす諸条件は何かを理解するために,私たちは,単なる事例研究の蓄積だけではなく,多くの事例に基づく統計分析へと研究を転換する必要がある。また,各世帯や共同体の経済指標を吟味しなくてはならない	(Ⅱ) アルーン・アグラワル (Arun Agrawal) とアシュウィニー・チャットレイ (Ashwini Chhatre) は,世界にリサーチ拠点を持つ IFRI (International Forestry Resources and Institutions:本部は米国・ミシガン大学,1992年設立) をその設立者であるオストロムから継承し,森林コモンズを中心に定量的なデータベースを構築し,資源管理制度の選択肢として,コモンズによる環境資源管理の可能性を明示し続けている。
情報は,排除性をもつコモン・プール財ではなく,オープンアクセス体制として管理されるのが望ましい純粋公共財である	(Ⅲ) オープンソース(ソフトウェアの著作者の権利を守る一方,ソースコードを公開することを可能にするライセンスを指し示す概念)の動きが進むなかで,ジェイムズ・ボイル (James Boyle),ラリー・レッシッグ (Larry Lessig),ヨカイ・ベンクラー (Yochai Benkler),デイビッド・ヴォゲル (David Vogel),チャーロット・ヘス (Charlotte Hess) をはじめとする論者たちは,情報の配分を複雑にしまた阻害してきた,また,革新をなす真の創造者に対してではなく,現行の(そして多数を有する)著作権の所有者に対する所得の再分配を行う,長期にわたって存続してきた特許・著作権の法に異議を唱えた。彼らは,著作権と特許法は表面上においては,革新的なアイディアの創造を推し進めることを意図したが,実際は,正当性のない所得の不均衡な分配に貢献しただけで,革新もその広範な普及をも阻害することになったと主張する。

(表作成) マーガレット・マッキーン(デューク大学)・三俣学。

日本の山野海川に関する年表

西暦	元号	見出し	内容
300		大和王権が出現	稲作農耕社会の発展。
300		「山守部」が定められる	「(応神5年8月)諸国に令して海女及び山守部を定む」(日本書紀)。「山守部(山部・山守)」は、特定の山林を監守する部。
300		瀬戸内にて製塩が盛んになる	瀬戸内沿岸にて製塩が盛んになり、薪の需要が増大。
324	仁徳 11	茨田堤が築かれる	茨田池、茨田堤(淀川)を築き天満川を掘る。
326	仁徳 13	横野堤が築かれる	和珥池、横野堤(大和川)を築く。
400		木材加工技術集団の渡来	後の鞍作部・猪名部などとなる優れた木材加工技術集団の渡来によって、鉄製木工具の生産と装飾馬具や調度品が生産される。
400		工事資材への木材多用	巨大墳墓造成のため、工事用具や資材として木材の利用(石材運搬用の修羅〔そり状の運搬用具など〕など)が進む。
400		山部連の氏	「(顕宗天皇元年)天皇、伊予来目部小楯を山官に拝して、改めて姓を山部連の氏と賜う」(日本書紀)。山部連は山部(部民)を管掌し、山林の管理・産物の貢上に当たる氏族。
400		木炭用材消費の増大	銅鏡や鉄製武具・農具等の生産のため、木炭用材消費が増大。
500		日本列島温暖化	気候の温暖化によって、日本列島の植生分布は、現在と同様の状態が出現する。
534	欽明 3	屯倉(みやけ)の拡張	全国に屯倉が拡張し、新田造成に伴う森林の開墾が拡大。鍬などの鉄具作成のため炭窯が作られ木炭が生産される。
569	欽明 30	木簡の使用	戸籍記録のため、すでに木簡が使用されていたと考えられる。
577	敏達 6	本格的木造建築の進展	寺院建築技術者の渡来により、大和地方を中心に宮殿や寺院などの本格的木造建築が進められる。
583	敏達 12	造園・植栽技術の出現	この頃、すでに造園技術とともに樹木の植栽技術があった(奈良・明日香村の蘇我馬子邸跡)。
585	敏達 14	鋸の変化	この頃、鋸が押挽きから挽切りになり、日本化する。
593	推古 元	初めての土地丈量	聖徳太子の創意による土地丈量が初めて行われる。
596	推古 4	法興寺(飛鳥寺)竣工、造寺司の設置	造寺司に属する大工は大和・近江の者が多く、飛騨人は特に伐木・運材に高い技術を持っていた。
607	推古 15	法隆寺ほか完成	法隆寺・四天王寺・中宮尼寺・橘尼寺・蜂丘寺・池後尼寺・葛城尼寺ともに完成したと伝えられる。
610	推古 18	製紙法の伝来	高句麗僧曇徴によって、絵具・紙・墨・碾磑(てんがい:水力を利用した臼)等が伝えられた。
613	推古 21	畝傍池・竹内街道が造られる	倭に畝傍池、飛鳥から難波に至る竹内街道が造られる。これにより、大量の工事用材を要したと考えられる。
616	推古 24	狭山池築造	現・大阪府大阪狭山市。
622	推古 30	法隆寺夢殿観音菩薩立像が造られる	現存する日本最古の木彫。材はクスノキ。
643	皇極 2	掘立柱建築への転換	この頃から近畿地方では竪穴式住居が少なくなり、掘立柱建築の平地住居へと転換していく。
646	大化 2	大化改新の詔—公地公民制	行政組織と交通軍事の制・戸籍・計帳・班田収授法・田租以外の租税・力役の制が出される。
647	大化 3	渟足柵(ぬたりのき)設置	越の蝦夷に備え、渟足柵(新潟市沼垂)を作り、柵戸(きのへ)を置く。以後各地に城柵が築造される。

資料編

648	大化	4	磐舟柵（いわふねのき）設置	磐舟柵（新潟県村上市岩船）を設置，越と信濃の民を送って柵戸とする。
675	天武	4	諸氏の部曲を廃止	部曲（民部・家部）の廃止は，氏族制に代わる公地公民制への促進措置。親王・諸王・諸臣・諸寺の山林・池を収公。
676	天武	5	最古の森林伐採禁止令	飛鳥川上流（南淵山・細川山）の草木採取を禁じ，畿内山野の伐木を禁じる。
679	天武	8	関の設置	竜田山（奈良・生駒郡）と大坂山（奈良・北葛城郡逢坂）に関を設け，難波宮の四囲に羅城を築造。
680	天武	9	鍛部・鍛戸，雑工部・雑工戸の形成	律令体制の進展により，鍛部・鍛戸，雑工部・雑工戸が形成。建築用金物・木工用金具が生産され，建築技術が進歩する。
683	天武	12	法隆寺再建	
685	天武	14	伊勢神宮の式年遷宮の制	正殿などを20年毎に造り替える制度が定まる。内宮の杣山は神道山，外宮の杣山は高倉山とされる。
692	持統	6	仏教文化の拡大	諸国の寺院がこの年に545寺に達する。
693	持統	7	樹木の種子を使った染色	衣服令に家人と奴婢の服を橡（つるばみ）衣（クヌギ）と墨衣と定め，樹木の種子を利用した染色が盛んに行われていたと考えられる。
694	持統	8	藤原京に遷都	藤原京に都を遷す。
698	文武	2	薬師寺の建立	薬師寺の建立がほぼ終わる。
699	文武	3	山岳仏教の普及	役小角を伊豆島に流す。この頃，山岳仏教が盛んとなる。
700	文武	4	周防国に舟を造らせる	丸木舟は大型化するが，大径材の不足により，複材式の丸木舟も出現する。
701	大宝	元	大宝令に「山川藪沢の利は公私これを共にす」と定められる	大宝令を施行し，官名位号を改正し木工寮を置く。木工寮について「官職令第二」は，「頭一人，掌753工木材作及採材事，寮助一人，大允一人，小允二人，大属一人，工部廿人，使部廿人，直丁二人，駆使丁」としている。山林については「山川藪沢の利は公私これを共にす」と定め，一般の自由な利用を認め，公地公民制の枠外的存在とする。
702	大宝	2	東山道工事始まる	美濃国岐蘇の山道（東山道）工事が始まる。710年開道と推定。
706	慶雲	3	造林の許可	百姓の宅地周辺における20～30歩造林を許す。
710	和銅	3	守山戸の設置	初めて守山戸を置き，諸山の伐採を禁じる（対象地域不明）。
710	和銅	3	平城に遷都	新都造営には建設資材として30万 m³の木材が使用されたと推定され，滋賀県大津市の田上山地から多量の木材が伐出された。
713	和銅	6	風土記を撰上させる	各郡内に生じる銀・銅・草木・禽獣・魚・虫などや，土地の肥沃・山川原野の名称の由来などを記すこととされる。
716	霊亀	2	高麗人の入植	駿河・甲斐・相模・上総・下総・常陸・下野の高麗人1,799人を武蔵国に移し，高麗郡を置く（これら渡来人たちの焼畑農耕で古い武蔵野の森林は次第に失われていった）。
718	養老	2	養老律令	この頃，藤原不比等に律令を撰定させ，各10巻を編する＝養老律令（山川藪沢は民部省に，伐木造材のことは木工寮所管とする）。
722	養老	6	山野に焼畑が広がる	夏旱魃あり，全国の国司に命じ晩禾・蕎麦・大小麦を播き，貯蔵し備荒とさせる（これにより山野に焼畑が広がる）。
723	養老	7	三世一身法	新しく溝地を造り開墾した者は3代，既存の溝地で開墾した者は1代に墾田の占有を認める。（公地公民制と山川藪沢の公私共利の律令理念を崩すような結果となった）。
732	天平	4	狭山下池が築かれる	行基，狭山下池を築く。
741	天平	13	国分寺，国分尼寺を建立	諸国に命じ国分寺（金光明四天王護国之寺），国分尼寺（法華滅罪之寺）を建立させ，国毎に七重塔を造らせる。
743	天平	15	墾田永世私財法	三世一身法を廃し，位階に応じた墾田の私有を許す。
757	天平宝字	元	玉滝杣・板蠅杣・黒田杣を施入	東大寺造営補給田に伊賀国の玉滝杣・板蠅杣・黒田杣を施入する。
759	天平宝字	3	駅路に果樹を植樹	諸国の駅路に果樹を植えさせる。
761	天平宝字	5	田上山作所・甲賀山作所・高島山作所の設置	近江国石山寺の増改築工事が始まる（この用材伐出のため田上山（滋賀県栗太郡〔現・大津市〕），甲賀山地（滋賀県甲賀郡），高島山地（滋賀県朽木村）にそれぞれ山作所を置き所要材の伐出集荷を行った。田上山作所から所要材の殆どが嬬手〔角材〕を主として生産され，甲賀山作所から雑木と桧皮，高島山作所からはスギ榑〔板材〕が生産された）。

232

日本の山野海川に関する年表

年	元号		事項	内容
768	神護景雲	2	木樋の使用	地方からの申請で解工使（池溝築造のための土木技術者）を派遣する。8世紀は用水技術者が発達した時期で特に木樋の使用が注目されている。
770	宝亀	元	山岳仏教が盛大となる	僧の山林修行が許され、この後、山岳仏教が盛大となる。
784	延暦	3	長岡京に遷都	長岡京に都を遷す。
784	延暦	3	王臣家等の山林占有を規制	王臣家・諸司・寺家が山林藪沢を占有していることに対し「山野の公私共にすべきこと」を強調し「占拠した山林を全て公に還せ」と指示。
788	延暦	7	比叡山延暦寺を創建	僧最澄が比叡山延暦寺を創建。
788	延暦	7	大和川付替	和気清麻呂大和川付替工事を起こす。
791	延暦	10	榑材の規格化	太政官符により諸国における公私交易の榑材（割った木材）規格が長さ1丈2尺・幅6寸・厚さ4寸と決められる。
794	延暦	13	平安遷都	天皇、新京に移る。
796	延暦	15	飛騨工を捜捕	平安京造営促進のため、諸国に逃亡した飛騨工を捜捕させ、不足する建築技術者の確保を図る（799年にも同様の措置を講じる）。
798	延暦	17	山林占有の実態把握	従来から住民が利用する山野の「民の要地」を区別し保護するとともに山野を占有する王臣家・寺家・豪民に「公に還したものや占有を許可されたもの」等の面積を国衙に報告するよう命令する（この報告によって山林占有の実態が明らかにされるようになったと考えられている）。
801	延暦	20	五畿内の班田、12年に一度とする	五畿内の班田、6年に一度を12年に一度とする。
805	延暦	24	大和三山の伐採制限	大和三山（畝傍山・香具山・耳成山）の伐採を森林美の見地から制限。
807	大同	2	桑・漆の増殖を奨励	七道諸国に桑・漆の増殖を奨励する（これはもっぱら調・庸などの貢献のためであった）。
815	弘仁	6	瀬戸の窯業が盛んになる	愛知国小田郡の陶器造り伝習生3人が朝廷の雑生に準じた職に就き、瀬戸の窯業が盛んとなり周囲の燃料林が減少する（行基焼がこの頃おこる）。
816	弘仁	7	金剛峰寺を開く	空海、高野山に道場（金剛峰寺）を開くことを奏する（このことと併行して、この頃から高野山で植樹が始まる）。
821	弘仁	12	水源涵養林の初見	大和の国、大和一円にわたる灌田水辺の山林が持つ水源涵養・土砂崩壊防止機能を発揮させる観点から水源の山林伐採を禁じる。
821	弘仁	12	満濃池の増築	讃岐国、空海を満濃池（讃岐国那珂郡＝現・仲多度郡）増築の別当とすることを請い、許される。
823	弘仁	14	益田池の築造	大和畝傍山南方の益田池築造料として新銭100貫を賜う（1961年、高取川改修工事中に益田池樋管出土する）。
824	天長	元	防鴨河使・防葛野河使の設置	平安京に防鴨河使・防葛野河使を置く（鴨川〔賀茂川〕・葛野川〔桂川〕）の堤防修理をつかさどる令外官。多く検非違使が兼ず。861年3月31日廃止）。
866	貞観	8	まとまった林木植栽の記録	常陸国鹿島神宮造営の材料とすべき杉・栗（杉4万株・栗5,700株）を近傍空閑の地に植え、もって造宮備林とする（まとまった林木植栽の最初の記録）。
879	元慶	3	材木座結成	左右京の材木商人ら360人を神人に補する（1409年の祇園社材木座結成のおこり）。
883	元慶	7	造船用材備林の嚆矢	渤海使の帰還船建造に充てるため、能登国羽咋郡福良泊の大木伐採を禁じる。
902	延喜	2	延喜の荘園整理令	当初以後の勅旨開田を停止し、諸国百姓の田地・舎宅の寄進売与を禁止する。
909	延喜	9	武蔵国立野牧を勅旨牧とする	武蔵国立野牧を勅旨牧とし、貢馬15頭の期を8月25日と定める。
939	天慶	2	鴨川・東堀川の木材運送禁止	百姓の訴えによって、鴨川・東堀川を堰とめて木材を運送することを禁じる。
959	天徳	3	玉滝杣が不入権を認められる	伊賀国の東大寺領玉滝杣が不入権を認められる（不入権は、荘園に対する国家権力の介入を排除できる特権で、中世的な荘園の基本要素とされる）。
962	応和	2	鴨川洪水	鴨川大洪水。
1021	治安	元	材木運搬に牛を使用	僧延鎮、近江国関寺を再建する（清水寺の僧仁胤、牛を使って関寺の材木を運ぶと伝えられる）。
1045	寛徳	2	寛徳の荘園整理令	新立の荘園を停止させる。

233

資料編

年	年号		事項	内容
1069	延久	元	延久の荘園整理令	寛徳2年以後の新立荘園を再び停止。
1099	康和	元	康和の荘園整理令	宣旨を下して新立の荘園を停止する。
1127	大治	2	大治の荘園整理令	大治の荘園整理令出される。
1149	久安	5	渥美窯業の興隆	愛知県渥美郡田原大アラコ古窯地出土の藤原顕長銘陶片により，平安末期の渥美窯業の盛行と燃料材の激減が知られる。
1156	保元	元	保元の乱	保元の乱が起こり，崇徳上皇方敗れる。
1177	治承	元	京都大火	京都大火，大内裏・大極殿・八省（朝堂）ほか2万余家が焼失し，焼死者数千人に及ぶ（俗に太郎焼亡，大極殿は以後建てられず）。
1181	養和	元	東大寺再建の勧進	重源，東大寺再建の勧進（大仏殿用の巨木は畿内にはすでになく，遠く周防〔山口県〕にもとめた）。
1190	建久	元	美濃紙業始まる	美濃紙業始まる。
1190	建久	元	東大寺大仏殿上棟	東大寺大仏殿上棟（母屋柱2本，長さ約27.6m・径約1.5m）。
1197	建久	8	図田帳の作製を命じる	幕府，九州諸国に図田帳の作製を命じる（1199年に荘園・公領の田畑面積と領主・地頭名などを記載する）。
1223	貞応	2	尾張国瀬戸村にて陶業開始	加藤藤四郎景正，道元に従って渡宋（宋窯法を会得して1228年帰朝，尾張国瀬戸村に適質陶土を得て陶業に従事，世襲し今日に至る。陶工の祖と称される。燃料林の尽山化は水害を頻発させ，農民から荒廃地復旧が切望される）。
1231	寛喜	3	寛喜の大飢饉	京都や諸国に餓死者多数。
1232	貞永	元	関東御成敗式目を制定	北条泰時，関東御成敗式目を制定する（貞永式目，「山林薮沢は公私共に利するが，地頭の立野在林には寄付かず」とされ，政府所管地の山林行政は政所で行われる）。
1240	仁治	元	材木座以外の業者の材木請売を停止	材木座以外の業者の材木請売を停止させる。
1241	仁治	2	木工両座・葺工両座が出現	奈良の東大寺に，鍛冶両座・木工両座・葺工両座が出現する。
1241	仁治	2	武蔵野の水田開発	北条氏，多摩川から堰を通して武蔵野に水田を開く。
1242	仁治	3	農民の作物・草木の保護	鎌倉幕府法の追加法で「牛馬を放って，土民の作物草木を採り用いる事を停止すべし」。
1253	建長	5	薪炭・萱木・藁などの公定価格を示す	幕府，利売買法定を発布し，高値のつづく薪炭・萱木・藁などの公定価格を示す（炭1駄100文・薪30束3把別100文，萱木1駄〔8東〕50文）。
1314	正和	3	スギ苗木の養成	この頃，仙台領内に紀州熊野産のスギ種子により苗木の養成が行われる。
1330	元徳	2	良材の産地として「土佐・肥後・因幡」	この頃から，良材の産地として「土佐・肥後・因幡」があげられる。
1357	正平	12	ブナ利用の古建築	山形県の立石寺再築。
1394	応永	元	白杉，北山丸太栽培の起源	この頃から1428年にかけ京都北山において，初めてスギの台木を作るという。
1400	応永	7	林野をめぐって村と村，荘園と領主との争い	この頃，農民は肥草を手に入れるため，林野をめぐって村と村，荘園の領主との争いが各地で起きる。
1402	応永	9	草木灰肥料の普及	草木灰が肥料として普及。
1403	応永	10	『庭訓往来』	室町時代初期，玄恵，『庭訓往来』を著す（京都に入ってくる諸国物産として，播磨国の杉原（すいばら）紙・安芸国の樽（くれ：板材），讃岐国の檀紙・土佐国の材木が見られる。また果樹ついては「梅・桃・李（すもも）・楊梅・林檎子・枇杷・杏・栗・柿・梨子・椎・榛子・柘榴・棗（なつめ）・樹淡・柚柑・柑子・橘・雲州橘・橘」などが見られる。一方，鎌倉には炭ノ座・桧物座・千栄積ノ座など「7座の店」があり，と記している）。
1407	応永	14	炭座初見	興福寺南郷30座の中の炭座初見（封建領主が木炭を徴課する）。
1409	応永	16	堀河座結成	洛中の材木屋36軒により堀河座が結成される（祇園社の材木商人の居住地域は堀川の流域12町と定められていた）。
1413	応永	20	縦挽き大鋸の初見	教王護国寺文書に「240文ヲヲカ引手間二人分」の支払の記録あり（これが縦挽きの大鋸が現れた最初の記録であろう）。

1422	嘉吉	2	美濃山から大量の材木を伐出	東福寺の塔婆用材として筏200乗・駄馬6,000駄という大量の材木が美濃山から伐出・運送される（このようにして木曽の良材は次第に木材市場に出廻るようになり、京都には美濃柾専門の問丸〔物資の管理・中継ぎ業者〕も発生するに至る）。
1461	寛正	2	寛正の大飢饉	寛正の大飢饉（京中の死者8万2,000人と言われる）。
1465	寛正	6	シイタケが文字として初めて登場	伊豆国円城寺が将軍足利義政にシイタケを献上。
1469	文明	元	天竜での人工造林の開始	文明年間（1469〜1478年）、犬居町秋葉神社々有林に植林。
1517	永正	14	木灰専売権	京都の木灰専売権を持つ紺屋灰問屋5軒が座中法度7ヵ条をつくる（木灰は草木を焼いて作った灰で藍染めの触媒に用いられていた）。
1533	天文	2	灰吹銀の精錬	石見国大森銀山で「灰吹銀の精錬」に成功。
1542	天文	11	霞堤が築かれる	武田信玄、甲斐国釜無川の左岸に霞堤を築き植樹する。
1549	天文	18	楽市政策の初見	六角定頼、近江・美濃両国での座人以外の紙商売を禁じ、城下石寺新市を楽市とする。
1550	天文	19	植林の奨励、焼畑の禁止	この頃、植林の奨励がなされ、山林の荒廃・洪水の害を防止し、開田事業を保護するため、焼畑を禁じる。また、山林奉行や山守などが置かれるようになる。
1567	永禄	10	美濃国加納城下を楽市	織田信長、美濃国加納城下を楽市とする。
1570	元亀	元	海岸砂防林の造成	この年から1591年にかけて、仙台藩、宮城名取・本吉各郡海岸一帯に砂防林を創設（以後、各藩が海岸砂防林の造成に取り組む）。
1572	元亀	3	近江国金森に楽市楽座令	織田信長、近江国金森に楽市楽座令を出す。
1574	天正	2	池田窯（黒炭）の開発、木炭需要の拡大	摂津で池田窯（黒炭）が新しく開発される（この頃から都市家庭での良質な木炭需要が増す中で、1683年には備長炭、1793年には佐倉炭の完成があり、日本の製炭技術は白炭製炭法・黒炭製炭法ともに、この頃完成へ向かったとされる。
1580	天正	8	天竜川材の筏流しの免許	遠州二俣鹿島の田代家（孫尉）に、幕府から天竜川材の筏流しの矢印（諸役免許状）が下され、信州伊那遠山地方の御年貢木である榑木の流送をする。
1582	天正	10	太閤検地開始	複雑な土地制度を一新するために豊臣秀吉が全国的に行った田畑測量と生産量調査。
1583	天正	11	万力水防林	甲斐国に万力水防林を造る。
1584	天正	12	鵜沼の筏乗頭に木材流送の特権	秀吉、鵜沼に筏乗頭に木材流送の特権を与える（木曽川の川湊は2年後の大洪水で流路が変わり、犬山に移されるがそれまでは鵜沼が川湊になっていた）。
1586	天正	14	方広寺の大仏殿造営のため、屋久杉の利用開始	秀吉、方広寺の大仏殿を京都東山に建てるため、用材運上を諸国に命じる。この時、島津義久が屋久島で伐採調達したのが屋久杉の利用開始時期と考えられている。
1587	天正	15	座が破棄され商工業者は自由営業へ	秀吉の弟秀長、郡山・奈良の「諸公事座を悉く破れ」と命じる（公家や社寺の保護統制下にあった座が破棄され商工業者は自由営業の時代に入る）。
1590	天正	18	木曽山の管理制度	秀吉、木曽山について「木曽山の伐木運material制度、労働の組織について木曽氏の旧によるべし」と命じる。
1593	文禄	2	日本初の木活字本	勅版『古文孝経』が開版される。
1593	文禄	2	方広寺大仏殿の上棟	京都方広寺大仏殿（方広寺は秀吉が東大寺大仏殿を上回る規模でもくろんで着工した希代の大工事で、桁行45間・梁行28間・棟高25間〔大仏殿の高さ20丈・大仏の高さ16丈〕、径5尺5寸の大柱だけでも92本を必要とした）。
1594	文禄	3	関東流の河川改修	伊奈忠次、関東の諸河川を改修。
1594	文禄	3	村切の最初	村落共同体の村境と境域の確立と用水・入会地などの生産条件の確保。
1594	文禄	3	村請制度の確立	日本におけるCBRM（Community-Based Resource Management）の強化。
1594	文禄	3	文禄検地	太閤検地のうち最も厳しいとされる「文禄検地」が薩摩を皮切りに開始される（検地基準や方法も統一され、のち15ヵ国でも土地調査が行われる）。
1597	慶長	2	京都嵯峨で17軒の木材屋	京都嵯峨で17軒の木材屋が始まる（「材木屋始り、嵯峨材木屋古本也、株拾七軒」とされている）。

資料編

年	元号	年	事項	内容
1597	慶長	2	松本城完成	この頃、松本城完成（国宝。築城用材2,514石をはじめ、町づくりに要した用材を含めると、最低20万石の木材が必要であったと推定される）。
1600	慶長	5	尾鷲地方にて人工造林	紀州藩主徳川頼宣、初めて杉種子を九州から、桧種子を木曽から取り寄せ、尾鷲地方の人工造林の端緒を開く。
1603	慶長	8	江戸城築城に着手	家康、江戸城築城に着手（このため各地からモミ・ツガ丸太を集める。木曽から柱・瓦木・板子などの白木が碓氷峠を越えて江戸まで陸送されるようになる）。
1604	慶長	9	秋田藩、直轄（藩営伐採事業）を開始	秋田藩佐竹義宣、直轄（藩営伐採事業）を開始する。
1606	慶長	11	大堰（保津）川の舟運を開く	角倉了以、大堰（保津）川の舟運を開く。
1610	慶長	15	名古屋築城開始	家康、諸大名の普請役で名古屋城築城開始（使用された木材は総数で3万8,000本・総材積が8,239石、1614年12月に完成）。
1611	慶長	16	高瀬川の開削工事開始	角倉了以、鴨川を分流して高瀬川の開削工事を開始（3年後に完成、この開通によって南方の材木・薪炭が京都に集まるようになり、高瀬川の東岸に林産物交流の中心地・材木町ができる）。
1613	慶長	18	「御林」の初見	幕府、常陸国江戸崎御林での伐木を再び禁じ、村々の責任を明らかに厳罰をもって臨むとする（江戸崎御林は、江戸時代の寒防備林であった。幕府法規中「御林」の初見）。
1615	元和	元	木曽が尾張徳川領となる	大坂落城により、木曽は尾張の徳川の領となる（幕末まで）。
1615	元和	元	尾張にて巣山制度	この頃、尾張藩では、年々木曽谷中の鷹を捕え幕府に献上するため巣山の制度を設け伐木を禁じる（木曽山中の巣山は59カ所）。
1617	元和	3	土佐藩、輪伐法などの施行案	土佐藩、施業案的なものを定め、50年回帰で計画伐採を行う「輪伐法」を制定（魚梁瀬スギ林の択伐）。
1618	元和	4	水源涵養保安林制度の初見	長岡藩主牧野忠晴、水野尾林（御水林）を設定する。水源涵養の役割を果たす森林は、水野目山・堰根木・井根山・水の根山などとも呼ばれた。
1619	元和	5	菱垣廻船の始まり	泉州堺の船問屋、紀州廻船250石積を借り受け、木綿・綿・酒・酢・醤油・油などを積み、荷主、船頭間に運賃を定めて江戸へ廻送を始める。
1621	元和	7	札山制の始まり	秋田藩、山林の保護育成のため伐採や入山を禁止する制札を交付する。
1622	元和	8	立売堀に材木市場開設	大坂材木商の請により、土佐藩は幕府に出願して、立売堀に材木市場を開き、市売問屋住吉講を組織（大坂ではこの頃から問屋と仲買の区分明確化へ）。
1623	元和	9	北上川付替工事	川村孫兵衛、北上川河口付替工事に着手。翌年完成。
1625	寛永	2	日光の杉並木の植樹始まる	大河内（松平）正綱により日光の杉並木の植樹始まる。
1626	寛永	3	萩藩、「番組山」制を定める	萩藩、20年毎に伐採する輪伐法を取り入れた「番組山」の制を定める。輪伐法を取り入れた森林は、番山・番繰山、順伐山などとも呼ばれた。
1629	寛永	6	『清良記』（日本最古の農書）	伊予宇和島の土豪、土居清良の一代記『清良記』30巻できる（成立年は1654年など異説あり。著者は松浦宗又は土居水也。第7巻上・下、別名「親民鑑月集」は日本最古の農書として有名。1月に種子を蒔くものとして杉・桧・松をあげるなど採種や挿木などの時期にふれている）。
1629	寛永	6	尾張藩、用木の伐採禁止	尾張藩、木曽谷の桧・アスヒ・コウヤマキ・サワラ、さらにネズコを加えて5木の伐採を禁止し、以外の雑木・堅木の類は自由に伐採することを許す。
1631	寛永	8	青梅・西川近辺の入会論争	青梅・西川近辺の入会論争（訴訟）が始まる（黒沢山入会）。入会山への植林は、①入会山を分割して各個人有地〔百姓持山〕にしてそこへ各自が植林〔例：青梅塩船村、1777年〕、②入会山への共同植林〔例：青梅大沢入〕、③入会山に植分け・分収林を展開〔例：1750年頃から西川・青梅の各地〕の形態で行われていた。
1633	寛永	10	第一次鎖国令	幕府、奉書船以外の渡航を禁じ、海外渡航者の帰国を制限、キリスト教を禁じる。
1635	寛永	12	鎖国令強化	幕府、外国船の入港・貿易を長崎に限り、日本人の海外渡航・帰国を禁止。
1636	寛永	13	紀州藩、奥熊野山林御定書を公布（私有山林の所持を容認）	紀州藩、奥熊野山林御定書を公布（楠・柏・槻は留木、杉・桧・松も立木で目通り7〜8尺回りえ上のものは留木として山林の保護を計る。また、「往々山林之所持は持山は某者に可被下候」と私有山林の所持を認める。

236

日本の山野海川に関する年表

1642	寛永	19	屋久杉の伐採	薩摩藩,屋久島に代官をおいて,屋久杉の伐採を本格的に始める(生産したのは杉の板木・平木)。
1642	寛永	19	寛永の大飢饉	諸国に大飢饉。
1642	寛永	19	小規模造林の奨励	幕府,代官に造林命令を出す(条文に「木苗など植えるべき場所には木苗を植え申すべきこと」とある)。
1643	寛永	20	田畑永代売買を禁止	幕府,詳細な農民倹約令を出し,田畑永代売買を禁止する(田畑永代売買の禁,この禁止令の廃止は1872年)。
1643	寛永	20	過怠造林の制を設ける	幕府,過怠造林の制を設ける(軽罪人には,その身に応じ,日数を定めて,過怠〔4割〕として竹木の植栽等をさせるよう令達した)。
1644	正保	元	漆と蝋の専売を実施	会津藩,漆と蝋の専売を実施(これを契機に熊皮・紙などの領外への流通も統制され,領内特産品に対する統制・専売化は強まっていく)。
1646	正保	3	入浜式塩田の始まり	赤穂藩,三崎の新浜塩田を開発(「入浜式塩田」を用いた製法によって,赤穂は塩の特産地として名を高める)。
1646	正保	3	弘前藩,屏風山一帯の海岸に植林	陸奥国弘前藩(津軽信政),岩木川の改修工事実施(舟運と新田開発に力を尽くす)。また,十三湊の近くの屏風山一帯の海岸に植林を行う。
1649	慶安	2	屋敷林の造成奨励	幕府,慶安御触書7条において「里方おのおの住居の回り竹木を植え,これを利用することにより薪を買わないで済むよう心がけること」と屋敷林の造成を呼びかける。
1652	承応	元	熊沢蕃山の治水植林	岡山藩熊沢蕃山,岡山郊外平田・竜口諸山に植林し,蘗株(バクカブ:ミカン科の落葉高木)の堀取りを禁止し治水植林の実を挙げる。
1653	承応	2	玉川上水工事始まる	伊奈忠克,玉川上水工事に着手。
1654	承応	3	利根川東遷	関東郡代伊奈忠克,利根川付替工事を完成,利根川を上総銚子に流す。
1654	承応	3	玉川上水完成	江戸に玉川上水完成(多摩川の水の取入口を多磨郡羽村に求め四ッ谷大木戸に至る約13里の水路を開削,大木戸から府中に入り,地中に石や木造の状管を埋め給水施設を整えた)。
1655	明暦	元	熊沢蕃山の砂防工事	熊沢蕃山,備前藩主池田光政に治山治水の要を建白し,岡山周辺のハゲ山に藩費をもって砂防工事を施す。
1656	明暦	2	土居嘉八郎,林業を創始	紀伊国北牟婁郡尾鷲南浦村の大庄屋土居嘉八郎,林業を創始(昭和初年,所有面積9,600町歩に達する)。
1657	明暦	3	江戸に大火(明暦大火)	江戸に大火(明暦大火,江戸城本丸・二の丸焼失・江戸市街の6割以上を焼き,死者10万8,000人,以後,江戸の家屋は粗末なものとなった)。
1657	明暦	3	江戸城本丸の造営に着手(材木入札売買の始まり)	江戸城本丸の造営に着手(幕府が築城の不用材を入札法で払い下げたのが,材木入札売買の始まりとなる)。
1661	寛文	元	御林を設置	幕府・諸藩は林産資源保続のため御林(御建山・留山・御止・御本山・御林山などともいう)を設ける(たとえば金沢藩は寛文年間に城跡など15カ所を鎌倉御林に選定し,下草はもちろん枯枝まで採取を禁じる)。
1661	寛文	元	民間林業の出現	この頃,諸産業が勃興し始め,木材採取が全国的に盛んになる(吉野・尾鷲・天竜・北山・西川・青梅などで民営造林が出現し,民間林業が出現し始める)。
1661	寛文	元	磨丸太(洗丸太)生産開始	寛文年間に,磨丸太(洗丸太)が初めて奈良吉野で生産される。
1661	寛文	元	輸入材の使用	山城国宇治の万福寺大雄宝殿の建造が始まる(タイから輸入したといわれるチーク材が用いられた→1663年に竣工)。
1663	寛文	3	野中兼山(49歳)没	土佐藩家老野中兼山(49歳)没する(林政家として,輪伐法〔番繰山方式〕の制定・木材薪炭の移出制限・植林の奨励・各種保林の制定・焼山の禁止などを推進した)。
1663	寛文	3	木材節約の令	幕府,木材節約のための令を出す(「杉折・杉重・杉木具・杉台・桧重の5品,大小名より誂ふるともつくるべからず。杉箱・杉櫃折は苦しからず。市井の工人この旨を守りて違犯すべからず」)。
1666	寛文	6	「諸国山川掟」(新田開発政策の転換)	幕府,「諸国山川掟」を定め,諸代官に植林を奨励,草木根の乱掘停止や川上の方立木がない場合には土砂防止造林を行わせ,川筋新田・焼畑を禁じ土砂流失防止を図る。
1667	寛文	7	土砂留奉行を配置	幕府,下流の舟運を守るために,土砂留奉行を置き,治山・砂防行政を行う。

資料編

年	元号	年	事項	内容
1672	寛文	12	樽廻船の開始	寛文年中，樽廻船（大坂・西宮から江戸に酒荷を廻送した廻船）が始まる。
1672	寛文	12	万波山訴訟事件	飛騨国5ヵ村が越中桐谷村を越境問題で幕府に提訴する（万波山訴訟事件，1674年飛騨側勝訴の裁許状が出る）。
1678	延宝	6	江差に桧山番所	松前藩，江差に桧山番所を設け，桧山地方のヒバ材伐採を始める。
1681	天和	元	段戸山を御林に確定	三河国田代山（雁峯裏山）で田代村（南設楽郡作手村）と里方西郷12ヵ村との山論起こる（1682年に江戸奉行所申渡しにて解決，段戸山を御林に確定）。
1682	天和	2	売分山（部分林）を創始	仙台藩，御定として「名主・百姓等は松・茶などの苗木を植えよ」「野火発生時に所在村・隣村・その他の村々も名主をはじめ百姓等は残らず駆けつけて消火に当たるべし」とし，また，売分山（部分林）を創始。
1682	天和	2	津軽藩，抱山の創設	津軽藩，御本山のうち荒蕪地や空地を見立て，自費栽培した者に抱山証文を下知する。抱山証文を受けた者は地租として300坪につき銀1分を上納，売買・譲与は自由だが，伐採には藩の許可が必要だった。
1683	元和	3	土佐藩，火除林（防火樹帯）設置	土佐藩，御留山内の切畑周辺に火除林（防火樹帯）を設ける。
1684	貞享	元	河村瑞賢，淀川下流（安治川）の治水工事に着手	河村瑞賢，淀川下流（安治川）の治水工事に着手（翌年12月に完成）。
1685	貞享	2	御林奉行を置く	幕府，御林専管職として御林奉行を置く。
1687	貞享	4	生類憐みの令	幕府，最初の生類憐みの令を出す（この後，1708年までくり返し布令）。
1688	元禄	元	御用材を大井川流域より出材	紀伊国屋文左衛門，修羅（大木等を運搬する，そり状の道具）により御用材を大井川流域より出材（→1698年2月）。
1689	元禄	2	備長窯の開発	紀伊国熊野で備長窯が新しく開発される。
1691	元禄	4	佐渡鉱山を復旧	佐渡奉行として荻原重秀赴任。
1691	元禄	4	別子銅山開発を許可，鉱山備林を経営	幕府，伊予国別子銅山開発を住友家に許可（杭木・薪炭の製造のため鉱山備林を経営）。
1691	元禄	4	熊沢蕃山（73歳）没	熊沢蕃山（73歳）没す（儒学者で陽明学派，備前国岡山藩番頭，著書に『大学或問』『集義和書』『集義外書』など。蕃山は，当時の山林の荒廃の要因に，①製塩・製陶による木材消費の増加，②仏教興隆に伴う堂塔建築による木材消費の増加，③民衆の困窮による盗伐などをあげ，仁政を根本とした山林復興論を主張した）。
1692	元禄	5	飛騨国の山林，幕府直轄領（天領）となる	飛騨国の山林，幕府直轄領（天領）となる（当時，飛騨各地の鉱山は衰退していたが，森林は豊富だったことから，財政再建を目指す幕府はこれに目をつけ直轄化，飛騨代官（のちに郡代）の支配下に置くこととしたもの）。
1696	元禄	9	渡月橋完成	山城国嵐山に渡月橋完成（架橋後，大堰川（桂川）を上下する筏が橋脚を傷つけるため産地商人と嵯峨材木商が橋梁修理費を負担するようになる）。
1696	元禄	9	『農業全書』	宮崎安貞著『農業全書』刊（杉・桧などの播種から育苗の記載あり，近世で初めてつくられた科学的な農学書）。
1700	元禄	13	3大木場の登場	永代島築地6万坪造成が竣工し，深川佐賀町・今川町の材木問屋が移転（2年後に木場町と命名，町奉行支配の町となる。以後，尾張の熱田白鳥，大坂の立売堀とともに，3大木場として知られるようになる）。
1702	元禄	15	東蝦夷地にてエゾマツの伐木開始	飛騨屋久兵衛倍行，松前に渡来，東蝦夷地尻別において桧山（エゾマツ）の伐木を開始。
1703	元禄	16	吉野にて借地林業制度	元禄年間，吉野では借地林業制度が生まれる（有力な大林業家が部落有地を借り受けて林業経営を拡張する制度で，借地林業の進行とともに村外山持がふえ，その山林の保護管理を委任される山守制度が生まれた）。
1711	正徳	元	薩摩藩，樟脳の専売制施行	薩摩藩，樟脳の専売制を施行し，1ヵ年に千両余の純益をあげる（樟木の散在木も藩の財産として厳重に保護させる）。
1712	正徳	2	秋田藩，正徳期の林政改革	秋田藩「新林取立方仰渡覚書」を達する（正徳期の林政改革）。①植林は採草地以外はどこでも認める，他郷の入会山であってもよい，②樹種を問わず植林すべきこと（樹種や場所の規則大幅緩和），③樹木が成長したらその半分は村に払下げる，植林した山は見継を立てて，手落ちなく育てること，⑤樹木が成長したら山守を置き，⑥他村に入って植林してもよい）。
1716	享保	元	諸国御林の巡察	幕府，林奉行に諸国御林の巡察を命じる。
1718	享保	3	『公益私記』	彦根藩，『公益私記』著す（砂防工法を述べる）。

年	元号	年	事項	内容
1721	享保	6	全国調査の初め	幕府、諸国に戸口・田畝の調査を命じる。
1724	享保	9	尾張藩、植栽役所を併設	尾張藩、木曽上松の材木役所に植栽役所を併設、植栽御用人に高橋治部蔵・西脇国右衛門を命じる。
1726	享保	11	総人口2,654万8,998人	幕府、第2回全国戸口調査を命じ、以後6年毎に定期調査を行うこととする。
1731	享保	16	鉄砲堰を発明する	吉野の池田五良兵衛、鉄砲堰を発明する。
1732	享保	17	享保の飢饉	山陽・南海・西海・畿内で蝗災のため大飢饉、餓死多数、幕府・諸藩・拝借金・夫食米貸与・施米などの対策をたてる。各地で強訴、一揆起こる。
1737	元文	2	琉球王府「杣山法式帳」	琉球王府、「杣山法式帳」(山林見様之事、山林養生之事、遠山樹木見様之事)・「山奉行所規模帳」(主に罰則)を定める。
1741	寛保	元	律令要略	「山野海川入会」にて、「村並之猟場は、村境を沖へ見通、猟場の境たり」、「磯猟は地付根付き次第也、沖は入会」が定められる。
1749	寛延	2	幕府、山林反別木数の点検	幕府、山林反別木数の点検を令し、「爾後これを申戒し、また雛形を示して録上せしめ、兼てその怠惰を警しむ」とする。
1754	宝暦	4	宝暦治水工事に着手	薩摩藩、宝暦治水工事に着手(木曽川・長良川・伊尾川〔揖斐川〕の3大川、美濃・伊勢・尾張3カ国で、8郡193カ村にまたがる大工事を行う)。
1758	宝暦	8	酒田湊の砂防植林造成	出羽国酒田の豪商本間四郎三郎光丘、酒田湊の西浜に砂防植林する許可を藩から得る(私財600両を献納し、南北1,000間・東西250間の砂原に先ずグミなど植栽開始)。
1762	宝暦	12	秋田藩、「林役御定」	秋田藩、「林役御定」54カ条を出す(山林の官民有区分を明らかにし、林役人の勤務の指針を示した)。
1764	明和	元	幕府による造林技術指導の始まり	幕府、挿杉・挿桧造林についての具体的な仕法を通達する。
1767	明和	4	上杉治憲(鷹山)の改革始まる	米沢藩主、上杉治憲(鷹山)の改革始まる(以後、備荒貯蓄制度を設けたり、漆・桑・楮の植栽計画を立てる)。
1772	安永	元	樽廻船問屋株が公認される	樽廻船問屋株が公認される(尾張廻船が、江戸・大坂・尾張への炭・杉・丸太・二才木〔薪〕運搬に活躍する)。
1775	安永	4	幕府が造林運動を展開	幕府、長崎の植栽方式に倣った「春秋二季家別植付」を関八州に普及された目的で御勘定奉行の通達を出す(幕府が一種の造林運動として指示したもの)。通達では長崎の植栽方法について、「長崎表では家別植付と唱え、何によらず春秋両度2本いずつ銘々名前記候木札を付けて植付け、根がつかない者は根本より幾度も植替させ……当時にては格別本数も相増え、成木致し候」と述べている。
1782	天明	2	天明の大飢饉	この年より天明の大飢饉。
1783	天明	3	印旛沼干拓	老中田沼意次、印旛沼干拓を再挙(三年後中止)。
1783	天明	3	浅間山大噴火	浅間山大噴火、降灰被害甚大・死者2万人余という。
1787	天明	7	江戸・大坂など各地で打ちこわし	米価騰貴のため、江戸・大坂など各地で打ちこわしが起こる。
1787	天明	7	3年後に寛政の改革始まる	松平定信、老中となり、3年後に寛政の改革始まる。
1788	天明	8	京都に大火(天明の大火)	京都に大火、1,424町延焼、御所・二条城・神社220・寺院928焼失。
1789	寛政	元	寛政蝦夷の乱	蝦夷クナシリ島のアイヌ、過酷な労働強制などに抗し反乱、松前藩これを鎮圧する。
1791	寛政	3	尾張藩、木曽の施業計画を定める	尾張藩、木曽の施業計画を定める(50年の輪伐期を決め、伐採量を成長量以下にとどめ、900 m³/ha以上の高蓄積の美林を残した)。
1791	寛政	3	尾張藩、大川狩定法帳を定める	尾張藩、木曽川の「大川狩定法帳」を定める(御材木川狩の足軽・本組らに対する心得9項目を定める)。
1792	寛政	4	雲仙岳大噴火	肥前国雲仙岳大噴火、山津波により流出家屋5,600戸余、溺死者1万5,000人余、肥後国で津波により2,200戸余流失・死者5,200人余。
1793	寛政	5	佐倉炭が現れる	下総国で佐倉窯(黒炭)が新しく開発され佐倉炭が現れる(藩営炭が各藩で起こり木炭製造技術の伝播が盛んとなる)。
1797	寛政	9	木曽における択伐法の始め	「乙蔵鰍川御材木目覚」を木曽材木奉行が尾張藩に提出する(木曽における針葉樹用材に対する択伐法の始めである)。

資　料　編

年	元号		事項	内容
1800	寛政	12	桟手にて運材	天竜川村横山の青山善右衛門，飛騨地方から山出し職人を雇い入れ，桟手（さで）を作らせ運材を試みる。桟手（野良桟手）とは，勾配おおむね50度未満の山の斜面に，丸太と板（野良板）を組み合わせ「溝」状に並べて滑走路とし，伐材した材を下方へ滑走させる運材装置。
1800	寛政	12	江戸で割り箸の使用	この頃，江戸で割り箸の使用が始まる。
1805	文化	2	秋田藩，林政改革	秋田藩，林政改革を行い，大部分を木山方支配とする（「木山方御改正之旨被仰渡」が出る，山林区分の確立，分収率の引上げ，御材木場（御直柵）を設置して木材の専売制を敷き徒党製品を流通過程から排除，林政機関を整備拡充し徒党の禁止・山守監守の体制を強化）。※徒党＝盗伐
1806	文化	3	江戸に大火（丙寅の大火）	江戸に大火，芝車町から出火し大名小路・日本橋・京橋・神田・浅草中心部など530余町を焼失，増上寺五重塔も炎上，死者1,200余人出る。
1813	文化	10	江戸木材仲間5組	江戸木材仲間5組 ①板材木熊野問屋組合（紀州十津川・北山の材木を伐出，廻漕し材木蔵役所へ納める），②竹木川辺一番古問屋（川辺材＝近郷の諸丸太類を扱う），③木場材木問屋（紀州・尾張・三川・遠江・駿河など徳川旧藩領産の材木の直売と幕府用材の伐出も請負う），④川辺竹木炭薪問屋（一番組～五十八番組），⑤材木仲買）
1821	文政	4	『大日本沿岸輿地全図』	伊能忠敬『大日本沿岸輿地全図』『同実測録』完成，幕府に献上。
1823	文化	6	水一揆	紀伊国紀川筋に水一揆起こる。
1832	天保	3	『草木六部耕種法』	佐藤信淵著『草木六部耕種法』刊。
1832	天保	3	生立樹木年齢調査を行う	土佐藩，御留木・宮林・所林・明ином林の生立樹木年齢調査を行う。
1836	天保	7	天保の大飢饉	全国飢饉（天保の大飢饉），奥羽地方で最も甚だしく，死者10万人に及ぶ。
1841	天保	12	天保改革令	幕府，天保改革令を達する（「享保寛政の御趣意に違わざる様」との上意が達せられる）。
1844	天保	15	越後国，入会協定	越後国の村持山において地元岡川村と入会村美守村との間で，入会村の者は地元村の山林原野において伐り刈りしないこと，地元村は境界線を刈込んで入会場を狭めないこと，などの協定を結ぶ。
1853	嘉永	6	ペリー来航	アメリカ使節ペリー，軍艦4隻を率い相模国浦賀沖に来航，国書受理を要求する。
1855	安政	2	安政大地震	江戸を中心に大地震・大火，7,000人余死亡。この月余震80度に及ぶ。
1858	安政	5	国産物増産を奨励	幕府，蝋・漆・紙・茶など国産物増産を外国交易のためにも奨励する。
1859	安政	6	『広益国産考』	大蔵永常著『広益国産考』全8巻刊。
1861	文久	元	製材機械の設置	長崎製鉄所竣工する（オランダ海軍の技術将校の指導の下に建設，所内に製材機械〔丸のこ〕を設置する）。
1862	文久	2	藩際交易の進展	長州藩，小倉藩と交易協定を結び，小倉藩から石炭・楮皮・椎茸などの移入を図る。また，この頃，長州・会津交易では会津から蝦夷地の魚類・材木類などとともに，塗物・布類を移入。
1868	慶応	4	官地官林の設定	新政府，慶喜追討，旧幕府領地ヲ直納トスノ令布告（この公示で徳川支配の旧幕府領地・森林原野はすべて朝廷の御料となる）。
1868	明治	元	治河司の設置	治河司を設置。
1868	明治	元	近代的な製材・木工機械の導入	横須賀の製鉄所が幕府から明治政府の管轄となり，所内に鋸鉋工場が落成（工場は滑車製造所・木挽場・建具製造場の3つから成り，フランスから輸入した近代的な製材・木工機械を備える。
1869	明治	2	版籍奉還	諸藩に版籍奉還を許可，藩主を藩知事に任命。
1869	明治	2	土木司の設置	政府，民部官制を定め，土木ほか4司を置く。土木司は道路・橋梁・堤防など営作の事務を掌握。治河司は廃止され，民部省土木司が水利行政を所掌。
1871	明治	4	治水条目を布告	太政官，治水条目を定め布告。
1871	明治	4	官林規則を制定	民部省，官林規則を制定（官林の伐採ならびに保護につき規定）。
1871	明治	4	廃藩置県	天皇，廃藩置県の詔書を発する（全国を3府302県に。同年12月には3府72県に統合，1888年に3府43県に）。
1871	明治		民部省廃止	民部省廃止，土木司は工部省へ移管。
1872	明治	5	官林払下規則	大蔵省，官林払下規則を達する（官林を入札により無制限に払下げ。新政府の財政収入増加のため）。

日本の山野海川に関する年表

西暦	元号	年	事項	内容
1872	明治	5	ドールン，リンドウ来日	河川技師としてファン・ドールン，イ・ア・リンドウ（オランダ）が来日。
1873	明治	6	鳥獣猟規則制定	日本初の狩猟法制。
1873	明治	6	地租改正条例を布告	太政官，地租改正条例を布告（地価の3/100を地租とする）。「一地一主」原則に基づく土地所有権・所有者の確定と近代的所有観の浸透。
1873	明治	6	官林荒蕪地払下規則を布告	太政官，士族授産のため官林荒蕪地払下規則を布告（家禄奉還者で農牧志願の者に，山林は5町歩・荒蕪地は3町歩を限度として地価の半額で払下げ）。
1873	明治	6	地所名称区別を布告	地券を発行しない土地として官有地，私有地などの区別を行う（太政官布告第114号 「地券発行ニ附キ地所ノ名称区別ヲ更正スル件」）。
1873	明治	6	デレーケ，エッセル来日	河川技師としてヨハネス・デレーケ，ジョージ・アーノルド・エッセル（オランダ）が来日。
1873	明治	6	河港道路修築規則	河港道路修築規則を定める。
1874	明治	7	地所名称区別改正法を布告	地所名称区別の全文改正：公有地を廃し土地を官有地，民有地に二大区分。地券を発行しない土地：官有地第1，3，4種，地券を発行する土地官有地第2種および民有地第1種〜第3種。民有地2種：数人共有，あるいは1村または数カ村所有の確証ある土地。河海湖沼は官有地第3種とされる。「公衆ノ用ニ供スル道路」のうち民有の確証あるものは民有地第3種となりそれ以外は，官有地第3種へ。
1874	明治	7	粗朶水制の試設	内務省土木寮，淀川で粗朶水制を試設。
1875	明治	8	利根川堤水工事	江戸川松戸地先に粗朶工法施設し，利根川堤水工事を開始。
1875	明治	8	セメントを初めて焼成	工部省深川作業出張所，ポルトランドセメントを初めて焼成。
1875	明治	8	海面官有化宣言の布告	太政官布告第195号：海面は「固ヨリ官有」とし，従前どおりの利用を望む者は，借用料を払って借用を願い出ることとする。旧慣による雑税廃止，第195号の海面官有宣言によって，旧来の権利は消滅するとされたが，全国で混乱が起こり，翌1876年太政官達も第195号を取り消す。
1875	明治	8	近代砂防工事の始まり	オランダの土木技師デレーケ，京都府棚倉村の木津川支流不動川水源で柴工堰堤・割石堰堤など16工種の砂防施設を試験施工（内務省直轄砂防工事の発端。不動川は日本の近代砂防工事発祥の地といわれる）。
1876	明治	9	太政官達60号布達	一般交通に供されている道を国道，県道，里道に分類。
1876	明治	9	海面借区制廃止	漁業者が海面借区制の申請にあたり，漁業区域の拡張を争ったためとされる。
1878	明治	11	官林区分	全国の官林（北海道・沖縄県を除く）を6大林区・49中林区・216小林区に区分する。
1879	明治	12	内務省に山林局設置	内務省に山林局を設置し，本課・官林課・文書課・官林作業課設置。
1879	明治	12	安積疎水工事	安積疎水工事に着工。明治15年完成。
1880	明治	13	明治用水竣工	明治用水竣工，かんがい面積約7,800町歩。
1880	明治	13	水利土功に関する集会についての規定	町村会法8条に水利土功に関する集会を規定。
1881	明治	14	農商務省設置	農商務省設置（内務省より山林局移管）。
1884	明治	17	万国森林博覧会	万国森林博覧会がスコットランドのエジンバラで開催され，日本も参加。
1884	明治	17	下水道の敷設	東京神田の一部に分流式下水道敷設。
1884	明治	17	同業組合準則	同業組合と生産販売業者と一緒に組織（漁業生産者のために漁場統制団体の性格を持たせるための単独規則の必要性→明治19年の漁業組合準則へ）。
1884	明治	17	水利土功会の組織確立	区町村会法の改正により，水利土功会の組織確立。
1885	明治	18	『林政八書』	旧琉球藩編『林政八書』刊（蔡温時代の林政の8つの令達書。中央政府の旧慣温存主義のもとで明治30年代まで沖縄の林政法規として実際に用いられた）。
1886	明治	19	大小林区署官制公布	大小林区署官制公布（山林事務所を廃止，大林区署に林務官・林務官補・書記を，小林区署に営林主事・営林主事補・森林監守をおく。国有林経営制度の画期的な変革）。
1886	明治	19	漁業組合準則公布	各地に漁業組合を組織させ，漁業権を免許，漁場秩序の維持を図る。沿岸漁業集落の入会団体に漁業組合の法的地位を与える。

241

資料編

1887	明治	20	近代上下水道の完成	神奈川県、横浜に日本最初の近代上下水道完成、給水人口10万人。
1888	明治	21	市制・町村制公布（部落有林野の法制化）	市制・町村制公布（町村制施行直前に行われた町村合併で、村持山の多くは一村総持・一村共有・総村持・村中持・総百姓持などとされた。後の財産区となる「区」の登場）。
1889	明治	22	大日本帝国憲法発布	大日本帝国憲法発布（1890. 11. 29施行）、議院法・貴族院令・衆議院議員選挙法・会計法公布。
1889	明治	22	全国官林、農商務省直轄化完了	全国官林（北海道・沖縄県を除く）のすべての農商務省直轄化完了（16大林区・192小林区・152出張所）。
1889	明治	22	数県の官林を御料林に編入	神奈川・静岡・山梨・長野・愛知・岐阜各県所在の官林、御料林に編入（翌年までに内地官林計160万6,000町を編入）。
1890	明治	23	北海道官有林を御料林に編入	北海道官有林200万町を御料林に編入。
1890	明治	23	琵琶湖疏水の完成	京都市、琵琶湖疏水完成。
1890	明治	23	旧民法（法律第28号・第98号）交付	実施されず：入会権規定の欠落（→民法典論争へ）。
1890	明治	23	公有水面埋立法	公有水面埋立法公布。
1890	明治	23	水利組合条例公布	水利組合条例が公布、普通水利組合と水害予防組合が規定される。
1891	明治	24	材積最多主義を採用	国有林施業案編成心得など制定。
1891	明治	24	治水論が盛んに	湯本義憲「治水に関する建議」など、この頃から治水論盛んとなる。
1893	明治	26	法典調査会の設置	法典調査会規則に基づき、伊藤博文を総裁とする法典調査会が設置。民法の起草委員は、穂積陳重・富井政章・梅謙次郎の3名。
1893	明治	26	農商務省水産調査委員会設置	漁業の草案作成に着手（旧民法の施行延期論者であった貴族委員議員・村田保が委員長を務める）。
1894	明治	27	日清戦争開戦	日清戦争始まる。
1895	明治	28	日清講和条約調印・台湾領有	日清講和条約調印（遼東半島・台湾・澎湖列島の日本への割譲、賠償金3億円など。台湾領有により日本の領有林野面積1,943万町歩となる）。
1896	明治	29	河川法公布	高水工事を主とする治水事業の展開のため国が河川管理を行い、その財源を確保するための立法。慣行水利権は「みなし規定（河川法施行規定11条）」により現在まで維持される。
1896	明治	29	民法（第1編～第3編）公布	民法公布（1898. 7. 16施行。その第206条で所有権と入会権を分離）。
1897	明治	30	北海道国有未開地処分法公布	北海道国有未開地処分法公布（貸与地に植林すれば成功後土地を無償譲与することを規定、北海道の木材市場はこの未開地立木の商品化を軸に進展する）。
1897	明治	30	森林法公布	森林法公布（全文6章58条、この法律で森林とは御料林・国有林・部分林をいうと定義、営林の監督、保安林及び森林警察に関する規定を主とする〔1896年案の林業組合に関する規定は削除〕。日本最初の森林に関する一般法）。1898. 1. 1施行。保安林の一つに魚つき保安林を含む。
1897	明治	30	沖合漁業の発展	日本漁業における沖合漁業の発展期（明治30年→大正10年）。
1897	明治	30	砂防法公布	砂防法公布。森林法、河川法とあわせて治水三法と呼ばれる。
1898	明治	31	民法実施	町村制（公法）における旧慣使用権が、民法（私法）のなかで入会権として規定（第263条、294条）。
1899	明治	32	国有林野法公布	国有林野法公布（国有林管理の基本法規、国有林の管理の方法・委託林制度・部分林制度を規定）。
1899	明治	32	国有林野特別経営事業開始	不要存置林の処分による収入2,302万円余を資金とし、本年以降16ヵ年間に境界の査定及び面積の測量・施業案の編成・造林・森林買上げ等を行う事業（実際には大正10年までに23ヵ年を要し、売払面積78万1,731町に及んだ）。国有林の大規模造林など進む。
1899	明治	32	国有土地森林原野下戻法公布	国有土地森林原野下戻法公布（明治維新時などに官有に編入された土地について、所有または分収の事実を証明しうるものは申請により下戻しをする、下戻申請は明治33年6月30日までとする。
1899	明治	32	耕地整理法	耕地整理組合（農商務省管轄）・町村組合（内務省管轄）の組織。
1900	明治	33	布引ダム完成	生田川に布引ダム（最初のコンクリートダム、高さ33.3 m）が完成。

242

日本の山野海川に関する年表

年	元号		事項	内容
1901	明治	34	漁業法公布	日本最初の統一的漁業法典，全35カ条から成る。海の入会は「専用漁業権」「定置漁業権」「区画漁業権」「特別漁業権」の4つとして構成。入会集団である沿岸漁村に漁業権を免許するため，沿岸漁村を漁業組合として法人化。(施行：明治35年7月1日)。
1904	明治	37	日露戦争開戦	日露戦争起こる。
1905	明治	38	日露講和条約調印・樺太領有	日露講和条約(ポーツマス条約)調印(樺太南半を日本に割譲，日本の韓国保護権承認，旅順・大連の租借権，長春以南の鉄道線の譲渡。北緯50度以南の樺太領有により日本の領有林面積2,947万4,000haとなる)。
1905	明治	38	耕地整理法改正	耕地整理法改正(灌漑排水事業が中心となる)。
1906	明治	39	日本初の官営製材工場設置	官行斫伐事業・製材事業を開始し，青森大林区署に日本最初の官営製材工場設置(沖館，1909年までに製材所・木工所設置)。
1907	明治	40	改正森林法公布	(明治30年法廃止，民有林の産業助成を図る方向で改正，①土地使用及び収用，②森林組合の条章を付加)。
1908	明治	41	水利組合法	普通水利組合組織。
1908	明治	41	日本初の県営造林実施	宮城県・岐阜県で日本最初の県営造林実施(分収率は岐阜県の場合，県8割村2割)。
1908	明治	41	日本初の国有林森林鉄道開通	津軽半島蟹田・大平間に日本最初の国有林森林鉄道開通，ボールドウイン蒸気機関車，シェー式蒸気機関車導入。
1908	明治	41	水利組合法公布	水利組合法公布。
1909	明治	42	部落有林野統一政策(公有林野整理事業)が本格化	公有林野整理事業は，228万町歩(明治42.2)に及ぶ部落有林野をその市町村に帰属統一させ，入会権の解消を図り，市町村の基本財産を造成し，森林管理を適正に行う条件を整備する事業。成功裏には終わらず，1939年に終了。
1910	明治	43	王子製紙(株)北海道苫小牧工場の操業開始	王子製紙(株)北海道苫小牧工場の操業を開始し新聞紙の生産を始める。
1910	明治	43	漁業法改正	明治34年漁業法が改正されたもので，全73条から成る。物権としての性格が明確化。
1911	明治	44	山梨県恩賜県有林創設	山梨県下御料林29万8,203歩を山梨県に下賜。
1911	明治	44	治水費資金特別会計法公布	治水費資金特別会計法公布(内務・農商務両省所管，荒廃保安林を対象に第1期森林治水事業開始)。
1911	明治	44	新淀川の開削	内務省，淀川改良工事を完成，新淀川を開削。
1912	明治	45	なだれ防止林が初めて造成	奥羽本線磐越線に，なだれ防止林が初めて造成される。
1913	大正	2	農業水利慣行調査	農業水利慣行を調査。
1914	大正	3	第一次世界大戦開戦	第一次世界大戦起こる。
1914	大正	3	耕地整理法改正	耕地整理法改正(海面の埋立・干拓を加う)。
1915	大正	4	用水節約の検討	耕地整理主任官会議で用水節約を検討。
1917	大正	6	府県営河川改修事業への国庫補助	府県の河川改修事業に国庫補助始まる。
1917	大正	6	『農業水利慣行調査』発表	『農業水利慣行調査』発表。
1918	大正	7	米騒動発生	富山県魚津町に米騒動発生，全国に波及。
1920	大正	9	国際連盟発足	国際連盟発足(本部パリ。日本は常任理事国になる)。
1921	大正	10	公有水面埋立法公布	「本法ニ於テ公有水面ト称スルハ河，海，湖，沼其ノ他ノ公共ノ用ニ供シ水流又ハ水面ニシテ国ノ所有ニ属スルモノヲ謂ヒ埋立ト称スルハ公有水面ノ埋立ヲ謂フ」
1921	大正	10	遠洋漁業の発展	日本漁業における遠洋漁業発展期(大正10年→第二次世界大戦)。
1923	大正	12	関東大地震起こる	関東大地震起こる(死者9万1,344人・全壊焼失46万4,909戸・関東7府県の木材減失量3,357万石・6府県の民有地崩壊6,800町歩)。
1924	大正	13	志津川ダム完成	志津川ダム完成(宇治川，宇治川電気，高さ35.2m)。
1924	大正	13	大井ダム完成	木曽川大井ダム完成(貯水池での発電事業の始まり，下流農業用水との紛争激化)。

243

資　料　編

年	元号		項目	内容
1926	大正	15	森林組合設立が進展	林業共同施設奨励規則公布（森林組合が行う民有林林道開設に助成開始，これを機に森林組合の設立が進む）。
1927	昭和	2	水源涵養造林補助規則公布	水源涵養造林補助規則公布（無立木地に新植または散生地の第1回補植に対し，4分の1国庫補助〔1929年廃止〕）。
1928	昭和	3	外材輸入激増	この年，外材輸入激増（輸入量125万8,322 m³・前年対比28％増）。
1929	昭和	4	造林奨励規則公布	造林奨励規則公布（水源涵養造林補助規則は廃止，補助対象を初めて私有林にまで拡大，市町村有林を除く民有林での無立木地に新植または散生地の第1回補植に対し4分の1国庫補助〔1941年廃止〕）。
1929	昭和	4	世界恐慌始まる	ニューヨーク株式市場大暴落。
1930	昭和	5	ラワン原木の本格的輸入始まる	南洋材輸入協会設立，ラワン原木の本格的輸入始まる。
1931	昭和	6	満州事変	満州事変おこる（15年戦争の発端）。
1932	昭和	7	満州国建国宣言	満州国建国宣言（日本の傀儡国家，中国の東北3省〔遼寧・吉林・黒龍江〕と熱河省〔内蒙古の一部〕を版図とする，首都長春〔新京〕，林政機構は，実業部林務科，ハルビン木石税捐局，蒙政の三元の組織でスタート）。
1934	昭和	9	東北冷害・西日本旱害	東北冷害・西日本旱害・関西風水害のため米など大凶作。
1937	昭和	12	第2期森林治水事業開始	第2期森林治水事業スタート（本年より1948年までの計画に改める。1911.4からの第1期事業に，国営荒廃林地復旧・水害予備林造成を新たに加える）。
1938	昭和	13	国家総動員法公布	国家総動員法公布（国防目的達成のため国の全力を最も有効に発揮せしめるよう，人的物的資源の統制運用を，政府は議会の審議を経ることなく命令し得る，軍需工業動員法は廃止，以後，本法各条の発動として，各種の徴用令・統制令など公布される）。
1939	昭和	14	林業種苗法公布	林業種苗法公布（森林資源の充実を図るため優良種苗を採択することを目的とする）。
1939	昭和	14	第二次世界大戦開戦	第二次世界大戦おこる（ドイツ・ポーランドに侵入）。
1939	昭和	14	用材生産統制規則公布	用材生産統制規則公布（木材行政の大部分を農林省所管とし，素材・製材の規格を統制）。
1939	昭和	14	木炭配給統制規則公布	木炭配給統制規則公布（生産県で生産した木炭は，農林大臣指定の消費県以外への移出を認めない）。
1940	昭和	15	農林省，木炭事務所	農林省，木炭事務所を全国10ヵ所に初の設置（のち全都道府県に設置）。
1941	昭和	16	木材統制法公布	木材統制法公布（①日本木材株式会社・地方木材株式会社による一元統制，②立木の強制伐採命令，③木材生産者・販売者は日本社・地木社への売渡義務，④木材業・製材業の営業許可制等規定。6.1施行）。
1941	昭和	16	太平洋戦争起こる	日本，米・英に対し宣戦，太平洋戦争起こる。
1942	昭和	17	木材業・製材業の自由営業停止	木材業・製材業の自由営業停止（製材工場の半数以上廃止）。
1942	昭和	17	供木・献木運動起こる	供木・献木運動起こる。
1942	昭和	17	人工造林面積，戦前のピーク	人工造林面積，戦前のピークに達し，33万9,274 ha（民有林30万9,048 ha，国有林・御料林3万226 ha）となる（農林省統計書）。
1943	昭和	18	伐採量は戦時伐採のもと戦前のピーク	この年度，伐採量は戦時伐採のもと戦前のピークに達し1億775万1,000 m³（民有林8,291万8,000 m³・国有林2,483万3,000 m³）に達する。内訳は用材4,073万6,000 m³，薪炭材6,701万5,000 m³（昭和23年林業統計要覧）。
1943	昭和	18	水産業団体法施行	沿岸漁業と製造業に対する統制を定める。
1945	昭和	20	戦時森林資源造成法公布	戦時森林資源造成法公布（実施を見ずに12.22改正公布）。
1945	昭和	20	ポツダム宣言受諾	日本，ポツダム宣言受諾，無条件降伏（第二次世界大戦終わる）。
1945	昭和	20	森林資源造成法公布	森林資源造成法公布（戦時森林資源造成法を改題，森林所有者が造林費用の半額を農林中金に払込み，その倍額面の造林証券の交付を受け，造林の完了後額面金額の支払を受ける，政府は農林中金に額面金額の半額を補給する〔いわゆる証券造林〕）。
1945	昭和	20	第1次農地改革	農地調整法改正公布。
1946	昭和	21	第2次農地改革	農地調整法改正・自作農創設特別措置法公布。

日本の山野海川に関する年表

1946	昭和	21	木材業・製材業の営業許可制	木材統制法廃止され，木材業・製材業の営業許可制となる。
1946	昭和	21	日本国憲法公布（翌年施行）	日本国憲法公布。
1947	昭和	22	地方自治法公布（財産区の規定）	地方自治法公布。第292条－297条に「財産区」が規定される。
1948	昭和	23	木材引取税を創設	改正地方税法公布（都道府県税として木材引取税を創設）。
1948	昭和	23	水産業協同組合法公布	翌年2月施行。
1948	昭和	23	戦後初めてフィリピンラワン材が入港	戦後初めてフィリピンラワン材33万BM，輸出合板用として名古屋港に入る。
1948	昭和	23	初の国産チェーンソー	富士産業（現・富士重工）三鷹工場で初のチェーンソーC-12型が試作され，7月初旬に青森営林局沼宮内営林署管内で伐木試験。
1949	昭和	24	学校植林運動実施要綱通達	学校植林運動実施要綱，文部・農林両省から通達（第1次学校植林5カ年計画を樹立）。
1949	昭和	24	1ドル360円の単一為替レート決定	1ドル360円の単一為替レート決定。
1949	昭和	24	林野庁設置	林野庁設置（林野局を改組。本庁は林政部・指導部・業務部の3部13課制，営林局は旭川・北見・帯広・札幌・函館・青森・秋田・前橋・東京・長野・名古屋・大阪・高知・熊本の14局とする。
1949	昭和	24	土地改良法	耕地整理組合，普通水利組合などの廃止。公的な農業水利団体は土地改良区に一本化される。
1949	昭和	24	新漁業法公布（翌年施行）	全145条から成る。沿岸漁業集落に立脚する法人（漁業協同組合）に対して漁業権が免許される仕組みは継承。【この時期から昭和40年代前半まで戦後の漁業発展期：沿岸から沖合いへ，沖合いから遠洋へ】
1950	昭和	25	木材統制全面撤廃	木材の配給・価格統制廃止。
1950	昭和	25	造林臨時措置法公布	造林臨時措置法公布（知事が指定した要造林地に林地所有者が造林しない場合，知事が第三者に造林をさせることができることを規定。
1951	昭和	26	国有林野整備臨時措置法公布	国有林野整備臨時措置法公布（孤立した小団地の国有林売払い，または民有林野との交換を規定。
1951	昭和	26	改正国有林法公布	改正国有林法公布（①共用林野制度の新設，②部分林規定の整備，③保管林制度の廃止）。
1951	昭和	26	改正森林法公布	改正森林法公布（明治40年法廃止，森林計画制度の制定と森林組合制度の改正［加入脱退の自由，平等・非営利の協同組合とする］を主要な柱とする）。
1951	昭和	26	合板界に輸出ブーム	合板界に輸出ブーム到来，輸出価格は国内価格の倍となる。
1951	昭和	26	河川総合開発事業の開始	建設省，河川総合開発事業を開始。
1951	昭和	26	水産資源保護法公布	水産資源の保護培養を図り，漁業の発展の寄与が目的。
1952	昭和	27	森林病害虫等防除法公布	森林病害虫等防除法公布（松くい虫等その他の森林病害虫の駆除予防に関する法律を改題）。
1953	昭和	28	奄美群島返還	奄美群島返還日米協定調印。12.25発効。
1953	昭和	28	町村合併促進法公布	昭和の大合併が進められる。
1954	昭和	29	戦後初のソ連材が入港	戦後初のソ連材（2,454 m³）が清水港に入港。
1954	昭和	29	人工造林面積が戦後最高を記録	この年度の人工造林面積は43万2,682 ha（うち民有林38万8,889 ha，国有林4万3,793 ha）となり，戦後最高を記録する。
1954	昭和	29	地方自治法一部改正	財産区管理会の新設。
1955	昭和	30	日本，ガットに加盟	日本，ガット（関税及び貿易に関する一般協定）に加盟。
1955	昭和	30	神武景気	この年後半から神武景気。
1955	昭和	30	上椎葉ダム完成	上椎葉ダム完成（耳川，わが国最初の大アーチダム）。
1956	昭和	31	日本の国連加盟を決定	国連総会，日本の国連加盟を決定。
1956	昭和	31	佐久間ダム完成	佐久間発電所運転開始，佐久間ダム完成（堤高150 m，有効貯水量2億500万トン）。

資　料　編

年	元号	年号	事項	内容
1956	昭和	31	製材廃材利用のチップ生産	製材廃材利用のチップ生産が清水港の木材協組で初めて企業化に成功（チップ工場が各地に建設され、廃材チップ生産本格化）。
1957	昭和	32	なべ底不況	なべ底不況（1957年下期～1958年下期）。
1957	昭和	32	特定多目的ダム法公布	特定多目的ダム法公布。
1957	昭和	32	パイロットフォレストの設置	帯広営林局、根釧原野の一角にパイロットフォレストを設け造林を開始（厚岸町・標茶町にまたがる約1万haの原野に、大型機械や模範囚なども使い10年間で約7,000haのカラマツ林を造成。1965.7.13緑化完成記念式典挙行、標茶営林署に1級功績章授与）。
1958	昭和	33	分収造林特別措置法公布	分収造林特別措置法公布（三者あるいは二者間の分収造林契約について規定、共有樹木の分割請求を禁止）。
1958	昭和	33	製紙工場の廃水問題	本州製紙（株）江戸川工場に廃水問題おこる（漁民700人が工場に乱入）。
1959	昭和	34	森林鉄道を自動車道に変更	国有林の森林鉄道を自動車道に変更する業務方針決まる。
1959	昭和	34	伊勢湾台風	伊勢湾台風、東海地方を直撃（死者行方不明5,101人、名古屋港の流木被害激甚、風倒木500万石に及ぶ）。
1959	昭和	34	岩戸景気始まる	岩戸景気始まる（1959年下期～1960年下期）。
1960	昭和	35	新安保条約批准書交換、発効	新安保条約批准書交換、発効。
1960	昭和	35	国民所得倍増計画を決定	閣議、国民所得倍増計画を決定（高度経済成長政策）。
1960	昭和	35	外材針葉樹ブーム	国産材高騰で外材針葉樹ブーム、米ツガ小角の輸入も増大、1952年基準の卸売物価指数平均101に対して木材はこの年154、「国有林は売惜しむな」「木材輸入を」などの記事が新聞紙上で目立つ。
1960	昭和	35	貿易自由化時代の到来	フィリピンの外貨割当が自動承認制（AA制）に移行（丸太輸入すべて自由化、貿易自由化時代）。
1961	昭和	36	公団造林開始	森林開発公団法改正公布（水源林造成を事業種目に追加、公団造林開始、国有林の官行造林を継承）。
1961	昭和	36	公有林野等官行造林法を廃止する法律公布	公有林野等官行造林法を廃止する法律公布（事業は森林開発公団が継続）。
1961	昭和	36	農業基本法公布	農業基本法公布。
1961	昭和	36	外材の輸入急増	外材の輸入急増、前年比43％増で1,000万m^3台に乗る。この増勢はつづき1965年には2,000万m^3台に達する。
1961	昭和	36	御母衣ダム完成	御母衣ダム完成（庄川）（出力21.5万kw）最初の大規模ロックフィルダム（堤高131m、堤体積795万m^3）。
1961	昭和	36	水資源開発促進法公布	産業・都市用水確保を目的とし、水系の合理的かつ総合的利用・開発を促進。
1962	昭和	37	漁業法改正	昭和37年改正漁業法、翌年施行。
1963	昭和	38	森林組合合併助成法公布	森林組合合併助成法公布（施設組合〔1961年度末で3,713組合〕の合併を促進、府県の指導経費に国庫補助）。
1963	昭和	38	カリマンタン森林開発協力（株）設立	カリマンタン森林開発協力（株）設立（授権資本12億円、社長三浦辰雄、インドネシア国営林業公社〔プルフタニ〕との契約により、マリナウ、ササヤップなどでの森林開発に資材・技術などを提供）。
1963	昭和	38	沿岸漁業等振興法公布（同日施行）	沿岸漁業等振興のための基本法（農業における農業基本法）。
1964	昭和	39	木材関係の全品目自由化	ラワンの合板・単板・製材品の輸入自由化。
1964	昭和	39	林業基本法公布	林業基本法公布（林業従事者の所得増大・林業生産性の向上・林業総生産の増大を政策目標とする）。
1964	昭和	39	新河川法公布	全国でダム建設が盛んになり、上水道が全国的に普及したり、工業用水の需要が増加する時代になると、利水に力点を置く必要性が高まり、これを受け新河川法が制定。
1964	昭和	39	下筌ダム建設反対運動	下筌ダム建設反対派籠城の蜂ノ巣城強制撤去。
1965	昭和	40	最初の「林業白書」	林業基本法に基づく最初の「林業白書」発表。

日本の山野海川に関する年表

1965	昭和	40	NHKテレビで白蝋病を放映	NHKテレビ「現代の映像」シリーズで白蝋病を放映，社会的関心を呼ぶ。
1965	昭和	40	流域下水道事業の始まり	寝屋川流域下水道工事起工，流域下水道事業始まる。
1966	昭和	41	小繁事件，第3次訴訟の上告棄却	最高裁，山林入会権をめぐる小繁事件（1915年発端）の第3次訴訟の上告棄却，全被告の有罪確定。
1966	昭和	41	入会林野近代化法公布	入会林野等に係る権利関係の近代化の助長に関する法律（入会林野近代化法）公布（入会林野と旧慣使用林野〔計約200万ha〕の権利関係を近代化，その不動産登記は非課税と定める）。
1966	昭和	41	木材輸入が石油に次ぎ第2位	1966年の木材輸入は石油に次ぎ第2位となる。
1966	昭和	41	いざなぎ景気始まる	経済成長率実質10.8%，1970年までの高度成長「いざなぎ景気」始まる。
1967	昭和	42	公害対策基本法公布	日本の4大公害を受け制定された公害を規制する法律。
1967	昭和	42	旧建設省による法定外公共物の実態調査	里道の全国総面積は1847平方km，香川県に匹敵する面積。総延長は103万km。
1967	昭和	42	漁業協同組合合併助成法	同法第6条第1項により，漁業行使規則の変更または廃止についての手続きに関する漁業法の規定が漁協合併の阻害要因にならないようにした【昭和40年代から漁業の国際化進む】。
1969	昭和	44	新全国総合開発計画閣議決定	新全国総合開発計画閣議決定。
1969	昭和	44	外材依存率50%を超える	外材依存率50%を超える（この年の10年後1979年には外材依存率は69%となり，外材主体の供給構造が今日までつづく。1995年現在，日本は木材需要量〔年間1億m³強〕の79%を輸入に依存している）。
1970	昭和	45	日本万博博覧会	日本万国博覧会，大阪で開催（～9.13閉幕）。
1971	昭和	46	環境庁設置	環境庁設置（環境行政を一元化，林野庁所管だった狩猟及び鳥獣保護行政を環境庁に移管）。
1971	昭和	46	日本円の対ドル変動相場制へ移行	政府，日本円の対ドル変動相場制へ移行を決定。
1971	昭和	46	BHC剤の販売・使用全面的禁止	BHC剤の販売・使用全面的禁止。
1972	昭和	47	沖縄，日本に正式復帰	沖縄，日本に正式復帰（沖縄県復活・沖縄総合開発庁発足）。
1972	昭和	47	自然環境保全法公布	自然環境保全法公布。
1972	昭和	47	森林の公益的機能計量化調査	林野庁，森林の公益的機能計量化調査の中間報告を発表（水資源涵養・土砂流出防止・土砂崩壊防止・保健休養・野生鳥獣保護・酸素供給大気浄化の6機能合計約12兆8,200億円）。
1972	昭和	47	列島改造論などによる土地ブーム	1972年の地価公示価格公表（全国平均で前年より35.9%上昇，列島改造論などによる土地ブーム）。
1972	昭和	47	ローマクラブ「成長の限界」	ローマクラブが「成長の限界」で資源と環境に警告を発する。
1973	昭和	48	国連環境計画	国連環境計画（UNEP）発足。
1973	昭和	48	第1次オイルショック	第4次中東戦争勃発，世界的に石油供給不安（第1次オイルショック）の発端，買占め騒動起こる。
1973	昭和	48	木材価格が急騰	オイルショックが引き金になり木材価格が急騰，用材需要量1億2,000万m³・新設住宅着工190万5,000戸と史上最高を記録。
1974	昭和	49	「草刈り十字軍」	富士の森林ボランティアの草分け的存在「草刈り十字軍（下刈り十字軍）」，初の下刈り開始（この夏，山形大学・玉川大学生ら252人が富山県福光町などに入山，187 haの下刈実施，以後毎年実施）。
1975	昭和	50	入浜権宣言	「入浜権」が高砂市民によって宣言される。
1975	昭和	50	第5回全国自然保護大会，林道建設中止を求める決議採択	第5回全国自然保護大会（日光），南アルプス・スーパー林道建設中止を求める決議など採択。
1975	昭和	50	国有林事業の赤字化	国有林事業特別会計1974年度大幅赤字（損益計算上134億円の純損失，以後国有林の赤字は累増）。
1975	昭和	50	加治川水害訴訟一審判決	加治川水害訴訟一審裁判，原告一部勝訴。

資　料　編

1976	昭和	51	全国森林計画変更	全国森林計画変更（従来の全国一本を改め29流域に分け策定）。
1976	昭和	51	林業改善資金助成法公布	林業改善資金助成法公布（林業技術の改善・後継者の育成・間伐促進などのため無利子資金の融通）。
1976	昭和	51	大東水害訴訟一審判決	大東水害訴訟、一審住民側勝訴。
1977	昭和	52	「しれとこ100m²運動」	北海道斜里町長の藤谷豊氏、知床国立公園内の離谷跡地買上げ運動計画を発表（1区画100m² 8,000円で買ってもらい分筆・移転登記せず町が一括管理し植林する「しれとこ100m²運動」）。
1977	昭和	52	松くい虫防除特別措置法公布	松くい虫防除特別措置法公布（松くい虫防除のための薬剤空中散布などを規定、1982年3月31日までの時限立法）。
1977	昭和	52	漁業水域に関する暫定措置法	200海里漁業水域を設定。200海里体制に入る。
1978	昭和	53	森林組合法公布	森林組合法公布（森林法から森林組合制度を分離独立させ、共済事業を明文化）。
1978	昭和	53	長浜町「入浜権訴訟」判決	愛媛県長浜町住民「入浜権」で敗訴。
1979	昭和	54	森林総合整備事業	森林総合整備事業実施要綱を制定（造林事業を拡充、初めて下刈・除間伐に本格的補助。8.20実施地域250地域を指定）。
1979	昭和	54	カモシカの保護及び被害対策	ニホンカモシカによる幼齢林の被害増に対して、文化・環境・林野の3庁は「カモシカの保護及び被害対策について」合意に達し保護地域を指定、指定外地域での捕獲を認める。
1979	昭和	54	全国森林計画を変更	全国森林計画を変更（造林進度・広葉樹生産など見直し）。
1979	昭和	54	資源管理型漁業の提唱と推進	第2次オイルショック以降、200海里漁場の縮小、石油等の漁業用資材の高騰・魚価の低迷により日本漁業経営の悪化がその背景となる。
1979	昭和	54	第2次オイルショック	第2次オイルショック、卸売物価年間上昇率17.5％・輸入物価同72.8％で過去最高、企業倒産件数1万603件。
1980	昭和	55	ラムサール条約	ラムサール条約、日本について発効。
1981	昭和	56	臨時行政調査会	臨時行政調査会初会合（第2次臨調、会長土光敏夫）。
1982	昭和	57	松くい虫被害対策特別措置法	松くい虫防除特別措置法改正公布（松くい虫被害対策特別措置法と改題、特別伐倒駆除などを柱に期限5カ年で終息を目指す）。
1982	昭和	57	森林浴構想を発表	林野庁、森林浴構想を発表（樹木が発散する殺菌物質フィトンチッドの効能に着目、以後「森林浴」の語急速に広まる）。
1982	昭和	57	「森林・林業政策について―21世紀への展望」を公表	日本経済調査会、初の提言「森林・林業政策について―21世紀への展望」を公表（国有林の民営化など）。
1982	昭和	57	長良川水害訴訟（安八）一審判決	長良川水害訴訟（安八町）一審判決、住民側勝訴。
1983	昭和	58	緑化推進連絡会議設置	総理府に緑化推進連絡会議設置（関係省庁の連絡調整を行う、閣議決定により設置）。
1983	昭和	58	分収育林制度・森林整備法人の法制化	分収造林特別措置法改正公布（分収特別措置法と改題、分収育林制度の創設・森林整備法人の法制化）。
1984	昭和	59	割り箸論争	「朝日新聞」が割り箸問題で企画記事、割り箸論争が起こる。
1984	昭和	59	国有林の分収育林制度	林野庁、国有林の分収育林制の創設に伴い、全国10営林局33カ所・198ha（募集口数808口・1口50万円）で分収契約者を一般から初めて公募。
1984	昭和	59	大東水害訴訟最高裁判決	大東水害訴訟、最高裁二審差し戻し（住民側事実上の敗訴）。
1984	昭和	59	長良川水害訴訟（墨俣）一審判決	長良川水害訴訟（墨俣）一審判決、住民側敗訴。
1985	昭和	60	国際熱帯木材機関設立	国際熱帯木材機関（ITTO）設立。
1985	昭和	60	プラザ合意	先進5カ国蔵相会議、ドル高是正のため協調介入を決定。
1987	昭和	62	森林法第186条の違憲判決	最高裁、共有林の分割請求を制限した森林法第186条は、憲法第29条違反と判決。
1987	昭和	62	総合保養地域整備法公布	総合保養地域整備法（リゾート法）公布。

日本の山野海川に関する年表

1988	昭和	63	「緑と水の森林基金」創設	国土緑推が(社)国土緑化推進機構に改組(同機構内に「緑と水の森林基金」〔目標5年間で200億円〕創設)。
1989	平成	元	農林水産省によるため池調査実施	全国に21万3,893のため池が分布(所有者・管理者ともに集落または申し合わせ組合が多数。ため池数では兵庫県が5万3,100で第1位。以下、2万998の広島、1万6,158の香川が続く)。
1989	平成	元	白木漁協最高裁判決	最高裁は、「共同漁業権は入会権的性格を失い、組合員の権利は、その地位にもとづく社員権的権利」と判示。
1991	平成	3	認可地縁団体―地方自治法改正	地方自治法の改正(第260条の2)に伴い、地縁団体が法人格を得ることが可能となる。
1991	平成	3	里道調査	1991～1992年:総面積が879平方km、総延長は約49万km。
1995	平成	7	長良川河口堰運用開始	長良川河口堰の運用が始まる。
1997	平成	9	河川法改正	河川整備計画について定めた第16条で「関係住民の意見を反映させるために必要な措置」を採ることを明記。
1998	平成	10	漁業協同組合合併助成法の改正	法律名称が「漁業協同組合合併促進法」へ改正。
1998	平成	10	地方分権推進計画の閣議決定	法定外公共物を市町村へ譲与し、管理を自治事務するものとし、機能を喪失しているものについては、国が直接管理を行うものとした。結果、2005年3月末までにすべて市町村に譲与。
1999	平成	11	「地方分権の推進を図るための関係法律の整備等に関する法律」が閣議決定(2000年施行)	従来、国の事務が都道府県知事に委任された機関委任事務であった漁業権設定免許などの事務が、都道府県の自治事務となる。
1999	平成	11	食料・農業・農村基本法公布(同日施行)	農業基本法は廃止。
2000	平成	12	地方分権一括法施行	国有財産だった里道は市町村に管理を移譲。
2000	平成	12	平成の市町村合併の推進	根拠法は、1995年の市町村合併特例法改正。
2001	平成	13	淀川水系流域委員会設立	河川法改正を受けて、淀川水系流域委員会が近畿地方整備局によって設立される。
2001	平成	13	水産基本法制定	沿岸漁業等振興法に替わるものであり、その理念の具体化のために、漁業法の改正が実施。
2001	平成	13	森林・林業基本法	林業基本法(昭和39年)の改正。森林の多面的機能が重要視される。

(引用参考文献)
　泉留維「里道が担う共的領域――地域資源としてのフットパスの可能性」(本書第2章)三俣学・菅豊・井上真編著『ローカル・コモンズの可能性――自治と環境の新たな関係』ミネルヴァ書房、2010年、38-63頁。
　高橋裕『現代日本土木史』彰国社、1990年。
　玉城哲・旗手勲・今村奈良臣『水利の社会構造』国際連合大学、1984年。
　田平紀男「日本漁業法小史――漁業法準備期を中心として」『鹿児島大学法学論集』第39巻(2)、2005年、105-120頁。
　日本林業調査会編『日本の森と木と人の歴史:総合年表』日本林業調査会、1997年。
　寳金敏明『里道・水路・海浜――長狭物の所有と管理(新訂版)』ぎょうせい、2003年。
　三俣学・森元早苗・室田武編『コモンズ研究のフロンティア――山野海川の共的世界』東京大学出版会、2008年。
　室田武「山野海川の共的世界　現行法制から見る日本のコモンズ」室田武編著『グローバル時代のローカル・コモンズ』ミネルヴァ書房、2009年、26-51頁。
　渡辺尚志・五味文彦編『土地所有史』山川出版社、2002年。
(参考ウェブサイト)
　長良川河口堰公式ウェブサイト　http://www.gix.or.jp/~naga02/nagara/japanese/indexj.htm(2010年2月26日アクセス)
　淀川水系流域委員会ウェブサイト　http://www.yodoriver.org/ (2010年2月26日アクセス)
(年表作成)　三輪大介・大野智彦・三俣学・菅豊・井上真。

リーディングリスト

1 コモンズ関連著書
○経済学・環境経済学分野からのアプローチ
室田武（1979）『エネルギーとエントロピーの経済学』東洋経済新報社
　　多辺田政弘の『コモンズの経済学』の着想の原点にもなった室田の「共的世界」がエントロピー論的考察および民俗学などの文献考証から導出されている。
多辺田政弘（1990）『コモンズの経済学』学陽書房
　　井上真をはじめ近年のコモンズ論の興隆のきっかけをつくった秀作であり必読書。非代替的性格を持つコモンズを商品化し破壊してきた近代の仕組みをわかりやすく解説。
宇沢弘文（1994）『社会的共通資本——コモンズと都市』東京大学出版会
　　社会的共通資本の概念に包含されるものとしてコモンズをとらえ，その重要性を説いた著作。日本の入会をはじめ，英国，スリランカなど海外のコモンズについても解説。
中村尚司・鶴見良行編（1995）『コモンズの海』学陽書房
　　晩年の玉野井芳郎の見た沖縄の海をコモンズととらえ，その現代的意義を問う彼の志を継いた中村尚司や鶴見良行により出版された著作。海のコモンズに関する必読文献の一つ。
熊本一規（2000）『公共事業はどこが間違っているのか？——コモンズ行動学入門』まな出版企画
　　入会権・漁業権・水利権をQ&A方式でわかりやすく解説。これらの権利を学び，公共事業や乱開発の抑止に向けてどのように行動しうるかを解説。
室田武・三俣（2004）『入会林野とコモンズ』日本評論社
　　入会林野の現代的意義・課題を法制史分析やフィールドワークを中心に論じる一方，イングランド・ウェールズにおけるcommonsの史的展開を概観。
藪田雅弘（2004）『コモンプールの公共政策』新評論

海外の研究と特に接点をもたせる形で，コモン・プール資源の最適な管理を経済学の視点から分析。

松下和夫編（2007）『環境ガバナンス編』京都大学学術出版会
　特に第一章，松下・大野「環境ガバナンスの新展開」では，コモンズ論，社会関係資本論，環境ガバナンス論の関係性が手際よくまとめられている。

三俣学・森元早苗・室田武編（2008）『コモンズ研究のフロンティア──山野海川の共的世界』東京大学出版会
　コモンズの「開閉」に着目して進めた続『入会林野とコモンズ』研究。多様なコモンズの様相を描くとともに，資源の性質に着眼した制度構築の必要性を開閉論から指摘。

室田武編（2009）『グローバル時代のローカル・コモンズ』ミネルヴァ書房
　特定領域科研・「持続可能な発展の重層的環境ガバナンス」のうち「グローバル時代のコモンズ管理」班（代表：室田武）の中間成果報告。環境保全の原点としての地域社会の自然資源を活かす環境ガバナンスを最新の理論と現場の実態分析から考察。

○法学・法社会学分野からのアプローチ

平松紘（1995）『イギリス環境法の基礎研究──コモンズの史的変容とオープン・スペースの展開』敬文堂
　法社会学的アプローチからコモンズ論に踏み込んだ著作。英国のコモンズがオープン・スペース化していく変容過程のなかに，後に平松が展開する自然共用制の利を見る。

鈴木龍也・富野暉一郎編（2006）『コモンズ論再考』晃洋書房
　法学分野から本格的にコモンズ論に応答した著作。コモンズ論の批判的検討を通じ，所有論や国家論の重要性を説き，真なる公共部門の役割の構築を模索すべきと論じる。

小畑清剛（2009）『コモンズと環境訴訟の再定位──法的人間像からの探求』法律文化社
　「人間・裁判・言葉の観点からコモンズに切りこむ試み」（229頁）を主題として，公害訴訟からコモンズの意義や役割を読み解き，単線的な法的人間像ではなく柔軟で複眼的な法的人間像の必要性を説く。

資料編

○林政学・環境社会学分野からのアプローチ

井上真（1995）『焼畑と熱帯林——カリマンタンの伝統的焼畑システムの変容』弘文堂

 海外のコモンズ論の展開もフォローしつつ，カリマンタンの焼畑からコモンズの重要性を論じる。多辺田（1990）以降，本格的コモンズ研究の再興隆を感じさせる著作。

井上真・宮内泰介編（2000）『コモンズの社会学』新曜社

 国内外のコモンズ論の展開を整理し，日本と熱帯地域の現場に立ち，環境破壊の危機的状況を詳述するとともに，地元住民を主体とする利用・管理を説いた著作。

井上真（2004）『コモンズの思想を求めて』岩波書店

 コモンズを現実にどのように活かしていくのか。その答えとして「開かれた地元主義」と「かかわり主義」とを軸とする「協治」を提示した井上真による著書。

北尾邦伸（2005）『森林社会デザイン学序説』日本林業調査会

 市場にも官僚的管理にもなじまない森林資源はコモンズ的性格を持つとし，それを市民共同体的なコモンズとして市場に埋め戻すべきと論じた著作。

関良基（2005）『複雑適応系における熱帯林の再生——違法伐採から持続可能な林業へ』御茶の水書房

 フィリピンの伐採フロンティアのフィールドを事例に，既成理論の安易な現場への適用に警鐘を鳴らす意欲的作品。

宮内泰介（2006）『コモンズをささえるしくみ——レジティマシーの環境社会学』新曜社

 所有，公共性などの近代の概念では包摂されきらないコモンズの世界。そのレジティマシー（正統性）を支えるものが何かを理論化しようとした著作。

井上真編（2008）『コモンズ論の挑戦』新曜社

 コモンズ論の源流から最前線までを概観。環境ガバナンス論や社会関係資本論などとの接点を探り，今後の共同的資源管理の方向性を打ち出した著作。

○生態人類・民族・民俗分野からのアプローチ

秋道智彌（1999）『なわばりの文化史』小学館ライブラリー

 環境資源の枯渇や汚染等の危機に瀕する私たちの社会の進むべき道を，伝統的

なコモンズに内在するしきたり（ルール）を詳述することによって明らかにした著作。
秋道智彌編（1999）『自然はだれのものか――'コモンズの悲劇' を超えて』昭和堂
自然は誰のものか。共有（共用）資源とそれをめぐる人間社会の変容過程に迫ることで，この問いに答えようとした著作。
秋道智彌（2004）『コモンズの人類学』人文書院
コモンズの変容過程に着眼し，カミのいるコモンズ空間の重要性を論じる。長年のフィールド調査に裏打ちされた人類学の第一人者によるコモンズ論。
菅豊（2006）『川は誰のものか――人と環境の民俗学』吉川弘文館
新潟県の小河川を題材に，コモンズ論における最新の議論（レジティマシー，公共性）を踏まえ，300年にわたる川のコモンズ的世界の生成と変容過程を描き出した。著者の20数年来のフィールド調査の結晶。
秋道智彌編（2007）『資源人類学　資源とコモンズ』弘文堂
人類学の視点に立ち，コモンズの利用実態を入念な現場での調査を軸に，人，野生生物，土地，共同体など，多様な角度から描き出した作品。

○地理学分野からのアプローチ
池俊介（2006）『村落共有空間の観光的利用』風間書房
近世以降を生き抜いてきた村落共有の空間の現代的意義と，地域社会の持続的な発展のための利用のあり方を探った地理学者のコモンズ関連著書。

2　その他の参考になる著書・論文・エッセイ

林業経済学会編（1989）『林業経済研究』No.116
入会の現代的意義や課題を検討した同学会の特集号。「コモンズ」という言葉こそ出てこないが，コモンズ研究にたいへん示唆を与える特集。
嘉田由紀子（1997）「生活実践からつむぎだされる重層的所有観――余呉湖周辺の共有資源の利用と所有」『環境社会学研究』第3号 Vol.3, 72-85頁
重層的な所有観に支えられ守られてきた環境資源の利用のしきたりや管理方法を滋賀県北部の余呉湖の事例から描き出した論考。
環境社会学会編（1997）『環境社会学研究』新曜社
多辺田の『コモンズの経済学』以降，コモンズ研究の本格的再興の口火を切る

資料編

契機となった環境社会学会によるコモンズ論特集。

三井昭二（1997）「森林から見るコモンズと流域——その歴史と現代的展望」『環境社会学研究』Vol.3，33-46頁

　森林コモンズの歴史的展開をレビューしその意義と課題に触れつつ，新しいコモンズの可能性を複数の事例から導出した論考。

篠原徹編（1998）『民俗の技術』朝倉書店

　日本各地のフィールドワークを通じ，マイナーサブシステンスなどの概念などを紹介しつつ，人間の自然を利用し管理する技術が，詳細に描かれた著作。

楜澤能生（1998）「共同体・自然・所有と法社会学」日本法社会学会編『法社会学の新地平』有斐閣，182-193頁

　エコロジーの現代的課題に接近することで，共同体や所有などの伝統的な社会科学のテーマの活性化を法社会学の重要なテーマと位置づけた論考。

平松紘（1999）『イギリス緑の庶民物語——もうひとつの自然環境保全史』明石書店

　『イギリス環境法の基礎研究』では触れられていない北欧諸国で見られる万人権など，人と自然の多用な関係性を法社会学的な視点から描き出した著作。

多辺田政弘（2000）「コモンズ論——沖縄で玉野井芳郎が見たもの」エントロピー学会編『「循環型社会」を問う』藤原書店，244-264頁

　著者自身のコモンズ論への思考の遍歴を振り返るとともに，玉野井のコモンズへの着想が，イリイチやポランニーとの交流のなかで育まれたものであることを論じた論考。

間宮陽介（2002）「環境資源とコモンズ」佐和隆光・植田和弘編『環境の経済理論』（岩波講座環境経済・政策学第1巻）岩波書店，181-208頁

　小繋事件を丹念にレビューし，法学上の議論にも触れつつ，社会的共通資本論から市場とコモンズの関係性にまで論点を広げて，現代の入会・コモンズの意義を問うた力作。

菅豊（2004）「平準化システムとしての新しい総有論の試み」寺嶋秀明編『平等と不平等をめぐる人類学的研究』ナカニシヤ出版，240-273頁

　総有の現代的意義を積極的には評価しなかった法学者と新たな意義を見出そうとした非法学者の間の対話不在を指摘。総有論の新しい課題をコモンズ研究の視点から提示。

リーディングリスト

関東弁護士会連合会編（2005）『里山保全の法制度・政策』創森社
　　コモンズに関する法学領域からのアプローチの視点を踏まえ，里山の活動保全について，より具体的な提案等を行った弁護士連合会の著作。
財政と公共政策編（2005）「特集シンポジウム　コモンズの現代的意義と課題」『財政と公共政策』『財政と公共政策』第27巻第2号，財政学研究会，16-26頁
　　財政学研究会におけるコモンズの特集シンポジウムの記録を所収した論考。（司会：植田和弘，基調講演：間宮陽介，パネリスト：秋道智彌・森晶寿・三俣学）
三浦耕吉郎（2005）「環境のヘゲモニーと構造的差別」『環境社会学研究』第11号，39-51頁
　　コモンズがもつ不平等性，差別性を指摘し，そのコモンズにプラスの価値を見出そうとするコモンズ論者が，無意識に「構造的差別」を生じさせていることを痛烈に批判。
三俣学・室田武（2005）「環境資源の入会利用・管理に関する日英比較」『国立歴史民俗学博物館研究報告』第123集，253-323頁
　　日英の入会・コモンズ比較を行った論文。開いた形のコモンズ・閉じた形のコモンズにはそれぞれ歴史的・文化的・経済的背景があり，動的に把握する必要性を指摘した論考。
諸富徹（2006）「環境・福祉・社会関係資本――途上国の持続可能な発展に向けて」『思想』岩波書店，No.983，65-81頁
　　社会関係資本が環境や福祉に資することを最新の研究成果を駆使しながら論じた意欲的論考。コモンズを機能させるメカニズムを社会関係資本から描く。
中日本入会林野研究会（2006）『中日本入会林野研究会会報』第26号
　　高まる近年のコモンズ研究を受けて組まれたコモンズを特集した研究会報。広域コモンズに対し，法律的な問題点や課題にも言及。
半田良一（2006）「入会集団・自治組織・そしてコモンズ」中日本入会林野研究会編『中日本入会林野研究会会報』第26号，6-22頁
　　伝統的林学から見たコモンズ論に対し言及した論考。伝統的な入会を開く限界を説き，広域コモンズ（新しい「開かれた」コモンズ）の利を説く。
早稲田大学21世紀COE≪企業法制と法創造≫総合研究所『基本的法概念のクリティーク』研究会編（2007）『コモンズ・所有・新しいシステムの可能性――小繋

資 料 編

事件が問いかけるもの:シンポジウム記録報告書』
　　入会権を語る上で避けて通れない小繋事件を題材に企画されたシンポジウムの
　　報告書。法学領域とコモンズ論との対話を深める一つの契機をつくった。
菅豊(2009)「川が結ぶ人々の暮らし——'里川'に込められた多様な価値」湯川
洋司・福澤昭司・菅豊編『日本の民俗2　山と川』吉川弘文館
　　里川としての河川の性質を自らのフィールド調査を通じて生き生きと描き出し
　　た秀作。
高村学人(2009)「コモンズ研究のための法概念の再定位——社会諸科学との協働
を志向して」『社会科学研究』第60巻第5・6号,81-116頁
　　法社会学からのコモンズ論を展開。特に都市空間におけるコモンズ概念の適用
　　の必要性を説くとともに,コモンズの維持・創出に向けた法の役割を具体的に
　　検討。
山田奨治編(2010)『コモンズと文化』東京堂出版
　　時空を越えて拡散する文化について,海外の文化コモンズ論にも言及しながら
　　幅広く文化の共有について論じられている。

3　洋文献

McCay, B. J. and J. M. Acheson (1987) *The Question of the Commons: The Culture and Ecology of Communal Resources*, Tucson, University of Arizona Press.
　　アメリカ・メーン州におけるロブスター漁業などを事例とし,ハーディンの
　　「悲劇」モデルや,その後,同モデルを元に「悲劇」を主張する多くの経済学
　　者に真っ向から反論。
Berkes, F. ed. (1989) Common Property Resources, *Ecology and Community-based Sustainable Development*, London: Belhaven Press.
　　共有的資源の抱える問題,多様に使われる共有的資源という語の定義,および
　　共有資源管理体制の概念規定を行い,それを踏まえ,森林,牧草地,野生生物,
　　漁業,水管理など数多くの事例から考察し,共有的資源管理におけるコミュニ
　　ティの役割と重要性を主張。
Ostrom, E. (1990) *Governing the Commons*, Cambridge UK: Cambridge University Press.
　　2009年にオストロムがノーベル経済学・社会科学賞を受賞した著作。一連の

『コモンズの悲劇』批判をより社会科学の関心事（集合行為論，ゲーム理論における囚人のジレンマ問題，公共選択論等）にひきつけた形で明示。

Feeny, D., F. Berkes, B. McCay and J. M. Acheson (1990) "The Tragedy of the Commons: Twenty-Two Years Later", *Human Ecology*, 18 (1), pp. 1-19.

所有権制度について全地球的に総覧し，いかなる所有制度も有効な資源管理につながる可能性を持つため，ハーディンのシナリオのような過度に単純化された図式ではなく，多様な文化的，社会的要素を取り込んで分析すべきであると主張。

Bromley, D. W., D. Feeny, M. McKean, P. Peters, J. Gilles, R. Oakerson, F. Runge and J. Thomson eds. (1992) *Making the Commons Work: Theory, Practice, and Policy*, San Francisco, ICS Press.

代表編者は経済学者のダニエル・ブロムリー。コモンズの可能性を早くから指摘していた経済学者。16名の執筆者のうちマーガレット・マッキーンが日本の江戸期における入会研究を紹介。共有資源管理制度に関する研究の方法論に関する評価などが議論されている。

Berkes, F. and C. Folke eds. (1998) *Linking Social and Ecological Systems. Management Practices and Social Mechanisms for Building Resilience*, Cambridge UK, Cambridge University Press.

グローバルな価値として疑われることのない西洋科学に対抗して，マイノリティである北方先住民の生態知識のなかに潜在する，自然資源利用の在地的なあり方，「土着知識（indigenous knowledge）」，「在地知識（local knowledge）」などを重視し，伝統的生態知識から資源管理の方策を考え，その潜在能力を近代的なエコロジーや資源管理に応用。

Baden J. A. and D. S. Noonan eds. (1998) *Managing the Commons*, Bloomington and Indianapolis, Indiana University Press.

ハーディンの「コモンズの悲劇」をはじめ，資源経済学の基礎をなすスコット・ゴードンの議論，オルソンの集合行為論などの古典だけでなく，オストロムらによるコモンズ再評価とその方向性について複数の著者が議論を展開。

Gibson, C. C., M. McKean and E. Ostrom eds. (2000) *People and Forests: Communities, Institutions, and Governance*, Massachusetts, The MIT Press.

世界に森林のリサーチ拠点を設け，膨大なデータを統一的な手法に基づいて蓄

積してきた IFRI (International Forestry Resources Institutions) のギブソン，マッキーン，オストロムらが編者となってまとめた森林コモンズに関する著作。

Ostrom, E. et al. eds. (2002) *The Drama of the Commons : Committee of the Human Dimensions of Global Change*, Washington, D. C., National Academy Press.

北米コモンズ研究の集大成。2002年までのコモンズ研究史がまとめられている。オストロム (1990) 以降，蓄積されてきた設計原理に関する知見の変遷をまとめ直す一方，重層性に着眼した環境ガバナンス論に通ずる議論も展開。

Ostrom, E. and T. K. Ahn eds. (2003) *Foundations of Social Capital*, Cheltenham, Edgar Elgar.

オストロムがアーンとともに，題名にふさわしく社会関係資本論に関する重要論考を収集した重厚な内容の著作。コモンズ論との接点も多い。

(以上，作成) 三俣学・菅豊・井上真

4 マーガレット・マッキーン氏推奨の海外論文および図書
○コモンズの所有権に関する経済理論の文献

Alchian, Armen, and Harold Demsetz (1973) "The Property Right Paradigm", *Journal of Economic History* (33 : 1, March), pp. 16-27 (10 pp).

Anderson, Terry L. and Peter J. Hill (1975) "The Evolution of Property Rights : A Study of the American West", *Journal of Law and Economics* (18 : 1, April), pp. 163-179.

Buchanan, James M. (1968) *The Demand and Supply of Public Goods*, Chicago : Rand McNally.

Commons, John R. (1934) *Institutional Economics*, New York : Macmillan.

Demsetz, Harold (1967) "Toward A Theory of Property Rights", *American Economic Review* (57 : 2, May), pp. 347-359.

Gordon, H. Scott (1954) "The Economic Theory of a Common Property Resource : The Fishery", *Journal of Political Economy* (62 : 2, April), pp. 124-142.

Hardin, Garrett (1968) "The Tragedy of the Commons", *Science* (162 : 3859, 13 December), pp. 1243-1248.

リーディングリスト

Libecap, Gary D. (1989, 1993, 1994) *Contracting for Property Rights*, Cambridge University Press.

Lloyd, William Forster (1833) *Two Lectures on the Checks to Population*, Oxford.

Scott, Anthony (1955), "The Fishery: The Objectives of Sole Ownership", *Journal Of Political Economy* 63 (2, April), pp. 116-124.

○協力とゲーム理論（特に環境の協力ゲームについて）に関する文献

Axelrod, Robert (1984) *The Evolution of Cooperation*, New York: Basic Books.

Axelrod, Robert (1986) "An Evolutionary Approach to Norms", *American Political Science Review* (80:4, December), pp. 1095-1111.

Hardin, Russell (1982) *Collective Action*, Baltimore: Johns Hopkins University Press for Resources for the Future.

Olson, Mancur (1965) *The Logic of Collective Action: Public Goods and the Theory of Groups*, Cambridge: Harvard University Press.

Ostrom, Elinor (1992) "Covenants With and Without a Sword: Self-Governance is Possible", *American Political Science Review* (86:2, June), pp. 404-417.

Taylor, Michael (1987) *The Possibility of Cooperation*, Cambridge and New York: Cambridge University Press.

○社会関係資本（Social Capital）に関する文献

Putnam, Robert (2000) *Bowling Alone: The Collapse and Revival of American Community*, Simon and Schuster.

○自然資源の共的制度に関する文献

Agrawal, Arun (1999) *Greener Pasteres: Politics, Markets, and Community among a Migrant Pastoral People*, Duke University Press.

Agrawal, Arun (2005) *Environmentality: Technologies of Government and the Making of Subjects*, Duke University Presss.

Agrawal, Arun and Ashwini Chhatre (2006) "Explaining Success on the Commons: Community Forest Governance in the Indian Himalaya", *World Development* (34:1), pp. 149-166.

資料編

Baland, Jean-Marie And Jean-Philippe Platteau (1996) *Halting Degradation of Natural Resources: Is There A Role For Rural Communities?*, Food And Agricultural Organization of The United Nations.

Berkes, Fikret and Carl Folke editors (1998) *Linking Social and Ecological Systems. Management Practices and Social Mechanisms for Building Resilience*, Cambridge University Press.

Berkes, Fikret (2007) *Adaptive Co-Management: Collaboration, Learning, and Multi-level Governance (Sustainability and the Environment)*, University of British Columbia Press.

Bromley, Daniel W. and Michael M. Cernea (1989) "The Management of Common Property Natural Resources: Some Conceptual and Operational Fallacies", World Bank Discussion Papers 57.

Bromley, Daniel W. (1991) *Environment and Economy: Property Rights and Public Policy* (Basil Blackwell).

Chhatre, Ashwini, Arun Agrawal and Rebecca Hardin (2009) "Changing Governance of the World's Forests", *Science* (380:13 June), pp.1460-1462.

Chhatre, Ashwini and Arun Agrawal (2008) "Forest Commons and Local Enforcement", *Proceedings of the National Academy of Science* (105:36, 9 September), pp.13286-13291.

Dagan, Hanoch and Michael Heller (2001) "The Liberal Commons", *The Yale Law Journal* (110:4, January), pp.549-623.

Dahlman, Carl (1980) *The Open Field System and Beyond; A Property Rights Analysis of An Economic Institution*, Cambridge: Cambridge University Press.

Feeny, David, Fikret Berkes, Bonnie J. McCay and James M. Acheson (1990) "The Tragedy of the Commons: Twenty-Two Years Later", *Human Ecology* (18:1), pp.1-19.

Gordon, H. Scott (1954) "The Economic Theory of a Common-Property Resource: The Fishery", *Journal Of Political Economy* 62 (2 April): pp.124-142.

Heller, Michael (1998) "The Tragedy of the Anticommons: Property in the

リーディングリスト

Transition from Marx to Markets", *Harvard Law Review* (111 : 3, January), pp. 621-688.

Jodha, Narpat S. (1986) "Common Property Resources and Rural Poor in Dry Regions in India", *Economic and Political Weekly* (21 : 27), pp. 1169-1181.

McKean, Margaret (1992) "Management of Traditional Common Lands (Iriaichi) in Japan", pp. 63-98 in *Making the Commons Work : Theoretical, Historical, And Contemporary Studies*, co-edited by (in alphabetical order) Daniel Bromley, David Feeny, Jere Gilles, Margaret McKean, Ronald Oakerson, Elinor Ostrom, Pauline Peters, C. Ford Runge and James Thomson, San Francisco : Institute of Contemporary Studies.

McKean, Margaret (1992) "Success on the Commons : A Comparative Examination of PRIVATE Institutions for Common Property Resource Management", *Journal Of Theoretical Politics* (4 : 3, July), pp. 247-281.

McKean, Margaret (2000) "Common Property : What Is It, What Is It Good For, And What Makes It Work?", pp. 27-55 in Clark Gibson, Margaret McKean and Elinor Ostrom editors, *People and Forests : Communities, Institutions, and Governance*, MIT Press.

Netting, Robert Mcc. (1981) *Balancing on An Alp : Ecological Change And Continuity in a Swiss mountain community*, Cambridge : Cambridge University Press.

Oakerson, Ronald (1992) "Analyzing the Commons : a Framework", pp. 41-59 in *Making the Commons Work : Theoretical, Historical, And Contemporary Studies*, co-edited by (in alphabetical order) Bromley, Daniel, David Feeny, Jere Gilles, Margaret McKean, Ronald Oakerson, Elinor Ostrom, Pauline Peters, C. Ford Runge and James Thomson, San Francisco : Institute of Contemporary Studies.

Ostrom, Elinor (1990) *Governing the Commons : The Evolution of Institutions for Collective Action*, Cambridge : Cambridge University Press.

Ostrom, Elinor, Roy Gardner and James Walker editors (1994) *Rules Games, and Common-Pool Resources*, Ann Arbor : University of Michigan Press.

Schlager, Edella and Elinor Ostrom (1992) "Property Right Paradigms and Natural Resources: A Conceptual Analysis", *Land Economics* (68:3, August), pp. 249-262.

Wade, Robert (1988) *Village Republics: Economic Conditions For Collective Action In South India*, Cambridge: Cambridge University Press.

○情報コモンズの共的制度に関する文献

Benkler, Yochai (2002) "Coase's Penguin, or, Linux and The Nature of the Firm", *The Yale Law Journal* (112:3, December), pp. 369-446.

Benkler, Yochai (2003) "Through The Looking Glass: Alice And The Constitutional Foundations Of The Public Domain", *Law and Contemporary Problems*, Duke University Law School, (66:1&2, Winter/Spring), pp. 173-224.

Benkler, Yochai (2004) "Sharing Nicely: On Shareable Goods and the Emergence of Sharing as a Modality of Economic Production", *Yale Law Journal* (114:2, November), pp. 273-358.

Boyle, James (1997) *Shamans, Software and Spleens: Law and the Construction of the Information Society*, Harvard University Press.

Boyle, James (2001) "Foreword: The Opposite of Property?", *Law and Contemporary Problems*, Duke University Law School, (66:1&2, Winter/Spring), pp. 1-32.

Boyle, James (2010) *The Public Domain: Enclosing the Commons of the Mind* (Yale University Press).

Hess, Charlotte and Elinor Ostrom (2003) "Ideas, Artifacts, and Facilities: Information as a Common-Pool Resource", in *Law and Contemporary Problems*, Duke University Law School, (66:1&2, Winter/Spring), pp. 111-145.

Lessig, Larry (2001) *The Future of Ideas: The Fate of the Commons in a Connected World*, Random House.

「協治」論の新展開:あとがきに代えて

　本書は特定領域研究「持続可能な発展の重層的環境ガバナンス」(代表:植田和弘) のなかの通称ローカル・コモンズ班「グローバル時代のローカル・コモンズの管理」(代表:室田武) としての中間成果の一つである。私たちが姉本と呼んでいるプロジェクトとしての正式な中間報告 (室田武編著『グローバル時代のローカル・コモンズ』ミネルヴァ書房, 2009年) の企画過程で, 若手研究者の充実したフィールドワークの成果を活かす道を探った結果, 私たちが妹本と呼んで可愛がってきた本書が副産物として誕生したのである。
　共編者である「がくやん」(三俣さん) は気鋭の環境経済学者, 「ゆたさん」(菅さん) は博学の民俗学者である。ハイブリッド・アプローチや異分野交流を掲げてきた「まこさん」(井上) としては願ってもない共同作業であった。共同執筆した章の執筆過程のみならず, すべての章へのコメントについても3人でメールを通して, また面と向かって, 楽しく, かつ厳しく意見を出し合うことができた。それにしても, 「ゆたさん」がたたき台を執筆した序章も, 「がくやん」がたたき台を執筆した終章も, われわれ3人の意向がぴったりと合ったのには驚いた。経済学と民俗学, それに林学と, 出自は違うにもかかわらず……。このような素晴らしい2人と共同作業できた幸せを胸に, 2人から学ばせていただいたことを今後に活かしたいと思う。
　さて, 私が協治論を世に問うて (井上真『コモンズの思想を求めて——カリマンタンの森で考える』岩波書店, 2004年) から5年が経った。この5年間は「協治」という考え方に対してさまざまな意見が寄せられた。賛同の意見はさておき, 批判的な意見の多くは私の意図する「協治」の内容が十分に伝えきれていなかったため生じたズレによるものであった。そのギャップを少しでも埋めようと思って執筆したのが姉本に掲載された論文である (井上真「自然資源『協治」

の設計指針——ローカルからグローバルへ」室田，前掲書，3-25頁)。

　それでもまだ不十分であったことを，2009年12月19～21日に京都で開催されたローカル・コモンズ班の合宿研究会での議論でも感じた。もともと私は「協治」戦略を，「ローカル化戦略」(地元主体，閉じる傾向)と「グローバル化戦略」(NGO/NPO主体，開く傾向)を折衷する「グローカル化戦略」として提示した。そして，実践の世界では地域によって適用される戦略が異なり，広く見ると三つの戦略がモザイク状に共存することになるだろうと想定していた（井上真「巻頭言：三つの戦略」『LOCAL COMMONS』第2号，2007年)。しかし，どうやら「協治」という語感からむしろ多くの人は私のいうところの「グローバル化戦略」をイメージしてしまったように見受けられる。「協治によって外部者が入ってくると結局は権力を握られてしまうのではないか」といった意見は，私のいう「グローバル化戦略」をとったときに生じる問題である。一方で，「外部者との協力ばかりを勧めるのではなく，拒否することも必要なのではないか」という意見は，私のいう「ローカル化戦略」をとることを意味する。「協治」論に対して多くの人たちが感じた違和感は，実は私がすでに示してきた三つの戦略の組み合わせで解決できることなのに……，という慚愧たる思いが募っていった。

　本書執筆過程での議論および先の京都合宿での議論によって，やっとこの無念さから抜け出すことができそうだ。用語をもっとわかりやすくすればよいのである。ローカル・コモンズ班での議論で出てきたのは，「ローカル化戦略」を「抵抗戦略」と呼び，「グローバル化戦略」を「対応（適応）戦略」と呼ぶ。そして，その両者の間に「協治戦略」を位置づけるというものである。「抵抗戦略」において地元の人々は外部者のかかわりを排除し拒否する。「対応（適応）戦略」では，外部者からの働きかけに応じて地元が動く。そして，「協治戦略」では，「開かれた地元主義」に則って外部者のかかわりを受け入れ，「応関原則」によって深くコミットする人を尊重する。ただし，外部者の発言力の合計は50％未満に抑えられる。なぜならば，これが50％を超えた時点でもはや「協治戦略」ではなくて，「対応（適応）戦略」になるからである。

　このように考えると，「協治戦略」は，制限つき「対応（適応）戦略」であ

り，かつ部分的「抵抗戦略」であることがわかる。つまり，敵に対しては抵抗しつつ，味方とは協力・協働するのだ。そして，「協治」はそもそも制限つきであるとはいえ外部者への「対応」を前提としているので，むしろ部分的「抵抗」の側面を前面に出して説明するとわかりやすくなる。このような理由により，本書の終章では「協治と抵抗の補完戦略」という表現に落ち着いたのである。このような議論によって「協治」論が新たな展開に入ったと思う。これも本書の執筆者をはじめとするローカル・コモンズ班の皆さんのおかげである。

ところで，コモンズ論をリードしてきたオストロム氏が2009年のノーベル経済学賞を受賞した。これによって，今後のコモンズ論の深化速度が早まる可能性がある。私たち日本人がもっと世界に対してコモンズ論の成果を発信することを期待したいし，自分でもその努力をしたい。そのプレリュードにふさわしい「協働」も本書で実現しつつあることを付記しておこう。本書の資料編に所収されている海外のコモンズ研究の系譜表は，M・マッキーン氏自らが作成してくださったものである。これは，本班の研究水準の国際的評価を問う目的で企画されたシンポジウム（『コモンズ研究の新展開：成果と展望』2009年12月12日：京都）で彼女が来日した際，その予備日を利用し同志社大学の一室で三俣さんとの協働で実現したものである。マッキーンさんに改めてお礼申し上げたい。

また，資料編作成にあたり，三輪大介さん（兵庫県立大学大学院経済学研究科後期博士課程）および大野智彦さん（阪南大学経済学部）には多大なる協力を頂いた。記して感謝したい。

最後になるが，ローカル・コモンズ班の代表である室田武さんには，私たちに面白い議論の場と懇親の場を提供し，いつも温かく抱擁し見守ってくださったことを感謝したい。そして，コモンズ論の内容だけでなくその重要性を理解しようとし，最後まで妹本の出版にご尽力いただいたミネルヴァ書房の梶谷修さんに執筆者を代表してお礼を申し上げたい。

2009年12月31日

年越しの数時間前に

井上　真

索　引

あ 行

アクセス　69, 76, 80
アクセス権　61
アグロフォレストリー　156
アグロフォレストリー技術（農林複合経営）　105
アチェソン, J.　4
歩く権利（Rightsof Way）　45, 60
アンボセリ　175, 178, 179, 181, 183, 184
一村入会　19
稲武町　17
入会権　16, 207
入会林野　14, 19
入会林野近代化政策　14
入れ子システム（nested system）　4
インフォーマルな仕組み　162
ウェスタン, D.　170, 175, 179, 180, 182, 190, 192
内山節　204
応関原則　209

か 行

かかわり主義　200, 209
過剰な利用　71
合併　14
合併協議　26, 27
合併協議会　27, 36
ガバナンス論　200
ガバメント　211
環境ガバナンス　1-3, 5-9, 149
環境ガバナンス論　200

環境政策　81
環境法典　72, 74
環境モデル都市　35
観光業　172
慣習　13, 16, 17, 30, 79, 205
完全な産業化　136-139
官民区分政策　203
管理契約証書（CSC）　151
既存の人間関係　164
キノコ　71, 77
義務と権利　33
共益　24, 31
協治（collaborative governance）　4, 200, 263
協治戦略　264
行政実例　15, 16, 28, 29
行政の広域化　34
共的世界　202
共同管理（co-management）　4, 144
共同作業　22, 32, 33
グローカル化戦略　264
グローバリゼーション　2, 8
グローバル化戦略　264
グローバル・コモンズ　89
刑法　76
刑法典　74
ケニア　172, 174, 175
広域化した行政　31
広域合併　29
広域行政　26
広域地方行政　34
公共　7
公共圏　201

267

公共性　7, 201
公共性論　201
公共的なサービス　31
公共的な利益　81
耕地　68
公有地　145
個人所有権（IPR）　153
個人的関係性　161, 163
コミュニティ主体の保全（Ccmmunity-based conservation）　170-173, 181, 182, 190, 191, 193
コミュニティによる森林管理（CBFM）　145, 147
ゴム生産　96
コモンズ　3, 5, 7
コモンズの公共性　205
コモンズの再構築　140
コモンズの悲劇　112
コモンズ論の可能性　213
コラボレーション　161, 162

さ　行

財産区　13-17
採取　71, 74, 77
里道（さとみち）　44, 45, 60
参加型の見直し　144
市場経済制度　7
市場経済のリスク回避　110
自然なつながり（natural connections）　179, 192
自然保全法　76
持続性　90, 105
自治　29, 32, 33
自治区　24-26, 28, 31
市町村合併　30, 207
実施過程　163
実施能力　158
私的土地所有権　81

自動車　70, 72, 78
自動車保有台数　80
社会関係資本（Social Capital）論　200
住民参加型の森林管理　147
「住民参加型」の森林政策　146
住民組織　147, 153-155, 161
自律性　110
新古典派経済学　1
新自由主義　1, 171-173, 193
森林官　160, 162
スウェーデン　66
スウェーデン憲法　72
政策実施　157, 164, 165
政策と実施の乖離　144
政策変容　163
惣山　19, 21

た　行

対応（適応）戦略　8, 264
対応（適応）戦略・対抗（抵抗）戦略のオルターナティブ　7
滞在　73, 77
多辺田政弘　213
地域固有の要因　163, 164
地域自治　19
地域自治の確保　110
地域社会　79
地域福祉　34
地方公共団体　29, 35
地方自治法　14-16, 28, 35
地方分権化　148
チャイルド, B.　171, 172
中核農園　124, 125
町村制　14, 16, 35
通行　69, 73, 76
筒井迪夫　202
抵抗戦略　213, 264

索引

TCSSP (Tree Crop Smallholder Sector Project) *135, 136*
デイリー, H. *210*
ドイツ技術協力公社 (GTZ) *147, 153, 154*
特別地方公共団体 *15, 19*
都市化 *79*
土地開発権 (Hak Guna Usaha) *124*
土地官民有区分 *14*
鳥越皓之 *202*
豊田市 *18*
豊田市稲武 *17*

な 行

農園活性化プログラム *116, 122, 125, 126, 137*
ノルウェー *65*

は 行

ハーバーマス, J. *202*
ハイブリッド生計戦略 *108*
反コモンズ論者 *197*
半田良一 *204*
万人権 *64, 75*
万人権 (allemannsrett) *68*
万人権 (allemansrätt) *72*
PRPTE (Peremajaan Rehabilitasi dan Perluasan Tanaman Ekspor) *135*
PIR (Perusahaan Inti Rakyat) *122, 136*
PIR 制度 *108*
PIR-PSM (Pola Satu Manajemen) *125, 132, 133*
非耕地 *68*
開かれた地元主義 *200, 209*
非林業生産地区 *120-122, 138, 139*
フィーニー, D. *4*
フィンランド *67*
フットパス *45, 51, 60*
部分的支援 (Kegiatan Parsial) *122, 127, 129, 132*
部落有 *14*
部落有財産 *21*
部落有林野統一政策 *14*
平成の大合併 *18, 30, 207*
ベリー *71, 77*
ベルケス, F. *4, 170, 171, 193*
法律化 *79*
ポートフォリオ (安全資産と危険資産の最適保有率) 生計戦略 *110*

ま 行

マサイ *176*
マッケイ, B. *4*
松下和夫 *2*
道空間 *47*
宮本憲一 *202*
民法 *16*
村々入会 *19, 21*
室田武 *202*
モータリゼーション *79*
木材伐採権 (TLA) *146*
目的林 *22, 24*

や 行

野外生活 *81*
野外生活法 *68*
融通性 *110*
UPP (Unit Pelaksana Proyek) *122, 125, 126, 129, 131, 132, 135-138*
UPP 制度 *96*
緩やかな産業化 *137-139, 141*
jokaniehen oikeus *76*
寄木細工生計戦略 *110*

ら 行

ラタン生産 *90*

269

リーダーシップ　*211*
里道（りどう）　*39-43*
利用制限　*71*
連携　*148, 158*
労働に対する収益性　*110*
ローカル化戦略　*264*

ローカル・コモンズ　*5-8, 89, 148*

わ　行

渡辺洋三　*30*
割山（わりやま）　*22*
割山利用　*21*

執筆者紹介（所属，執筆分担，執筆順，＊は編者）

*三俣　学（兵庫県立大学経済学部准教授，はしがき，序章，第1章，第3章，終章）
*菅　　豊（東京大学東洋文化研究所教授，序章，終章）
*井上　真（東京大学大学院農学生命科学研究科教授，序章，終章，あとがき）
　齋藤暖生（東京大学大学院農学生命科学研究科附属演習林助教，第1章，第3章）
　泉　留維（専修大学経済学部准教授，第2章）
　嶋田大作（ヨーク大学環境学部客員研究員，第3章）
　寺内大左（東京大学大学院農学生命科学研究科博士課程，第4章）
　河合真之（東京大学大学院農学生命科学研究科博士課程，第5章）
　椙本歩美（東京大学大学院農学生命科学研究科博士課程，第6章）
　目黒紀夫（東京大学大学院農学生命科学研究科博士課程，第7章）

〈編著者紹介〉

三俣　学（みつまた　がく）
　　1971年　生まれ
　　現　在　兵庫県立大学経済学部准教授
　　専攻分野　エコロジー経済学，コモンズ論
　　主　著　『入会林野とコモンズ』（共著）日本評論社，2004年
　　　　　　『テキストブック環境と公害』（共著）日本評論社，2007年
　　　　　　『コモンズ研究のフロンティア』（共編）東京大学出版会，2008年

菅　豊（すが　ゆたか）
　　1963年　生まれ
　　現　在　東京大学東洋文化研究所教授
　　専攻分野　民俗学
　　主　著　『修験がつくる民俗史』吉川弘文館，2000年
　　　　　　『川は誰のものか』吉川弘文館，2006年
　　　　　　『人と動物の日本史3　動物と現代社会』（編著）吉川弘文館，2009年

井上　真（いのうえ　まこと）
　　1960年　生まれ
　　現　在　東京大学大学院農学生命科学研究科教授
　　専攻分野　森林の社会学・ガバナンス論，カリマンタン地域研究
　　主　著　『コモンズの思想を求めて』岩波書店，2004年
　　　　　　『地球環境保全への途』（共編）有斐閣，2006年
　　　　　　『コモンズ論の挑戦』（編著）新曜社，2008年

　　　　　　　　　　ローカル・コモンズの可能性
　　　　　　　　　　――自治と環境の新たな関係――

　　　　　2010年6月15日　初版第1刷発行　　　　　〈検印廃止〉

　　　　　　　　　　　　　　　　　　　　　　定価はカバーに
　　　　　　　　　　　　　　　　　　　　　　表示しています

　　　　　　　　　　　　　　　　三俣　　　学
　　　　　　　編著者　　　　　　菅　　　　豊
　　　　　　　　　　　　　　　　井　上　　真
　　　　　　　発行者　　　　　　杉　田　啓　三
　　　　　　　印刷者　　　　　　藤　森　英　夫

　　　　　　発行所　株式会社　ミネルヴァ書房
　　　　　　　　607-8494　京都市山科区日ノ岡堤谷町1
　　　　　　　　　　　電話代表　（075）581-5191番
　　　　　　　　　　　振替口座　01020-0-8076番

　　　　　　©三俣・菅・井上ほか，2010　　　亜細亜印刷・兼文堂

　　　　　　　　　ISBN978-4-623-05759-7
　　　　　　　　　　Printed in Japan

森　晶寿編著 **東アジアの経済発展と環境政策** 環境ガバナンス叢書②	A 5 ・274頁 本体3800円
室田　武編著 **グローバル時代のローカル・コモンズ** 環境ガバナンス叢書③	A 5 ・300頁 本体3800円
浅野耕太編著 **自然資本の保全と評価** 環境ガバナンス叢書⑤	A 5 ・288頁 本体3800円
新澤秀則編著 **温暖化防止のガバナンス** 環境ガバナンス叢書⑥	A 5 ・272頁 本体3800円
諸富　徹編著 **環境政策のポリシー・ミックス** 環境ガバナンス叢書⑦	A 5 ・314頁 本体3800円
足立幸男編著 **持続可能な未来のための民主主義** 環境ガバナンス叢書⑧	A 5 ・264頁 本体3800円
A.ドブソン／松野　弘監訳　栗栖　聡・池田寛二・丸山正次訳 **緑の政治思想**	A 5 ・376頁 本体4000円
E.キャレンバッハ／満田久義訳 **エコロジー事典**	A 5 ・216頁 本体2200円
鳥越皓之・帯谷博明編著 **よくわかる環境社会学**	B 5 ・210頁 本体2400円

―――― ミネルヴァ書房 ――――
http://www.minervashobo.co.jp/